口絵１　西湖の深い湖底にある産卵場所に三々五々集まってくるクニマス親魚
自然光で超低光量にも対応できるカメラ（光感度3650mV/lux-sec）で撮影。この特性が発見のきっかけになった。撮影条件を含めて、口絵４のヒメマス親魚との違いに注目（写真 山梨県水産技術センター）

口絵２　2011年3月に初めて公開された生きたクニマスの一尾［左］
（写真 山梨県水産技術センター）
口絵３　産卵期クニマス雄、生きた状態での頭部は濃緑色［右］
全長27.7cm、2011年3月25日西湖採（写真 Nakabo et al., 2014より）

口絵４　中禅寺湖の実験河川を産卵のために遡上するヒメマス親魚の群れ
この後、浅瀬で産卵をする（写真 松沢陽士）

口絵５　産卵期クニマス雄、吻の尖った個体

全長30.5cm、2011年3月3日西湖採
（写真 Nakabo et al., 2014より）

口絵６　産卵期クニマス雌、黒い体色の個体（口絵２と同じ個体、色の変化に着目）

全長24.9cm、2011年3月24日西湖採
（写真 Nakabo et al., 2014より）

口絵７　産卵期クニマス雌、灰色の体色の個体

全長27.3cm、2010年3月19日西湖採
（写真 Nakabo et al., 2014より）

口絵８　マイクロサテライトDNA分析による西湖「マス類」の識別

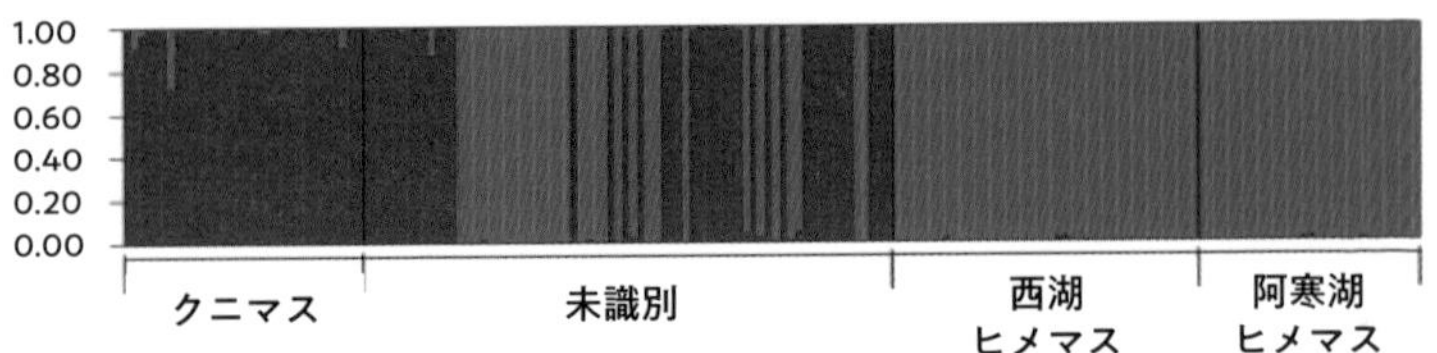

赤い棒はクニマス、緑の棒はヒメマスを示す。未識別とした「マス類」は、この分析でクニマスかヒメマスかの識別がなされた（Muto et al., 2013を改変）

口絵９　遊泳期の「銀色マス若魚」（西湖）その１

全長17.9cm、2011年6月23日西湖採
DNA分析の結果クニマスと判明
（写真 Nakabo et al., 2014より）

口絵10　遊泳期の「銀色マス若魚」（西湖）その２

全長18.8cm、2011年6月23日西湖採
DNA分析の結果ヒメマスと判明
（写真 Nakabo et al., 2014より）

口絵11　遊泳期の「背部が茶褐色の成熟過程にあるマス」その１

全長27.1cm、2011年10月20日西湖採
DNA分析の結果クニマスと判明
（写真 Nakabo et al., 2014より）

口絵12　遊泳期の「背部が茶褐色の成熟過程にあるマス」その２

全長23.1cm、2011年9月7日西湖採
DNA分析の結果ヒメマスと判明
（写真 Nakabo et al., 2014より）

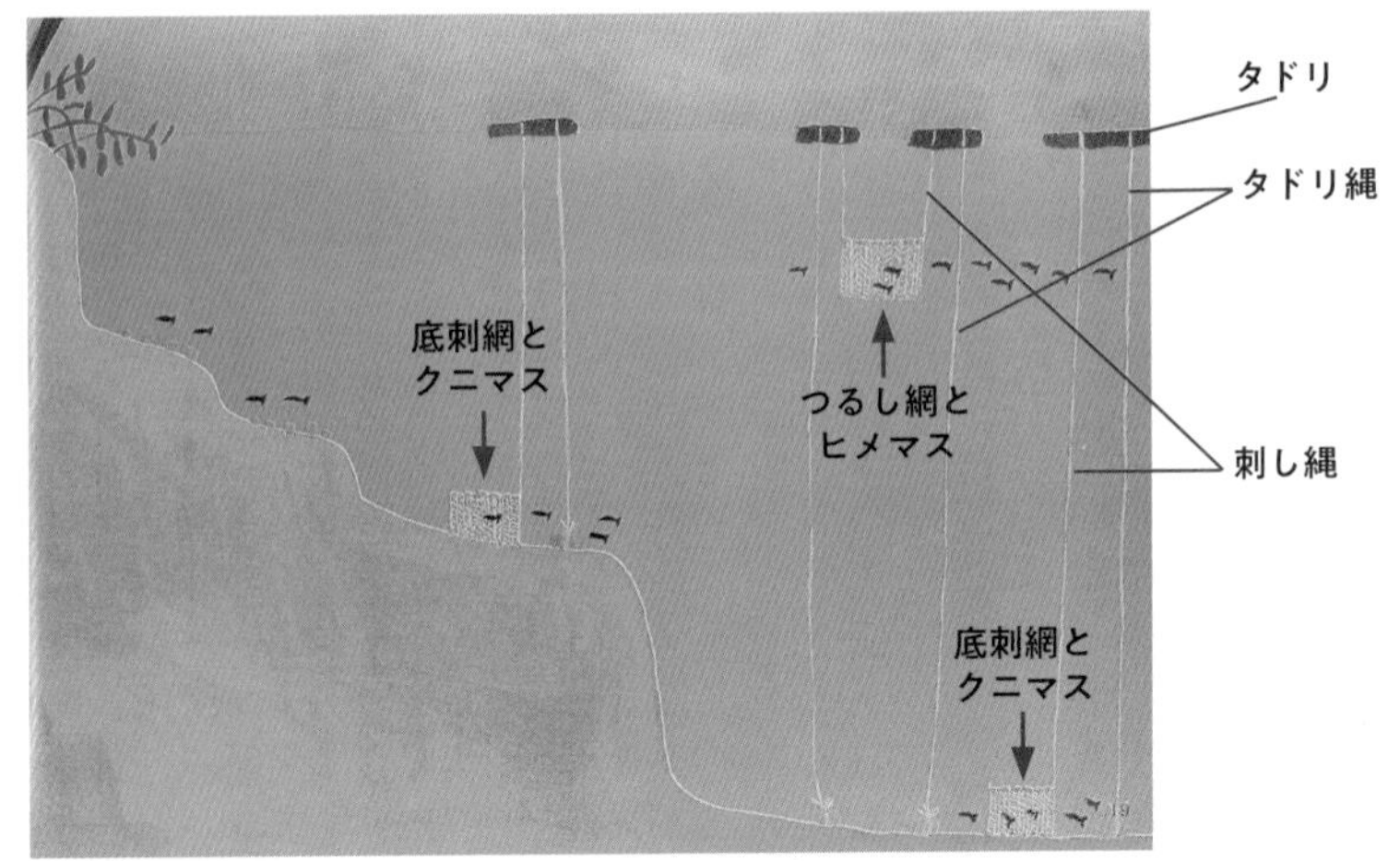

口絵13　田沢湖におけるクニマス漁とヒメマス漁
ホリの位置を示すタドリ（丸太）に刺し縄を括って、底刺網あるいはつるし網を湖中に入れる。翌日に丸木舟でタドリに行き、刺し縄を揚げる（松田幸子『希望』を改変）

口絵14　田沢湖クニマス未来館
（写真 中坊徹次）

口絵15　奇跡の魚 クニマス展示館（西湖）
（写真 中坊徹次）

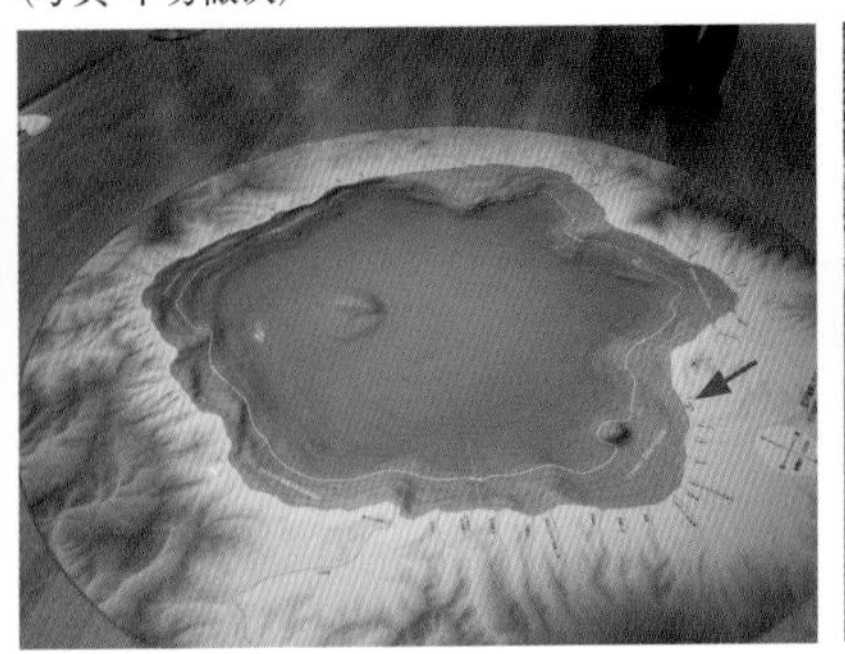

口絵16　田沢湖クニマス未来館（矢印）、ホリの位置を示した館内床の田沢湖の図
（写真 中坊徹次）

口絵17　西湖のヒメマス釣りの風景
（写真 中坊徹次）

絶滅魚クニマスの発見

私たちは「この種」から何を学ぶか

中坊徹次

新潮選書

プロローグ——京都大学の魚類標本室から

およそ100年前に秋田県田沢湖で採集されたクニマスの標本がP280とP382というラベルを付されて京都大学総合博物館の地下標本室に保存されている（5頁写真）。標本室内は温度と湿度を一定にしてあり、標本は保存液で満たされたガラス瓶に入れられて所定の棚に置かれている。P280の瓶には雄3個体と雌1個体、P382の瓶には雄4個体と雌1個体が入っている。

クニマスは田沢湖にしかいない魚であったが、戦前に絶滅した。標本は日本に14個体、米国に3個体しか残っていない。P280とP382はそのうちの9個体である。この標本が私に、クニマスが今も生きていることを知らせてくれたのである。

昭和の初期、クニマスの卵（らん）は日本のあちこちに運ばれて移植されていた。当時、漁業資源を増やすためにマス類の移植が盛んに行われており、田沢湖の漁業組合はクニマスの卵を分譲していたのである。山梨県西湖（さいこ）と本栖湖（もとすこ）にも分譲されていたことを知ったかつてのクニマス漁師が、移植先のどこかの湖で生きていないかと探し始めた。これがきっかけとなり、1995年に懸賞金をつけてのクニマスを探す運動が始まった。クニマスを見つけることは田沢湖に暮らす人々の悲願であった。

これによってクニマスは「黒いマス」として全国に知られるようになった。なかでも、移植先であった本栖湖や西湖でときどき釣れる「黒いマス」は、クニマスかもしれないと関東圏の釣り人の間で噂になっていた。しかし、「黒いマス」を見ても誰もクニマスだと断定しようとしなかった。クニマスが含まれるサケ属を研究している魚類学者にとっても、クニマスはすでに絶滅した魚であり、研究の視野にも入ってこない魚であった。

そんな状況をまったく知らずに、私は京都大学の田沢湖産標本によってクニマスに強い興味をもった。私が住んでいるのは関西であり、関東の釣り人の「黒いマス」の噂は全く伝わってこなかった。クニマスに私の目を向けさせたのは「深い湖底での産卵」という生態的特性であった。この特性を知ったことが西湖でのクニマス発見の始まりだったのである。

地下標本室にある田沢湖産クニマスの標本は、日本における動物生態学講座の創始者、京都帝国大学教授の川村多實二（たみじ）（1883－1964）が集めた「淡水生物コレクション」の棚に収められている。もともとは京都大学大津臨湖実験所（現京都大学生態学研究センター）に保管されていたものが、京都市左京区のキャンパスに総合博物館が新設されたことにより、移管されたのである。

川村は淡水生物の生態学的研究を始めるにあたって、1914年に琵琶湖畔に大津臨湖実験所を開設した。生態学といっても対象となる生物種の名称がわからなければ研究できないので、日本中の淡水生物の標本を集め始めたのである。いっぽうで、後進の育成をはかるために全国から中学校教員を集めて、実験所開設の翌年、8月2日から13日間にわたって同所にて第1回臨湖実習会を開き、淡水生物学の講義と実習を行った。この実習会は参加者にとって目新しく、感銘を与えたという。参加者たちは郷土に戻ってから、地元の淡水生物を採集して川村に送るようになった。川村はこの後、『日本淡水生物学』（1918）を著したが、臨湖実習に参加した人々が送った標本も糧になっていたと思う。

田沢湖産クニマスの標本もそのひとつであろう。P280とP382の標本瓶のラベルには種名の下に「岸田久吉贈」と記されている。岸田久吉は1915年から秋田県立大館中学校（現秋田県立大館鳳鳴高校）で博物通論と淡水生物学を教え、1918年に退職している。岸田は秋田の大館から第1回臨湖実習会に参加して、その後に田沢湖産クニマスの標本を川村に送ったに違いない。川村は『日本淡水生物学』で〈田澤湖の「くにます」の如き平時は百米前後の所に多しと聞く〉と書いている。このことは岸田から聞いたのであろう。クニマスは水深423・4mという日本で最も深い田沢湖の固有種であった。

［写真］京都大学所蔵の田沢湖産クニマス標本、P280とP382（写真 中坊徹次）

オンコリンカス・カワムラエ（*Oncorhynchus kawamurae*）。これはクニマスの種としての学名である。現在、京都大学に保管されているクニマスは9個体だが、岸田が送ったのは12個体だった。このうち3個体が、クニマスが新種として記載されたときに用いられたのである。

クニマスを新種にしたのは、米国のスタンフォード大学教授で魚類学者のデイヴィッド・スタア・ジョルダン（1851–1931）とその門下生のアーネスト・A・マグレガーであった。ジョルダンは20世紀初頭に多くの門下生と一緒に日本産魚類に関して夥しい論文を書いており、今日の日本列島近海の魚類の分類は彼らの研究に負うところが大きい。大御所ジョルダンは3度目の来日のときに大津臨湖実験所を訪れた。川村はジョルダンに会って、岸田から送られた田沢湖産クニマスの標本3個体を渡したのである。サケ属魚類の分類は難しく、ジョルダンに研究を託したのだと思う。属名のオンコリンカスは「鏃のような嘴」という意味で、サケ属の魚が産卵期に雄の口が尖ることを表し、属名に続く種小名のカワムラエはクニマスの標本を寄贈した川村多實二への献名である。学名は「川村のサケ」を意味する。

新種として学界にデビューしたのは１９２５年。だが、その15年後にクニマスは田沢湖で絶滅した。絶滅は生物の歴史において何度も起こっている。よく知られているのは白亜紀末の恐竜の絶滅である。そういう大きなレベルでなくても、種レベルの絶滅は自然界ではしばしば起こっている。生存を続けていける条件が激変してしまったときに生物は絶滅する。クニマスの絶滅は、灌漑および水力発電を目的に、強い酸性水が導入されたことによる田沢湖の環境激変が原因であった。クニマスは近い過去に起こった人為的な環境激変によって絶滅したのである。

クニマスが田沢湖で絶滅に至ったことは秋田県仙北地方の農業事情と戦争前の国策が関係している。これに関して大まかなことは知られているが、詳しいことはほとんど知られていない。田沢湖で何が変わったのか。強い酸性水の導入によって湖は生物とともに変化してしまった。そして、湖の恵みを受けていた人々の生活も変わってしまった。田沢湖とクニマスに関する人々の生活は、よく知られないまま、歴史の中に埋没しかかっており、絶滅に至る経緯も誤解の中にある。

田沢湖に閉じ込められてから、クニマスは独自の生物学的な性質をもつようになった。深い湖底での産卵や周年産卵だけでなく、他にもクニマスの特徴がある。これらがどのようにして田沢湖で進化したのか。進化を考えるのには、生息環境と種の関係を考察しなければならない。クニマスは田沢湖にしかいなかった。そして、他のサケ属の種はこの湖にはいなかった。ひとつの種が近縁の類似種と生態学的な関係をもつことなく変化してきたのである。進化の場としても田沢湖だけを考えればよく、自然選択のプロセスを考えやすい。この生息条件で、クニマスの田沢湖での進化について考察を試みた。

クニマスは生物学的に断片的にしか知られておらず、種としての輪郭を認識されることなく消えてしまった。姿を消してから70年も見つからなかったのは、クニマスの種としての生物学的特性が意識されなかったからである。これまでも西湖でクニマスを目にしていた人はいた。しかし、クニマスと認識して目にした人はいなかった。見ていても見えていなかったのだ。まず、クニマスとはどのような魚か。そこから話を始めたい。そして、このことを踏まえて、田沢湖での絶滅の経緯と、西湖での復活でもちあがった保全と里帰りの話をする。

本書は、田沢湖産9個体のクニマス標本が京都大学の地下標本室での永い眠りから覚めて私に乗り移って物語ったとも言える。なお、登場人物の敬称は省(はぶ)かせていただいたので、ご容赦いただきたい。

絶滅魚クニマスの発見　私たちは「この種」から何を学ぶか

●目次

第Ⅱ部　絶滅と復活

引用資料の表記については、一部新かな、新漢字を用い、適宜ルビを付した。

絶滅魚クニマスの発見　私たちは「この種」から何を学ぶか

頭のいい人は、言わば富士のすそ野まで来て、そこから頂上をながめただけで、それで富士の全体をのみ込んで東京へ引き返すという心配がある。富士はやはり登ってみなければわからない。

——寺田寅彦「科学者とあたま」より

第Ⅰ部　どのような魚か

第1章　発見への道のり

見てわかる魚ではない

２０１０年12月14日夜のテレビと15日朝の新聞で「山梨県西湖（さいこ）で絶滅したクニマスが生きている」というニュースが大きく報じられた。公表後の朝、私の研究室には新聞やテレビの記者やカメラマンがどっと押し寄せ、電話での質問やインタビューもあり、そのときの私の受け答えまでが、周りにいる記者に取材されるといった有様であった。やっとクニマスという重い荷物を肩からおろせると思っていたが大間違いだった。

発見を最初に報じた新聞に、黒いマスを見た私の〈表情が一瞬にして変わった〉とあり、さらに、私が言っていない言葉が鉤括弧（かぎかっこ）付きで「私の発言」として書いてあった。その場を見ていない記者による「講釈師の語り」のような記事だった。

クニマスは見てわかる魚ではない。最初に見たとき、私には小さな黒いマスとしか思えなかったし、驚きなどなく、表情も変えず平静だった。私が強い興味をもっていたのはクニマスの「深い湖底での産卵」というサケの仲間としては特異な生態的特性であり、見てわかる形の特徴ではなかった。繰り返すが、クニマスは見てわかる魚ではない。

西湖のクニマス発見は２０１０年の小さな黒いマスの登場から始まったわけではない。これに至るには長い道のりがあった。発見までの出来事の連鎖は偶然のように見えるが、途中の鍵となる出来事にはクニマスに対する人々の気持ちの集積があった。その気持ちが発見まで繋がっていったのだ。

２０１０年はクニマス絶滅の原因となった酸性水導入から70年の節目であった。ここで、時間を遡ろう。

幻の魚を探す

田沢湖の漁業はわかっている限りでは江戸時代から続いていた。湖畔には65戸の漁家があったが、その中に代々クニマス漁を行い、１８７１（明治４）年の廃藩置県の際には総代をやっていた三浦家がある。十数代続く三浦家の当主、三浦久兵衛（１９２１－２００６）はクニマス漁師であった父と一緒に子供のときからクニマス漁に出ていた。

三浦家にはクニマス漁に関する多くの文書が残されている。例えば文政元（１８１８）年の『法利加和覺帳（ほりかわおぼえちょう）』には「ホリ」と呼ばれるクニマス漁場が記されている。ホリはそれぞれの漁家ごとに異なり、代々受け継がれていた。久兵衛の祖父・金助は『法利加和覺帳』に新たに「大正三年一月　国鱒ホリ記シ　三浦金助」とした表紙を付け、最後のページに「我ナギアトニテモ此ホリヲステルヘカラズ」と記した（図１－１）。久兵衛は自分の代でホリからクニマスが消えてしまったという痛恨の思いで、昭和50（１９７５）年ごろから土蔵に眠っていた先祖から伝わる文

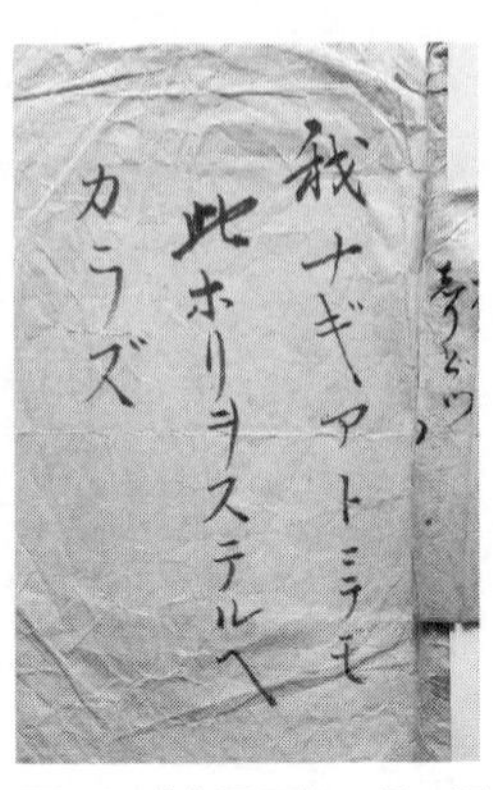

図1-1 「大正三年一月　国鱒ホリ記シ」の最終頁（三浦久家文書、写真 三浦久）

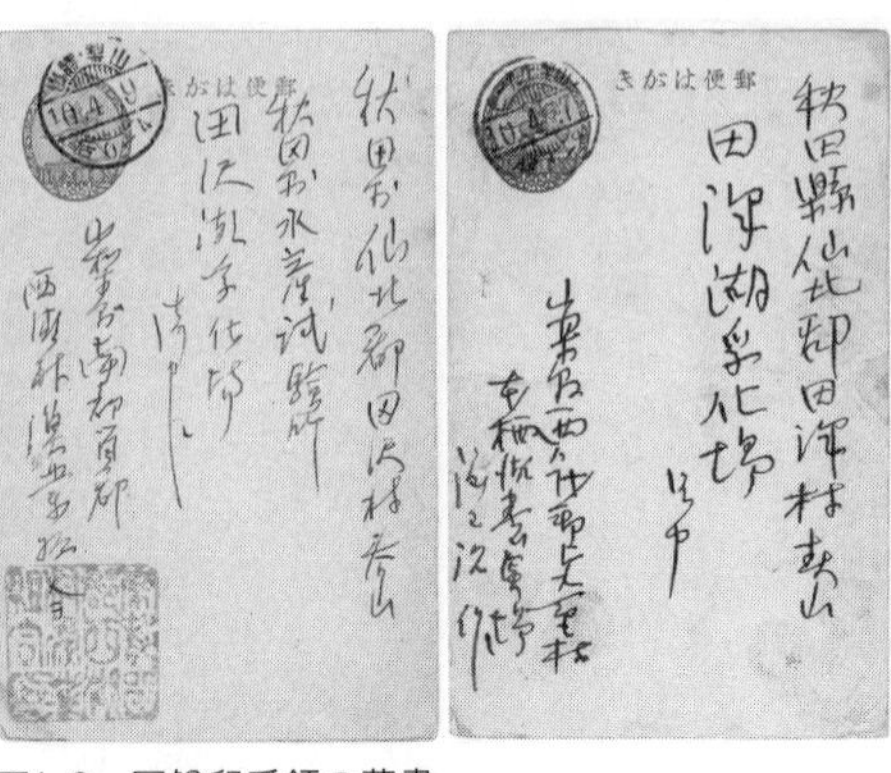

図1-2　国鱒卵受領の葉書
西湖（左)、本栖湖（右）
（いずれも三浦久家文書、写真 三浦久）

書の掘り起こしを始めた。

文書の中に秋田県水産試験場田沢湖孵化場が槎湖漁業組合（第10章）に宛てた「國鱒卵分譲ノ件」と、昭和10（1935）年に山梨県西湖・本栖湖から10万粒のクニマス卵を受け取った旨記した2通の葉書（図1－2）が含まれていた。クニマスは絶滅する前に、田沢湖から他県の湖に移植されていたのだ。久兵衛はこれらの移植に着目し、どこかで生きていないかと思ってクニマスのことを調べ始めたのである。クニマスが田沢湖から姿を消して35年が経っていた。

久兵衛は調べたことをノートにメモしていたが、それをまとめて地元の北浦史談会生保内支部の機関誌『真東風』4号（1978年3月20日発行）に「幻の魚国鱒」（図1－3）と題して発表した。内容をざっと紹介する。産卵して浮き上がって岸に流れ着いたクニマスを拾ったころのこと。底刺網の構造と使い方。各漁家がもっている漁場であるホリで、クニマスは多いときには一日に50～60尾がとれたこと。昭和初期は一尾5銭だったことや食べ方と味。昭和10年1月31日から3

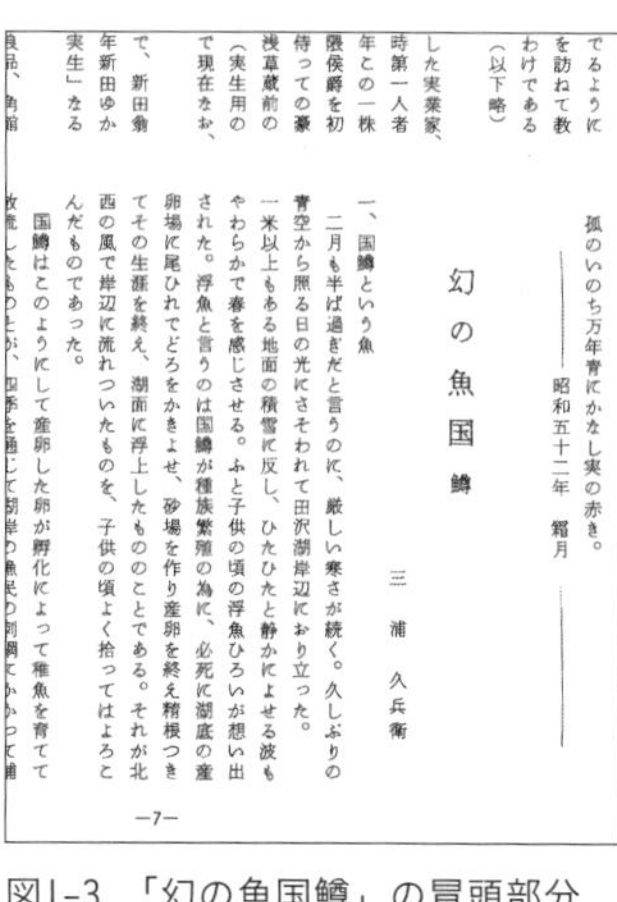

でるように
を訪ねて教
わけである
（以下略）
した実業家、
時第一人者
年この一株
隈侯爵を初
侍っての豪
浅草蔵前の
（実生用の
で現在なお、
で、新田翁
年新田ゆか
実生」なる
良品、角館

孤のいのち万年青にかなし実の赤き。

——昭和五十二年　霜月——

幻の魚国鱒

三浦久兵衛

一、国鱒という魚

二月も半ば過ぎだと言うのに、厳しい寒さが続く。久しぶりの青空から照る日の光にさそわれて田沢湖岸辺におり立った。一米以上もある地面の積雪に反し、ひたひたと静かによせる波もやわらかで春を感じさせる。ふと子供の頃の浮魚ひろいが想い出された。浮魚と言うのは国鱒が種族繁殖の為に、必死に湖底の産卵場に尾ひれでどろをかきよせ、砂場を作り産卵を終え精根つきてその生涯を終え、湖面に浮上したもののことである。それが北西の風で岸辺に流れついたものを、子供の頃よく拾ってはよろこんだものであった。

国鱒はこのようにして産卵した卵が孵化によって稚魚を育てて放流したものとが、四季を通じて湖岸の漁民の刺網にかかって捕

—7—

図1-3　「幻の魚国鱒」の冒頭部分

月1日までの30日間に計3234尾の雌のクニマスから100万2000粒を採卵して、それらのうち、本栖湖に10万粒、西湖に10万粒の発眼卵（外から眼を確認できるまで発生が進んだ卵）を分譲、残りを稚魚として田沢湖に放流したこと。このときの漁獲量は雄が雌の数の2倍以上だったこと。さらに、クニマスやヒメマス以外の魚、ウグイ、コイ、アメマス、ウナギの漁の様子と漁業組合のことが書かれている。そして、玉川毒水を入れる計画とその後の東北振興電力との漁業補償についての交渉と顛末が記されている。

しめくくりとして、田沢湖に魚がいなくなってしまったことと、本栖湖と西湖へ移植放流されたクニマスの行方について「其の後両湖とも国鱒の姿は遂に見えなかったとのことである。我が田沢湖の国鱒の姿を富士五湖でまみえんとの望みは遂にたたれたのであり、これで完全にその生存が地球上から消え去ったことが確実になった。然し国鱒は深海魚である。どうかどこかの湖底で生き続けてくれるよう切に祈るものである」と結んでいる。この結論に至るには、本栖湖と西湖の誰かにクニマスのことを問い合わせたのだと思う。久兵衛の子息である三浦久にこのことを聞いたのだが、わからなかった。久兵衛の言葉に「深海魚」とある。深海魚は「深湖魚」の意味であり、しっかりとクニマスの特性が書かれていた。

顔を見せた過去

久兵衛の文章が発表されてから9年後、クニマスは少し姿を現してくる。文章を公にすると、それを誰かが読む。田沢湖畔生まれの直木賞作家、千葉治平（1921－1991）はクニマスに強い愛着をもっており、久兵衛の「幻の魚国鱒」を読んでクニマスの発眼卵が本栖湖と西湖に運ばれていたことを知った。千葉が徳井利信に本栖湖と西湖のクニマス放流について問い合わせたのは1987年のことである。徳井は北海道さけ・ますふ化場の元研究員で、ヒメマス研究者として知られた水産学者であり、1960年代初めには多くの論文を書いていた。

徳井が返答として千葉に送ったのは「本栖湖のハナマガリセッパリマスについて」という1964年の論文であった。これには本栖湖で1961年10月に採捕された体長が37・3cmと42・4cmのマスのことが書かれていた。これらのマスは背中が強く上方に張り出しており、産卵期の雄の特徴が顕著であった。

かつて、徳井は本栖湖を訪れたときに湖畔にある「本栖湖ロッジ」で大きなマスが入れられた標本瓶を見た。漁業者がハナマガリセッパリマスと呼んでいるマスであった。彼はそれを見て、最初は産卵期のヒメマスの雄だと思った。しかし、本栖湖で漁獲されているヒメマスより大きく、違う魚かもしれないと思い直した。彼は現地で1934年に田沢湖からクニマスが本栖湖に移植放流されたという記録を知り、ハナマガリセッパリマスにクニマスを重ね合わせた。詳しく調べようと思い、このマスの標本の採集を漁業者に依頼したのである。

徳井の依頼に応えて1961年10月に採集されたのが論文に示された2尾のハナマガリセッパリマスであった。徳井はこれら2尾とクニマスとの関係を考えるために疋田豊彦に研究に加わってもらった。疋田は北海道さけ・ますふ化場の研究員で62年にサケ属魚類の系統に関する論文を書いていた。その論文で実際に田沢湖産クニマス標本を観察している疋田を頼りにしたのであろう。

徳井と疋田が64年の論文で出した結論は、2尾のハナマガリセッパリマスは本栖湖に移植されたクニマスとヒメマスの雑種の可能性がある、であった。2尾のうちの1尾の幽門垂数(ゆうもんすい)を数えるとクニマスより多くヒメマスより少ない、というのが理由であった。幽門垂数は魚類の種の同定において重要な特徴のひとつである。これについては後に詳しく述べる（45頁参照）。

田沢湖から本栖湖と西湖にクニマス卵が分譲されたことは当時、学界では知られていなかった。また、徳井の書いた１９３４年は間違いで実際は１９３５年であるが、思いもよらないところからクニマスの過去が顔を出してきたのだ。

千葉は徳井とのやりとりからハナマガリセッパリマスは本栖湖の深いところ（水深40ｍ）に網を入れたときに獲れるということを知り、このマスに田沢湖のクニマスを想った。その後、知り合いの新聞記者を通じ本栖湖の漁業協同組合にハナマガリセッパリマスのことを問い合わせたところ、やはり水深40ｍに網を仕掛けたときに獲れるとのことであった。

千葉は、著書『ふるさと博物誌』（１９８８）で、ハナマガリセッパリマスがクニマスと何かの「混合種」（雑種）あるいは湖沼によって体形に変化を受けたものかもしれないと思う、として、このことによって本栖湖の湖底にクニマスがいないとは断定できなくなってきたと書いている。

さらに、千葉は徳井の論文を持って田沢湖の三浦久兵衛を訪ねた。旧田沢湖町生まれの千葉は秋田市に住んでいたが、何度も久兵衛のところを訪ねて本栖湖のマスやクニマスについて話し込んだ。ハナマガリセッパリマスがクニマスとヒメマスの雑種ならば、純粋なクニマスが生存しているかもしれない。あるいは、ハナマガリセッパリマスはクニマスかもしれない。本栖湖でクニマスが生きているかもしれないと、2人は語り合ったという。ほどなく、この思いを強くした久兵衛のクニマス探し行脚が始まったのである。

1988年2月、久兵衛は本栖湖と西湖を訪れた。クニマスが消えたときの漁師の淋しさを思い出しながらの行脚であった。この年の3月には玉川上流に酸性水の中和処理施設が着工されることになっていた。玉川の水は強い酸性で、人工的に田沢湖に導入された結果、湖からほとんどの生物が消えていた。この施設によって湖水が完全に中和されると思い、久兵衛は田沢湖でのクニマス復活に望みをつないだのである。

当時の本栖湖漁業協同組合長の伊藤一夫によると、本栖湖ではヒメマスとは違う魚が時々釣れるが名前がわからず、専門家に聞いてもわからなかったという。伊藤は久兵衛からたびたびクニマスの話を聞くにつれ、問題の魚はクニマスかもしれないと思うようになった。

この後、久兵衛は何度も本栖湖を訪れた。ある時、それと思われる魚が獲れたので、伊藤はクール便で田沢湖の久兵衛に送った。届いた箱を開けると黒いマスが入っていたが、それを見た久兵衛は田沢湖のクニマスはもっと黒味が強かったと思い、このマスをヒメマスと判断した。1995年には初めて底刺網を持参した。12月2日に本栖湖に網を入れ、翌日に揚げたがクニマスらしい魚はかかっていなかった。訪問は5回を重ねていた。

残念ながら、久兵衛はクニマス発見の報を知ることなく、2006年に85歳で亡くなった。2017年に開館した仙北（せんぼく）市の「田沢湖クニマス未来館」（第14章）で展示映像が流れている。その中に久兵衛へのインタビューがあり、「私は必ず60年前に放流したクニマスの子孫はいると思う、思いたいというのが……、語弊があるかな」と語っている。

ハナマガリセッパリマスの標本は保存液に漬けられた状態であり、徳井の論文に載せられた写真を見ると、色彩は頭部と体側(たいそく)が褐色で尾柄部(びへい)（尾鰭(おびれ)のつけ根）は淡色、下顎は白色を示している。そして、〈生体色は尾柄部で鮮やかな赤橙色、体側は多少暗色がかった紅色を帯びていたものと想像される〉と書かれている。クニマスとヒメマスの雑種だから、このような体色だったと考えたのだろう。しかし、このマスは黒かったと思う。

久兵衛のもとに届けられた本栖湖の黒いマスは、彼がかつて田沢湖で見慣れていたクニマスと少し雰囲気が違っていたようだ。体の黒味が薄いというが、では、この久兵衛がヒメマスとした本栖湖の黒いマスはいったい何なのだろう。

ところで、千葉は『ふるさと博物誌』で、湖の北東にある田沢地区の旧家に残る旧藩時代の「堀川小太郎記録」から以下の文章を引用している。そこにはクニマスが四季にわたって産卵、つまり一年にわたって産卵する（周年産卵）ということと、田沢湖の深いところに生息していることが記されている。

国鱒網ナルモノハ五、六十尋(ひろ)（七五米〜九〇米）ヨリ百三十尋（一九五米）位マデ底ニ下ス。佐竹義和(よしまさ)公文化八年巡視ノ際、潟ノ水底八十尋（一二〇米）ニ下ロシタル国鱒網へ五貫目余（二十キログラム）ノ異形の石カカリ上ルヲ、漁夫ヨリ藩主へ献上セリ（人形石トイフ）。此ノ魚四季共ニ産卵スルノ徴(シルシ)アリ。水ヲ呑ムノミニテ餌ヲ食(は)ムコトナシ。食腸ナシ、水袋ノミ、形は鱒ニ似テ

大キサ一尺余ナリ。〔筆者註：鱒については不明〕

現存するものでは、これがクニマスの生態についての最も古い記録である。千葉からの孫引きではあるが、周年産卵と深い湖底に生息することに加えて、クニマスの胃はいつも空であったとある。この魚は何を食べていたのか。クニマスは不思議な魚であった。

クニマス探しキャンペーン

1995年11月、田沢湖町観光協会（現田沢湖・角館観光協会）は移植されたクニマスを探す運動を始めた。移植先のどこかでクニマスが生きていないかという三浦久兵衛の思いに応えての「クニマス探しキャンペーン」であった。観光協会は全国の釣りファンや漁協に、クニマスを探してください、と呼びかけたのである。

クニマスと思われる魚を釣ったら送ってもらい、それがクニマスであれば100万円の報奨金を出すというものであった。「WANTED」の下にクニマスの絵と「100万円」の文字を載せたポスターを作って全国に送った。新聞や雑誌がこのキャンペーンをとりあげ、クニマスは全国に知られるようになった。

また、送られてきたマスがクニマスかどうかを判定するためにクニマス鑑定委員会を立ち上げた。生きたクニマスを見たことがある三浦久兵衛と日本魚類学会会員で秋田県水産漁港課の杉山秀樹（のち県水産振興センター、現秋田県立大学）の他3名が鑑定委員で、事務局は田沢湖町観光協会に置かれた。

96年7月に第1回鑑定委員会が開かれ、宮城県から送られてきたマスはギンザケと判定された。第2回は同年9月に開かれた。本栖湖で採捕された全長32㎝のマスは体が黒ずんでいたが、背鰭の前方の体の背面に小黒点があったのでクニマスと一致せず、鰓耙(さいは)数（45頁参照）などの特徴でヒメマスと判定された。同年11月の第3回は本栖湖のマス2個体。一つは体の背面に多数の小黒点があることでヒメマス、もう一つは体の背面と尾鰭に小黒点があり、口が大きく眼の後端を越えているという理由でヒメマスの雄と判定された。

　クニマスが出てこなかったので、翌97年の4月から報奨金は500万円に引き上げられ、さらに5個体のマスが送られてきた。同年11月に第4回鑑定委員会が開かれた。栃木県湯ノ湖で採捕されたマスは肉が白色だが、背部に20以上の小黒点があったのでヒメマスの雄。西湖で採捕されたマスは肉が桃色で頭部背面と体の背面に複数の小黒点があったのでヒメマスの雄。山梨県産としかわからないマスは肉が淡桃色で頭部と背鰭前方の体の背面に複数の小黒点があったのでヒメマスの雌。産地不明のマスは肉が白色で背鰭と尾鰭に複数の小黒点があったのでヒメマスの雄。もう一つ産地不明のマスは肉が淡桃色で体の背面に多くの小黒点があったのでヒメマスの未成魚と判定された。

　第4回鑑定委員会の後、送られてくるマスは少なくなり、98年に送られてきたマスは委員会によらず、すべて杉山秀樹が判定にあたった。同年7月に送られてきた産地不明のマスは頭部と体の背部に複数の小黒点があったのでヒメマス。同年12月に送られてきた青森県小川原湖(おがわらこ)産の2尾はコイ科のマルタとウグイであった。同じ12月に送られてきたマス（産地不明）は口が大きく眼の後端を越え、頭部と体の背部全面に多くの小黒点があったのでヒメマスと判定された。こうして98年12月31日で「クニマス探しキャンペーン」は幕が閉じられた。結局、送られてきた魚はすべてクニマスとは判定されなかった。

クニマスは出てこなかったが、この魚を後世に伝えるため、地元の秋田魁新報社は田沢湖町観光協会に一冊の本をつくることを提案した。観光協会はキャンペーンで準備した500万円の報奨金を出版費用にあてることにして執筆を杉山秀樹に依頼、2000年8月に『田沢湖 まぼろしの魚 クニマス百科』(以下、『クニマス百科』と記す)が出版された。ここで記した判定結果はすべて同書に記されている。

杉山はこの本を〈現段階では、生きたクニマスがこの地球上に存在していない可能性はきわめて高いが、「絶対にいない」とは断言できない、というのが正解だろう〉という文で結んでいる。

どうしてクニマスは見つからなかったのか

キャンペーンでは報奨金を出してもクニマスは見つからなかった。クニマスは完全に絶滅してしまったのだろうか。それとも、クニマスは送られてきたが、それをクニマスと見抜けなかったのだろうか。実際、送られてきた魚の中にはクニマスの移植履歴をもつ本栖湖と西湖の「マス」も混じっていたのである。しかし、いずれもクニマスだと判定されなかった。

送られてきた魚はどうしてクニマスとされなかったのか。まず、『クニマス百科』に記されているクニマスの特徴をまとめると、〈大きさは全長30センチ前後、体色は黒色で、体と鰭(ひれ)に体色より濃い小黒点がない(尾鰭には不明瞭な黒点がある場合もある)。鰭も薄黒い。稚魚の体に9個程度のパーマークがある。雄は吻(ふん)(頭部先端)が突出するが顕著ではなく、成熟しても背中が張り出さない。雌の頭部は丸みを帯びる。尾鰭の後縁の湾入（わんにゅう）（切れ込み）は浅いが、深いこともある。口の後端は眼の後縁に達しないか、ほぼ達する程度。胸鰭、腹鰭、臀鰭（しり）が長い。皮膚は厚く、粘液が多い。肉はほぼ白色で脂肪が少ない。鰓耙数は31〜43と多く、幽門垂数が46〜59と少ない〉となる。これらの中で、ヒメマスと比較してクニマスの判定に使える主な特徴としては、体が黒い、小黒点がない、幽門垂数が46〜59と少ない、の3つを挙げている。

先に述べた幽門垂数に加えて鰓耙数についても後に詳しく説明するが、これらは数個体に基づく記述であることに注意していただきたい。いずれも間違いではないが、クニマスを他の種と区別するのには十分ではない。

同じ種に属する個体の形の特徴は似ているが、すべての個体において同一ではない。例えば、日本列島沿岸で普通に見られるサバ属のマサバとゴマサバで考えてみよう。

ゴマサバは体の腹側の下半分に小斑点が多くあり、体側の中央に暗色点が1本の縦列をなして並んでいることで、ほとんどがマサバと区別される。しかし、ゴマサバは個体によって体の下半分の小斑点が多いものと少ないものがおり、また、体中央の暗色点の列と腹側の小斑点が全くないものもいる。これらの特徴には個体によってバラツキがあるのだ。多くの個体を調べた結果、ゴマサバとマサバを区別するのに最も良い特徴は第一背鰭と第二背鰭の間隔の違いであることが知られている。こういう特徴がクニマスでは特定されていなかったのである。

クニマスは詳しく研究される前に絶滅しており、サケ属の中で他種と比較できる種の特徴がきちんと把握されていなかった。サケ属の各種はそれぞれがよく似ており、見分けることが難しい。クニマス鑑定委員会に送られてきたマスは、クニマスの断片的な特徴で判定されていたことになる。こんな状態で判定して正解を出すことは不可能である。クニマスは1個体や2個体の特徴をもとに識別できる魚ではない。だから、送られてきたマスをクニマスと判定し、論文を書いて学術誌に投稿しても、掲載を拒否されたと思う。送られてきたマスをクニマスかもしれないと思えば、そこを出発点にして同じような個体をもっと多く得る努力をして、研究を始める必要があったのである。調べる標本の数を増やしてクニマスという種を意識して研究を行い、ヒメマスと比較するべきだった。つまり、このキャンペーンの根底には生物の「種」に対する認識がなかったのである。クニマスのように種の特定が難しい魚に対して、科学的な方法をとらずに向き合ったのは無謀であった。クニマスは見つからなかったのではなく、判定できなかったのだ。

しかし、「クニマス探しキャンペーン」は『クニマス百科』を残し、後に大きな働きをすることになった。この本は戦前の秋田県水産試験場のクニマスに関係した事業報告を拾い上げて、それらを参照している。この功績は大きく、『クニマス百科』がなければクニマスが西湖で見つかることはなかったのである。記録はきちんと後世に伝えなければならない、とつくづく思う。

私とクニマスの出会い

関西地方では、大津臨湖実験所の田沢湖産の標本によって、クニマスは淡水魚に関心のある人たちによく知られていた。これとは別に１９８４年ごろ、京大農学部総合館の4階にあった水産生物標本室（当時）で、田沢湖のクニマス標本を送ったという魚類学者・松原喜代松宛ての葉書と一緒に、標本瓶に入った2個体の雄と1個体の雌の「クニマス」標本が見つかった。田沢湖のクニマスは世界で17個体しか残存しておらず、新しいクニマス標本の発見として話題になったのである。
財団法人淡水魚保護協会の機関誌『淡水魚』第10号（1984）に、新しく見つかった田沢湖産「クニマス」の雄（全長38㎝）と雌（全長33㎝）の標本写真、それに関連する一文が掲載された。これには写真個体に加えて39㎝の雄も標本番号と共に載せられている。この写真と文は、農学部水産学教室（現農学部資源生物科学科海洋生物コース）での田沢湖産クニマス標本の発見騒ぎが表現されたものである。

当時、水産学教室の助手だった私は騒ぎに加わらなかった。私の研究分野は海水魚である。海水魚と淡水魚では研究者の肌合いが異なっていた。海水魚は種数も多く、種間の区別がつきやすいが、淡水魚は種数も少なく、種間の区別が難しいことが多い。池や湖といった淡水域は地理的に隔離されやすく、同種でも離れたところに生息しているものの間には微小な差が生じることが多い。それゆえ、淡水魚の研究者は微小な違いにこだわる傾向があった。現在ではＤＮＡ分析の普及で海水魚の研究者も微小な違いにこだわるようになってきたが、当時はまだそうではなかった。私も、ヒメマスとの違いはクニマスが田沢湖に隔離されたために生じたのだろうと簡単に考えていた。私にとってクニマスは生物学的に興味をひく魚ではなかったのである。

後に西湖でのクニマス発見論文を書いているとき、『淡水魚』第10号の「クニマス」に関する文と写真を検討したが、標本台帳で調べると、これらは１９５６年10月に十和田湖で採捕されたヒメマスであった。掲載された「クニマスの写真」は十和田湖産ヒメマスだったのだが、誰にも見破れなかったのである。それほど、クニマスとヒメマスは似ている。今、私がその写真を見ても、迷ってしまう。

しかし、水産学教室にも本当の田沢湖産クニマス標本はあったのだ。この本当のクニマス標本は松原喜代松（1907－1968）が徳井利信に頼んで、秋田県立角館（かくのだて）南高校（現在は角館高校に統合）から寄贈された標本で、村岡熊吉が1930年9月12日に採集したというメモもあった。クニマス標本を送ったという知らせの松原宛ての葉書は消印が1961年12月27日となっており、標本の受け取りが62年1月1日という記録も残っている。

松原は京都大学農学部水産学教室の水産生物学講座における初代教授であり、日本の魚類学に大きな足跡を残した。1955年に出版された著書『魚類の形態と検索』は日本産魚類の分類においてバイブル的存在であった。松原は門下に多くの魚類学者を輩出したが、在職中の68年12月に亡くなった。私は松原の孫弟子に相当する。

『淡水魚』第10号の写真と文の間違いは、1972年春に水産学教室が舞鶴から京都市内のキャンパスへ移転したことが関係している。角館南高から贈られたクニマス標本は舞鶴に残り、松原宛ての葉書だけが京都に来た。その葉書が間違って十和田湖産ヒメマスの標本瓶に付されてしまったのである。

本当の田沢湖産クニマス標本は雌1個体で、京都大学舞鶴水産実験所に保管されていた。この雌は卵をもっており、成熟していることを示していた。採集データが付された大変に貴重な標本であったが、残念なことに事故で紛失されてしまった。

深い湖底での産卵、驚きの生態を知る

2003年の秋、日本魚類学会年会が京都大学農学部で開催された。この年会に参加した秋田

県水産振興センターの杉山秀樹から私に総合博物館の田沢湖産クニマス標本の閲覧の申し出があった。そのときに彼からもらったのが『クニマス百科』である。この本が私のクニマスに対する興味を一変させた。私は農学部から総合博物館に教授として移っており、生態学研究センター（旧大津臨湖実験所）や、総合人間学部、農学部から総合博物館に移された魚類標本の管理の責を負っていた。田沢湖産クニマスの標本もその中のひとつであった。

『クニマス百科』を読んでみると、いろいろな箇所でクニマスは黒い魚であることが強調されていた。が、それとは別に戦前の秋田県水産試験場の事業報告に記されたクニマスの生態が引かれていた。

田沢湖での産卵場所について〈クニマスは田沢湖では9月を中心としたころには水深100〜200m、1〜2月には水深40〜50mで産卵していた〉とあった。サケ属の魚にしては産卵場所が異様に深い（図1-4）。この特徴は『クニマス百科』では強調されていなかったのだが、クニマスのこの特性が私の心を強く捉えてしまった。「こんな魚がいたのか！」であった。

秋、ヒグマが川でサケを捕らえる映像で知られるように、サケ属の魚はほとんどが川の浅瀬で産卵する。サケ属にはベニザケ、サケ、カラフトマス、ギンザケ、マスノスケ（キングサーモン）、サクラマス種群、ニジマス種群がいるが、いずれも、川の浅瀬で産卵する。ヒメマス（第4章）には川の浅瀬だけでなく湖岸の浅瀬で産卵するものがいるが、いずれにしてもサケ属のどの魚も産卵場所は浅い。

分類学では種の上に属、属の上に科という枠を設定する。同じ属に含まれる種は共通の祖先をもつと考えられており、形だけでなく生態も似ている。私の博士学位論文はネズッポ科魚類の系

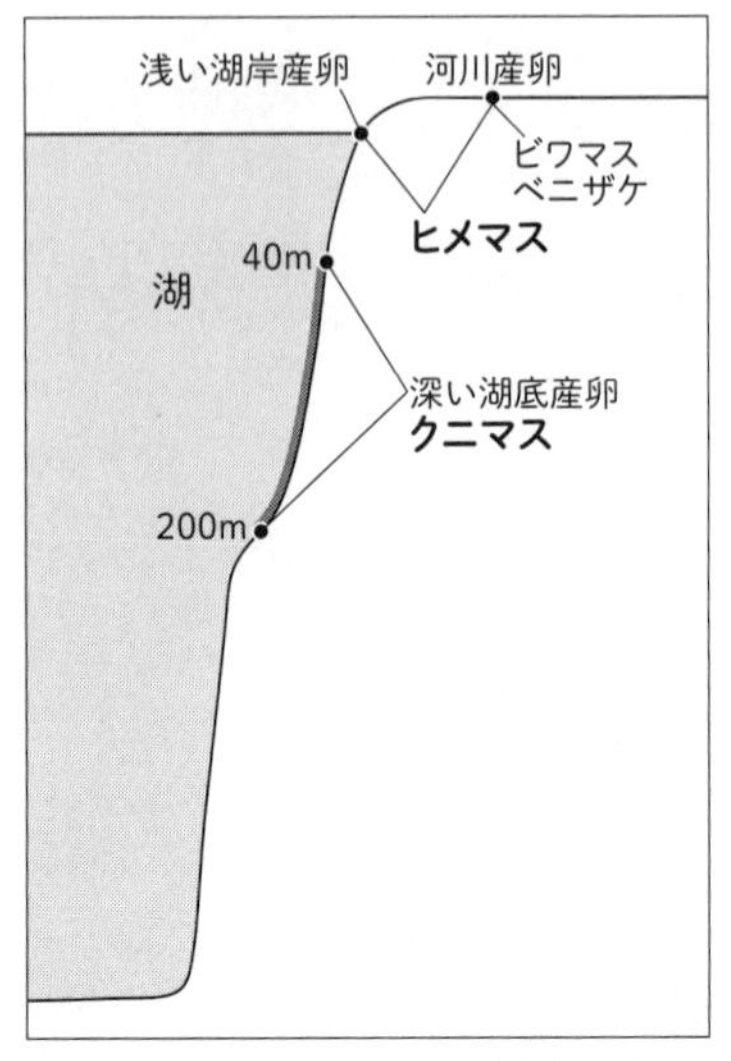

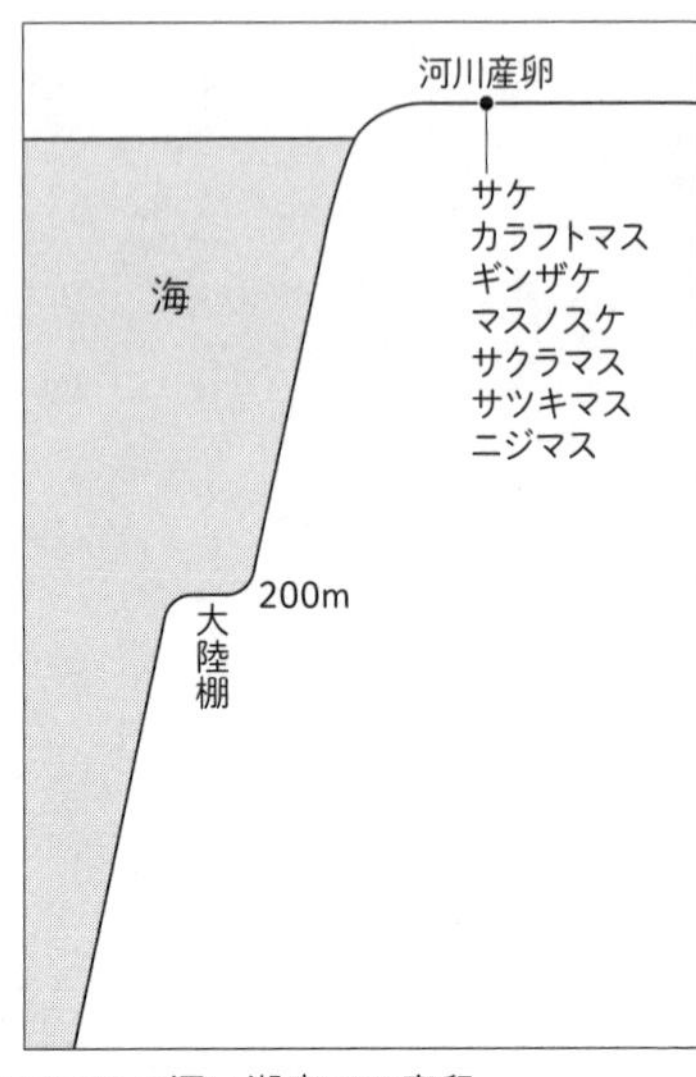

図I-4　サケ属の中で特異なクニマスの深い湖底での産卵

統分類学的研究である。若いときに、ネズッポ科のなかでの属と種の関係を、形態と生態を合わせて考え、その背後に系統進化を想定して、私なりの観点をもつようになっていた。属内において種は隣接した生息場所で棲み分けている。近縁の種の集まりである属も生息場所に同じような特徴があった。例えば、ネズッポ科のネズッポ属は各種が大陸棚の浅い海に生息している。そのなかで、ネズミゴチ（関東地方でメゴチと称され、天ぷらで美味）とハタタテヌメリはいずれも浅海の内湾に生息しているが、前者は浅い砂底、後者はわずかに深い所の泥底と棲み分けている。同じ属内の種と種の棲み分けはこのようなものだと思っていた。

私は学部生から大学院生の時代に、京都府水産試験場、島根県水産試験場、長崎の水産庁西海区水産研究所（いずれも当時）の沿岸調査に参加して、何度も魚類採集の網をひき、夥(おびただ)しい数の魚類と接してきた。いずれも採集定点を決めた調査なので、フィールドにおける種と生息場所の対応関係は私に染みついていた。同じ属の近縁種の棲み分けについての観点は、書物からではなく、フィールドで得た私の自然観になっていた。

このような自然観から見ると、同じサケ属のなかでクニマスの産卵場所だけが飛び抜けて深いのは異様なのである。海では水深200mは大陸棚の縁辺に相当し、これより浅いところに棲んでいる魚類と深いところに棲んでいる魚類はがらりと変わる。田沢湖は水深423・4m、日本最深の湖である。湖の深さと関係があるにしても、産卵場所があまりにも深い。クニマスによって私の属と種に対する認識が揺らいでしまった。

小さな「黒いヒメマス」の出現

クニマスの「深い湖底での産卵」に対する驚きを「絶滅した魚クニマスの標本」(2004)として京都大学の広報誌に書いた。私には自分が興味をもったことを周囲の人たちに話して、押し売りをする癖がある。このときから私のクニマスの押し売りが始まった。ことあるごとにクニマスの話をした。酒席でもクニマスを持ち出した。ほとんど「クニマス病」であった。興味はあくまでも個人の感性から発するものであり、感じ方は人によって異なる。周りにはさぞ迷惑だっただろう。

このようなときに、京都大学の田沢湖産標本をもとにコンピュータグラフィックス(CG)を作成してクニマスの泳ぐ姿を再現しようと考えたことがあった。総合博物館の展示などで取材に来た放送関係者に相談を持ち掛けた。何人かにお願いをしたが、誰からも良い返事はもらえなか

図1-5　2010年3月初旬に山梨県西湖でとれた「黒いヒメマス」2個体
いずれも全長は20cmに満たない（写真 京都大学魚類学研究室）

った。私の興味の押し売りだったので、それも当然だったと思う。

相変わらずクニマスの押し売りをしていると、また状況が変化した。2010年3月、私の前に2個体の全長20cmに満たない小さな「黒いヒメマス」（図1－5）が現れたのだ。2個体とも雄で、産卵中にとられたことを示す鰭の破損がある山梨県西湖の「黒いヒメマス」であった。

ヒメマスの産卵は秋である。3月に産卵というのはヒメマスにしてはおかしい。産卵場所はどこなのか。もし深ければ、クニマスの可能性がある。しつこいようだが、私が興味をもったクニマスの特性は「深い湖底での産卵」だった。採集した西湖漁業協同組合の組合長（当時）の三浦保明に漁獲した場所の水深と漁獲方法を電話で聞いてみた。すると、水深30～40mの湖底にワカサギを獲るために仕掛けた底刺網にかかっていたという答えが返ってきた。「黒いヒメマス」は深い湖底で産卵していたのである。深い湖底で3月に産卵、クニマスに生態が似ている。しかも、西湖はクニマスがかつて移植された湖である。ここで初めて、もしかしたら、と思った。

ただ、西湖から来た「黒いヒメマス」がクニマスかもしれないと思っても、結論を出すための研究は2個体ではできない。三浦に電話で、またとれたら送ってほしいとお願いした。三浦に電話した日の翌日は

「ワカサギ漁」の最終日である。西湖の水深は70m余り。日本最深の田沢湖で生息していたクニマスがまさか生きているはずはないだろう、との思いもあり、とれなければ来年以降に仕切りなおすつもりだった。繰り返しになるが、2個体では何とも言えないのである。

長期戦の覚悟をして、このテーマを棚上げしかけたところ、翌日、つまり「ワカサギ漁」の最終日に三浦から電話がかかってきた。「クロマスがとれたから送った」であった。三浦は「黒いヒメマス」を「クロマス」と呼んでいた。次の日、さっそく届いた箱をあけると、4個体の「黒いヒメマス」が入っていた。雌が3個体、雄が1個体である。「黒いヒメマス」といっても、雌の体色はほとんど灰色だった。しかし、雌が放卵した残りの卵をもっており、その色は黄色であった。これもクニマスの記録と一致。肉の色も白色でクニマスと一致。ここで、西湖に行かなければならないと思った。

標本だけではわからない。三浦に話を聞き、フィールドのことを知る必要がある。そして、もう少し「黒いヒメマス」の標本が欲しい。だが何より、本当に深い湖底で産卵していたのか。話だけでなく、「黒いヒメマス」の「深い湖底での産卵」を自分の目で確かめたいと思ったのである。

山梨県西湖へ

２０１０年４月２日に山梨県西湖へ行った。西湖は富士五湖のほぼ中央に位置し、水深約71・７m、面積２・12㎢であり、湖としては小さいという印象をもった。ヒメマス、ワカサギ、ゲンゴロウブナなどがいるが、いずれも放流起源の魚である。西湖は貞観(じょうがん)６（８６４）年に富士山が噴火、青木ヶ原溶岩の噴出により、富士山北麓の湖「剗の海」が分割されて精進湖、本栖湖とともに形成された湖だ。

西湖漁業協同組合の一室で三浦保明に話を聞いた。クロマス（黒いヒメマス）は食べても水っぽくて不味いので、元気なものは湖に戻す。この魚は2月を中心とする時期に湖底の深いところで産卵するヒメマスということだった。そのころに産卵後のものが水面に浮いてくる、という。これは田沢湖で産卵後、死んだクニマスが水面に浮かぶ「浮き魚」と呼ばれていた現象と同じだ。

三浦は西湖にクニマスはいないと何度も言った。かつて「クニマス探しキャンペーン」でクニマスに懸賞金がかかっていたとき、クロマスのことで山梨県と相談したが、クニマスではないと判断された、と言っていた。水深４００ｍを超える田沢湖で生息していたクニマスが他の湖で生きていると考える人はまずいないだろう。また移植放流の記録があっても、その後の様子がわからなかった。ヒメマスなら移植放流された湖で稚魚が成長、成熟して親魚となり放流場所に帰ってきたという記録があるが、クニマスについては移植放流後の行方がわからないのである。西湖のクロマスがクニマスではないという結論は常識的な判断だったと思う。

しかし、「浮き魚」現象の話も田沢湖と同じである。移植記録のある西湖の深い湖底で3月に産卵するクロマスは、私の中でクニマスに近づいた。

さらに三浦は、西湖の底には一年を通して４℃の水がある、と言った。これを聞きながら、たしか『クニマス百科』にも田沢湖の湖底の水温は４℃と書かれていたことを思い出した。この水温の水は密度が高く重い。深さこそ異なるが、西湖は田沢湖と似ていると思った。

西湖を訪れた初日は三浦に話を聞き、舟でヒメマス釣りをした。2日目の朝、前日に三浦が仕掛けた刺網を揚げに行った。特別採捕の許可をもらっての刺網漁である。底刺網は基本的に田沢湖のクニマス漁と同じであった。網を揚げ始めると、ワカサギやヒメマスがかかっていた。そして、網揚げが終わりに近くなったころ、網の端に尾鰭の下半分が破損した雄のクロマスがかかっていた。網の端は湖底の深いところにあり、全長20㎝ほどの雄が精子を出して産卵行動中であることを示していた。確かにクロマスは西湖の深い湖底で産卵していたのだ。4月の初めなのに、である。産卵の場所も、時期も、ヒメマスではありえないことだった。

第2章　西湖クロマスはクニマスか

仮説を立てる

西湖クロマスはクニマスか。そうだとは思うが、そうでないかもしれない。本当にクニマスなのか何とも言えない、妙な気持ちであった。仮に私が西湖クロマスをクニマスかもしれないと思っていると誰かに言ったとしよう。おそらく適当に聞き流されたと思う。田沢湖のような深い湖で生息していた魚がずっと浅い湖に移植されて70年も見つかっていない。生存していると考えるには様々な無理がある。魚類学者なら絶滅したクニマスは研究の対象にはならないと誰もが思っていた。

こういう学界の雰囲気の中で、もし西湖クロマスがクニマスならば、それを科学的に示さなければならない。それには研究材料としてできるだけ多くの標本が必要である。最初の雄2個体がとれたときに同じ網でとれていた雄2個体をもらい、これで4個体。3月のワカサギ漁の最終日に網にかかった雌3個体と雄1個体、さらに4月初めに西湖で得た雄1個体。計9個体が手元にそろった。研究材料として多いとは言えないが、結論を出せるかもしれないと考えて、研究を始めることにした。

研究には方法がある。まず、到達点としての仮説を立てる。仮説の設定とそれに基づく研究計画が間違っていると、妥当な結果を導き出すことができない。自然科学の研究にとって、仮説の設定は重要である。西湖クロマス研究の場合、考えられる仮説は2つ。

まず一つ、西湖クロマスはヒメマスであるという仮説。ヒメマスが十和田湖から西湖に移植放流されたのは1913（大正2）年。このヒメマスが100年ほどで、冬に西湖の深い湖底で産卵するようになったと考えるのである。第4章で詳しく述べるが、十和田湖のヒメマスは支笏湖（しこつこ）由来で、支笏湖は1895（明治28）年に阿寒湖から移植放流されている。つまり、西湖のヒメマスは履歴をたどると阿寒湖に行きつく。

阿寒湖由来の支笏湖のヒメマスは、クニマスとは違い、冬に深い湖底で産卵しない。西湖クロマスがヒメマスとすると、100年ほどで産卵の季節と場所が変化したことになる。各地に移植されたヒメマスの成熟サイズは多様だが、秋に川の浅瀬で産卵していた阿寒湖由来のヒメマスが、冬に深い湖底で産卵するようになった例はない。産卵の季節と場所が変化するのにはもっと長い地質学的時間が必要である。したがって、この仮説は棄却。

もう一つは、西湖のクロマスが1935（昭和10）年に田沢湖から移植されたクニマスであるという仮説。西湖クロマスは田沢湖のクニマスに生態が似ているので、これには無理がない。こちらの仮説で研究計画を立てた。

研究を始めるにあたって、比較のためにヒメマスの標本が必要であった。西湖クロマスの標本だけでは研究ができないのである。研究において「比較」は基本中の基本。西湖に行ったときに底刺網にかかっていた「銀色のヒメマス」、そして1日目に私が舟に乗って釣った「銀色のヒメマス」も研究材料として使った。

ここで忘れてはいけない大事なことがある。「西湖の銀色のヒメマス」がヒメマスかどうかわからないということである。

サケ属の魚は成長とともに色彩や形態が変化する。サケにしても、ビワマスにしても、ベニザケ、ヒメマス、いずれの種も若い成長期の体色は基本的に銀色で、海や湖の表層や中層を泳いでいる。西湖クロマスはサケ属であることは間違いないが、若い時期については不明であった。若い時期の「銀色の西湖クロマス」が湖中を泳いでいるとすれば、「西湖の銀色のヒメマス」には西湖クロマスとヒメマスが混じっているかもしれない。

どうするか。「西湖クロマスはクニマス」が研究のゴールである。西湖クロマスをクニマスと仮定して、クニマスの移植履歴のない湖に生息するヒメマスを比較にもってくれば良い。選んだのは阿寒湖のヒメマスであった。阿寒湖はヒメマスの原産地。そこのヒメマスと比べて同一の特徴を示すものをヒメマスとし、そうでないものと区別する。

自然科学の研究におけるオリジナリティは過去の成果の上に乗っている。研究論文のオリジナリティとは著者が発見した自然科学上の事象であり、他の誰もが知らなかったことである。研究材料を示し、それをどのような方法で研究したのかを記す。そして、研究によって得た結果を記し、関連の過去の研究成果と照らし合わせる。これによって、著者が見つけたことの自然科学での位置づけを示すのである。この研究では、西湖クロマスが田沢湖のクニマスの末裔（まつえい）であること、そしてヒメマスとは違うということを明確に示すことであった。

西湖クロマスの研究

手にした標本がクニマスであることを示す研究方法として、西湖クロマスと過去のクニマスとの形態学的特徴の比較、そしてヒメマスとの交雑の有無を調べるＤＮＡ分析を行った。形態学的分析とＤＮＡ分析の両方で研究を行えるように、研究材料である標本の処理をした。形態学的分析だけであれば、液浸の保存標本でもかまわないが、ＤＮＡ分析には生鮮標本（冷凍標本も可）が必要である。

研究の下ごしらえとして、まず標本に登録番号を与え、標本台帳にその番号と種名、採集場所と年月日、採集者などのデータを記した。これで研究に使った標本は京都大学の魚類標本コレクションとして保存され、検証が可能な状態になる。次に背面から見て右側の体で、胸鰭の斜め上ぐらいのところから１㎝キューブの筋肉片を採取して純度99・９％のエタノールが入った小瓶に入れ、どの標本の筋肉片かわかるように小瓶に標本登録番号を記した。小瓶のエタノールは１日後に新しい99・９％エタノールと入れ替えた。これで余分な水分が抜けて、筋肉標本を長期保存してもＤＮＡ分析が可能になる。次に、展翅板（発泡スチロール）の上で標本の背鰭や臀鰭などの鰭を広げて針を打ち、ホルマリンの固定液を塗った。この処置で、広げられた各鰭は数分後に形が変わらなくなる。ここで標本番号のラベルと一緒に体全体の側面写真を撮影して色彩を記録した。図１－５の「黒いヒメマス」や、口絵に示したクニマスとヒメマスの写真はこのようにして撮影したものである。この後、標本の本体は保存液を入れた瓶で保管した。保存液は10％ホルマリンか70％エタノールであるが、エタノールで保存する標本でも、最初はホルマリンで固定する。こうしないと形がくずれて標本の形態観察が難しくなる。ちなみに筋肉片をとらずに最初から標本をホルマリンで固定すると、DNA情報が切断されてしまい、固定後に標本から筋肉片をとって分析しても得られる情報が少なくなってしまう。最近は筋肉片でなく、鰭の一部を切除してDNA分析の保存標本として保管することが多い。この方が、余分な水分が少なくて良質のDNA情報が得られるのだが、当時の私の研究室は筋肉片を用いていた。

研究に使ったすべての標本について、これだけの処理を行った。手間のかかる作業だが、これで各標本の形態データとDNAデータが照合できる。さらに、過去にクニマスは筋肉が白いという記録があるので、可能な限り、腹を裂き、筋肉の写真を撮った。

◇形態学的分析　観察する形態学的特徴にはアナログなものとデジタルなものがある。顔つきや体つき、体色や斑紋はアナログであり、鰓耙（さいは）数や幽門垂（ゆうもんすい）数といった数えられるものはデジタルである。アナログかデジタルか、どちらの特徴でクニマスの独自性を把握できるのか。これを念頭に置いて研究を進めた。

まず、アナログ的特徴である。西湖クロマスの標本はいずれも小さく、雄の顔つきはこれまで写真で残っている田沢湖産クニマスの雄とは異なっていた。吻（ふん）（頭部先端）は尖っていても顕著ではなく、口はほとんど曲がっていない。先にも述べたが、サケ属の魚は成長に伴って形と色を変える。産卵期になると体は婚姻色になり、頭部や背部に二次性徴が出て雌雄で形が異なるようになる。サケの鼻曲がりやカラフトマスの背中の張り出しはよく知られているが、これは産卵期における雄の二次性徴である。全長が30㎝を超えるヒメマスは赤い婚姻色をもち、雄は吻が尖り、口は湾曲し、背中が張り出すが、全長が20～25㎝程度のヒメマスは黒い婚姻色をもち、雄は吻が少し尖る程度で口はほとんど湾曲せず、背中は張り出さないことが多い。全長20㎝ほどの西湖クロマスは、頭部や背部の形態ではヒメマスと異なるとは言えない。

最初に私のところに来た西湖クロマスの2個体は全体が黒かったが、頭部と尾柄部の背面にわずかに小黒点が見られた。さらに、3月19日にとれたものには体が灰色（口絵7）の雌がいた。手元にある9個体は、いずれも、『クニマス百科』に書かれている「体が黒くて小黒点がない」という特徴と厳密には一致しない。しかし、これまで、クニマスは観察されている個体の数が少ない。そのことによって、体色や小黒点についての変異の幅が知られていないと考えられる。ヒメマスの小さい親魚の体色は黒い。つまり、黒いだけでクニマスであるとは言えない。また、小黒点のような特徴はヒメマスでも数に変異があるので、クニマスの同定には使えない。

アナログな形態的特徴で識別できないのなら、デジタルな形態的特徴はどうか。サケ属の種はデジタルな形態的特徴として幽門垂と鰓耙の数が示されることが多い。幽門垂は胃の幽門部にある指状の器官で、多数が房状になり、それぞれの壁面の組織は腸と同じで食べた食物を吸収する。鰓耙は鰓（えら）の弓状の骨である鰓弓（さいきゅう）の前縁に付いている櫛（くし）状の突起で、ここで口から食べたものを濾過（ろか）する。魚類学では幽門垂数と鰓耙数は種の分類形質として使われることが多い。

幽門垂数はクニマスが46〜59で、ヒメマスは67〜94。鰓耙数はクニマスが31〜43で、ヒメマスは27〜40であることが知られていた。クニマスとヒメマスは幽門垂数がきれいに分離しており、鰓耙数はかなり重なっている。『クニマス百科』で鰓耙数が重要視されなかったのは、少ない方の数値がヒメマスと重なっていたからである。こう見てみると、幽門垂数さえ確認できれば十分なように思える。しかし、クニマスは調べられた標本の数が少ない。多くの標本を数えたら、幽門垂の数値範囲の裾はヒメマスと重なるかもしれない。

幽門垂数や鰓耙数のように数えられる特徴は、近縁種の間では平均値や最頻値がずれても、数値の範囲の裾にあたるところは重なることが多い。どちらか片方だけの数値でどの種か識別することは難しい。しかし、幽門垂数と鰓耙数を組み合わせて二次元で示せばクニマスとヒメマスが分離するかもしれない。これまで、これら2つの数値を組み合わせてサケ属の種が論じられることはなかったのである。

まず、西湖クロマスの幽門垂を数えていった。幽門部を摘出して、実体顕微鏡（比較的低倍率の光学顕微鏡）を使い幽門垂をひとつひとつ数えるのである。サケ属の幽門垂は多く、西湖クロマスも例外ではない。数えるのは時間がかかる作業で、1個体に5時間かかったこともあった。他の仕事もあるので、計数のために摘出した幽門部は3分割した。分割しておけば途中で作業を終われるし、次の日は計数していない部分から作業を始めることができる。後で足し合わせて1個体の数値を出した。根気のいる作業であった。

最初の標本の幽門垂の数は50を下回った。この数値でヒメマスはありえない。鰓耙数と組み合わせるまでもなく、クニマスの数値であった。クニマスは西湖で生きていたのか、と驚いた。しかし、次の標本の数値はヒメマスのものになるかもしれない。そんな思いで、ひとつずつ数えていった。結果、西湖クロマスの幽門垂の数値は9個体ともクニマスのものから大きく外れなかった。手元にある全個体を数え終わったときには感慨深いものがあった。

次は鰓耙である。鰓耙の数値も過去のクニマスの範囲に収まった。そして、比較の相手である阿寒湖産ヒメマスの鰓耙と幽門垂も数えた。後に、ＤＮＡ分析でわかった西湖産のヒメマスの数

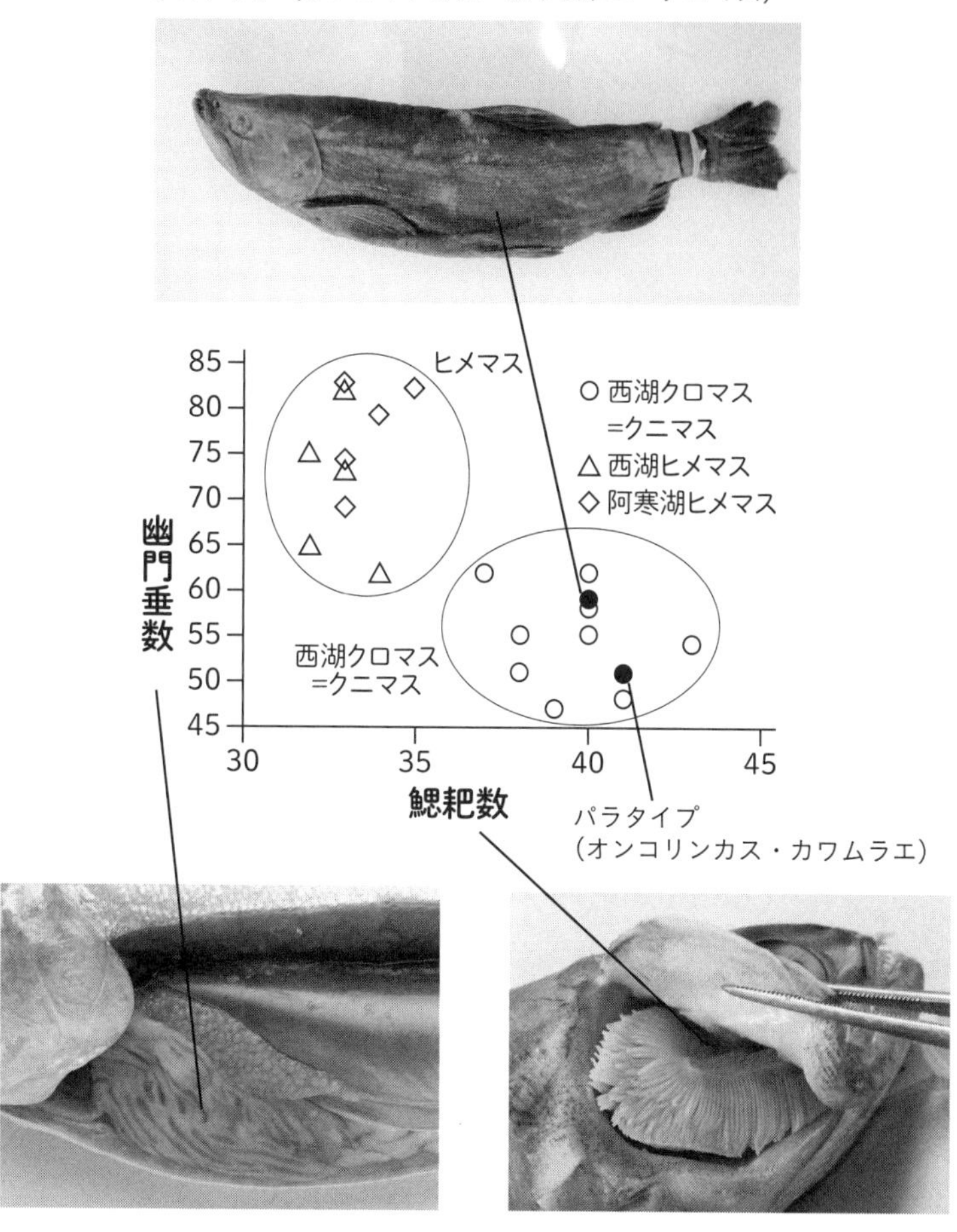

図2-1
クニマス発見論文の鰓耙数と幽門垂数の組み合わせ図（Nakabo et al., 2011を改変）

上. ホロタイプ（写真 京都大学魚類学研究室）
下左. ヒメマス幽門垂（写真 松沢陽士）
下右. クニマス鰓耙（写真 尾崎豪）

値も加えて、幽門垂数と鰓耙数の組み合わせを二次元図で示した（図2－1）。予測通り、西湖クロマスとヒメマス（阿寒湖と西湖）が示す領域はきれいに分離したのだ。クニマスはヒメマスより幽門垂が少なく、鰓耙が多かった。

オンコリンカス・カワムラエ（クニマスの学名）のホロタイプとパラタイプの幽門垂数と鰓耙数の値を、この二次元図に入れてみる。どちらの数値も、西湖クロマスの領域の中に収まった（図2－1）。ある生物を新種として記載する際に用いた標本は「タイプ」に指定される。クニマスの場合はホロタイプと2個体のパラタイプであった。これらはジョルダンが大津臨湖実験所から米国に持ち帰った3個体であるが、ホロタイプとパラタイプの幽門垂数と鰓耙数が新種記載論文に記されていたのである。

なかでも、重要なのはホロタイプである。西湖クロマスはオンコリンカス・カワムラエのホロタイプに一致したと考えても良い結果であった。ちなみに、パラタイプは新種が複数の標本で発表されたときの「副」である。何らかの事故でホロタイプが消失したとき、パラタイプはレクトタイプに指定されてホロタイプと同じ役割を担う。

分類学では生物の種名の特定を同定と言うが、厳密にはホロタイプとの一致を言う。一般には少しわかりにくいかもしれないが、今回、出てきた結果は西湖クロマスは分類学的にオンコリンカス・カワムラエに同定できたことを示している。オンコリンカス・カワムラエはクニマスであり、西湖クロマスはクニマスであるという結果であった。

これには少し説明が要る。「ホロタイプに一致」、とはどういうことか。オンコリンカス・カワムラエのホロタイプは米国シカゴにあるフィールド自然史博物館に保管されており、「FMNH

５８６８１」という登録番号を付されている。ある種がオンコリンカス・カワムラエと同じ種かどうかはこのホロタイプを基準に判断される。種内の個体は生殖によって結びついており、すべて同じ特徴の個体を産み出すわけではない。種には変異と呼ばれる個体のバラツキがある。また、形態的特徴は、雌雄や親子で異なる。このようなことを考慮したうえで種の輪郭内に収まる特徴を示したときに「ホロタイプに一致」と判断する。西湖クロマスの幽門垂数と鰓耙数の組み合わせが示している範囲の真ん中にホロタイプの数値が来たことは、一致とみなしてもよいのである。

しかし、最終的な結論を出す前にもうひとつ問題が残っていた。西湖クロマスとヒメマスの雑種でも幽門垂と鰓耙の数値がこのようになるかもしれない。雑種の形態的特徴はそれぞれの親種の中間になることが多い。これらの9個体が雑種であり、たまたまクニマス寄りの数値だった可能性も捨てきれない。

それゆえ、西湖クロマスとヒメマスの交雑の有無を調べなければならない。西湖には１９１３年以来、現在までヒメマスが放流されている。近縁の種間での交雑現象はよく見られる。そこで、クニマスがいなかった阿寒湖のヒメマスを比較の基準にしてＤＮＡ分析を行った。

◇ＤＮＡ分析　ＤＮＡ分析には、この分野に詳しい中山耕至（こうじ）に加わってもらった。中山は京都大学大学院農学研究科の助教で、有明海のスズキに関する論文で博士の学位を得ている。有明海のスズキは日本のスズキと中国・韓国沿岸のタイリクスズキの雑種起源の魚であり、西湖クロマスとヒメマスの遺伝的関係を研究するには最適の研究者であった。彼の提案はマイクロサテライトＤＮＡ分析であり、近縁のヒメマスで方法が確立しているということであった。そして、もう一人、武藤望生（のぞむ）に加わってもらった。武藤は農学研究科博士課程の大学院生（現東海大学生物学部講師）で、キツネメバルとタヌキメバルの交雑を研究中であった。この布陣で研究を進めた。

西湖クロマスとヒメマスのDNA分析はマイクロサテライトDNA分析で行った。マイクロサテライトDNAとは、DNAを構成するヌクレオチド（A・T・C・G）が2〜4個程度の単位で何度も繰り返している配列であり、例えば「CACACACA……」のようになっている。このような繰り返し配列はDNAのあちこちに見られ、それぞれのある場所を座位と呼ぶ。各座位における配列の繰り返しの数には変異が生じやすく、個体間や近縁種間で座位における配列の長さが異なっていることが多い。そのことにより遺伝的差異の指標としてよく用いられる。西湖クロマスとヒメマスの分析にはマイクロサテライトDNAの5座位を用いた。マイクロサテライトDNA分析を行うには事前にPCR（ポリメラーゼ連鎖反応）による増幅のための情報を得る必要がある。これは手間のかかる作業だが、ちょうどクニマスと近縁のヒメマス・ベニザケで既に報告があったので、それを使用することにした。

5座位を用いたマイクロサテライトDNA分析では、「西湖の銀色のヒメマス」と「阿寒湖のヒメマス」の間では差異が認められなかったのに対し、「西湖の銀色のヒメマス」と「西湖クロマス」の間では有意な異質性が確認された。つまり、「西湖の銀色のヒメマス」はヒメマスであり、西湖クロマスとは遺伝的に分離して、交雑をしていなかったのだ。この結果が出たのは分析開始のほぼ4か月後の2010年7月の終わりから8月にかけてのころだった。分析にあたった中山と武藤は「やはりクロマスはヒメマスとは別であり、結果に安堵した」という。

◇**結論**　西湖クロマスは形態学的特徴がオンコリンカス・カワムラエのホロタイプと一致。DNA分析でもヒメマスと交雑しておらず、産卵に関する生態が田沢湖のクニマスと一致した。つまり西湖クロマスは1935年に移植されたクニマスの末裔だったのである。

秋田県田沢湖で1940年に酸性水が導入されたことで消えたクニマスは、70年の時を超えて2010年に山梨県西湖に姿を現したのである。

クニマス発見論文

形態学的分析とDNA分析の結論が出て、西湖クロマスはクニマスであることがはっきりした。しかし、これだけで「クニマス発見」とはならない。得られた研究結果の意味を、過去の関連する論文と照らし合わせて、何が発見されたのか、という論文を書かなければならない。そして、これを査読制度のある学術誌に投稿して掲載されなければならない。学術誌とは、ある専門分野の研究者を会員とする学会が発行する刊行物である。学会は投稿された論文の掲載可否の審査を行う。この審査を通過した論文が学会発行の学術誌に掲載されるのである。

投稿された論文は学会の編集委員会が委嘱した査読者（レフェリー）に審査されて、掲載の可否が判断される。査読者は複数で、投稿論文の内容に関連したことに詳しい知識を有する研究者が選ばれる。審査中に査読者は質問をしてくるので、論文の著者はそれに答えなければならない。

研究に着手してから、およそ5か月後に「西湖でのクニマス発見」という英文論文の原稿が出来上がった。田沢湖のクニマスはいろいろな文書に書かれていた特徴が謎めいて捉えられており、そこで示されていた生物学的な特徴は断片的で、それらがサケ属の魚として整理されていなかった。さらに、クニマスは絶滅した魚なので研究対象として捉えられておらず、詳しく知っている人はほとんどいない。このような学界の現状で果たしてまともな審査をしてもらえるのか。ここに大きな問題があった。いずれにしても、査読者と議論して納得してもらえないと論文審査はパスしない。投稿に際して、こちらにサケ属の魚についての広くて深い知識が必要であった。その知識をもとに議論をして、西湖クロマスはクニマスであるということを査読者に納得してもらわなければならない。

クニマス発見の論文原稿を書くために、数か月かけてサケ属各種についての多くの論文や専門書を集中的に読み込んだ。そして、得た知識を体系的に整理して、サケ属について何を質問されても答えられるように準備したのである。これは論文の著者として当然のことなのだが、私は海水魚が専門であり、サケ属は専門ではなかった。論文を執筆し査読者と議論をするためには、新たな勉強が必要であった。

クニマス発見論文は日本魚類学会の英文誌『イクチオロジカル・リサーチ（Ichthyological Research）』に投稿し、２０１０年12月12日に受理され、翌年2月22日に「*Oncorhynchus kawamurae* "Kunimasu," a deepwater trout, discovered in Lake Saiko, 70 years after extinction in the original habitat, Lake Tazawa, Japan（原産地田沢湖での絶滅から70年後に西湖で発見された深湖魚クニマス）」として、オンラインファーストで公開された。冊子は同年4月25日発行の第58巻第2号に掲載された。「受理」とは正式な掲載の決定である。さらにクニマスの知見を体系的に整理した総説は日本動物分類学会の和文誌『タクサ』に投稿し、２０１０年12月25日に受理され、翌年2月20日発行の第30号に「クニマスについて―秋田県田沢湖での絶滅から70年―」として掲載された。総説とは、ある事柄に対して過去にわかっていることのおさらいであり、ある視点から対象を捉えた論文である。

結局、どちらも無事に学術誌に公表できたのだが、日本魚類学会の英文誌に投稿した発見論文は予想通り、レフェリーとのやりとりが大変であった。和文の総説で書いた、サケ属の魚として把握していたクニマスの知識をもってしても、すべての査読者を論破するのは難しかった。わずかの判定差で発見論文は受理されたが、越えるのに高いハードルであり、開けるのに重い扉であった。予想はしていたが、実際に直面するとしんどい仕事であった。学界の研究者の常識を打破するのは容易ではなかった。

発見か再発見か

ところで、クニマスが西湖で見つかった当初は、「クニマス発見」と言われていた。しかし、いつのまにか「クニマス再発見」と言われるようになった。どちらが妥当なのか。

クニマスは1925年に新種として記載され、すでに知られた魚である。さらに食用魚として、江戸時代から人々に知られていた。生物としては「発見」ではなく、絶滅後に見つかったのだから「再発見」である、という考えであろう。しかし、クニマスが移植先の西湖で「見つかったこと」を表現する言葉として、「再発見」は適切だろうか。この言葉には「西湖で見つかった」ことが表現されていない。

また、クニマスとして移植放流されたことが知られていた湖に生息していることがわかったので「発見」ではない、という人もあろう。これも、「すでに移植されたことが知られていること」と、「見つかったこと」の混同である。クニマスは田沢湖から姿を消した後、移植先での行方がわからなかった。行方不明だったものが「見つかったこと」を表現する言葉は「発見」が適切である。西湖、本栖湖、野尻湖、青木湖の移植記録（第11章）が残っているが、誰もクニマスを認識した人はいなかった。西湖でクロマスと呼ばれていた魚がクニマスだったのだ。移植後はクロマスとして見ていても誰もクニマスだとは思わなかったのである。仮に、田沢湖のどこかで「見つかった」としても「田沢湖で何十年ぶりに発見」という表現が適切だと思う。

保全生物学では、絶滅種の生存が判明したことを表す表現として、「発見」か「再発見」か曖昧である（近畿大学名誉教授、細谷和海氏私信）。これを表現する場合、文脈によって言葉を選ぶ必要がある。本書では右に述べた事象の経緯を表現する言葉として「発見」とした。

ちなみに「再発見」という言葉は基本的に文系的な文脈で使われる表現であり、「価値の再発見」というような使用法でよく用いられる。

伝説から抜け出す第一歩

発見論文で扉を開けるのに苦労したが、バックボーンとしての和文総説論文を書いているときは楽しかった。知識というものは断片では意味がわからない。関連した知識の中に置いてこそ、その意味が浮かび上がってくる。絶滅前に知られていたクニマスの断片的な特徴をひとつひとつ捉えて体系的に整理してゆくと、サケ属の中で他種と共通しているものと、クニマス独自のものがわかってきたのである。謎多き「まぼろしの魚」を科学的に把握する第一歩であった。和文総説論文をまとめたことによって、私の中でクニマスの神秘性が消えた。ここで、クニマスについて西湖での発見までに知られていたことをサケ属の魚として整理しておこう。

クニマスの生態や体色についての特徴は１９０９年発行の秋田県水産試験場の事業報告「國鱒人工孵化試験」に記されている。少し読みにくいかもしれないが、この報告はクニマスの特徴を簡潔によく表現しているので、これに基づいてクニマスの特徴をひとつひとつサケ属の魚として検討してみよう。

> 國鱒ハ一名きのしり鱒トモ称シ体色灰黒ヲ呈シ普通ノ如ク白光ナシ是レ日光ノ透達セサル深キ湖底ニ棲息スル所以ナランカ而シテ亦非常ニ日光ヲ避忌スルノ性アリ形状河鱒ニ類似スレトモ割合ニ尾鰭根部広ク体長大ナルモノニシテ一尺二寸二三分体高二寸四分体量百五六匁小ニテ体長一尺内外体高二寸余体量九拾匁内外トス又皮膚ハ厚クシテ粘液多ク肉ハ白色ニ少シク桃色ヲ帯ヒ脂肪少ナク卵ハ分離性ニシテ薄黄色ヲ呈ス卵平均一分五厘重量一分二厘三毛一尾ノ孕卵数平均八百粒内外ニシテ銀鱒ノ一種ナリト云フ説アルモ詳ナラス
>
> 殆ント周年漁獲アルモ冬至（十二月二十三日）末ヨリ小寒（一月七日）ニ亘リテ漸々漁獲多ク而シテ最漁期ハ大寒（一月二十一日）前後ニシテ産卵モ亦此期ニ於テス同魚ハ主トシテ平素斯ル深所ニ棲息スルニ過ギス漁場ハ浅クモ二拾五六尋深キハ四拾尋内外トシ殆ント拾尋内外ノ浅所ニハ来游セスト云フ（中略）放卵後衰弱シテ斃死シ浮出スルモノアリ地方人之ヲ浮魚ト称セリ
>
> （「國鱒人工孵化試験」１９０９）

◇**体の色**　「体色灰黒ヲ呈シ」とあり、日光の届かない深い湖底に生息するためかもしれないとあるが、誤った推測である。一方、大島正満「鮭鱒族の稀種田澤湖の國鱒に就て」（１９４１）には「國鱒の体が黒いのは二次性徴の現はれで、生殖素の生熟に伴ふて現はれる錆びた色である」と記され、宮地伝三郎他の『原色日本淡水魚類図鑑』（1963）には「体は銀白色で、背面は黒青色であるが、老成個体では体全体が黒化する」と書かれている。大島は1938年に周年産卵を確かめるために田沢湖でクニマスの採集を行っている。宮地も1928年と31年にベントス（底生小動物）を採集するために田沢湖に行っているので、宿でクニマスを食したであろう。実際に水揚げされたものも見たと思う。しかし、クニマスの体色について、大島と宮地が書いていることはこれまで留意されなかった。

クニマスの写真は田中阿歌麿（あかまろ）の『湖沼の研究』（1911）に出されたものが最初で、雄と雌のクニマスが写っている（図3－2、75頁）。見る限り、雌雄とも体色は黒色というより灰色である。黒いことだけが強調されすぎて誤ったクニマス像が一般に広まったと思う。

また、新種としてオンコリンカス・カワムラエと命名された論文に、クニマスの体に小黒点がないと書かれている。『クニマス百科』にも、ヒメマスと比べて体に小黒点がないのがクニマスの特徴の一つと書かれている。ところが、大島の前掲論文には体長22・8㎝の未成熟雄は体の背部、喉部、腹面と尾鰭に不明瞭な小黒点がある、と書かれている。小黒点をもつ個体がいたことにも留意されなかった。

◇**形と大きさ**　「形状河鱒ニ類似スレトモ割合ニ尾鰭根部広ク体長大ナルモノニシテ一尺二寸二三分体高二寸四分体量百五六匁小ニテ体長一尺内外体高二寸余体量九拾匁内外トス」とある。尾柄部が広く、メートル法に換算すれば、大きいもので体長約37㎝、体高7・3㎝、体重約58

5g。小さい（普通に見られる）もので体長約30㎝、体高約6㎝、体重約340gとなる。体長はおそらく全長のことであろう。

京都大学所蔵の全長約30㎝の田沢湖産標本（図2－2）を見ると、雄は吻が尖り、眼と吻端の間で吻端により近い背面がわずかに窪み、第一背鰭の前の背中が上に少し張り出している。そして、上顎の前半部が背方に、下顎の前半部が腹方に、それぞれわずかに湾曲している。また、雌の吻は雄に比べると短く、先端は尖らず、上顎と下顎は湾曲しない。別の全長約30㎝の雄は吻が細くやや尖り背面が窪むが、背鰭の前の背中と口の湾曲は前述の雄と変わりない。これに対し、『湖沼の研究』に掲載されているクニマスの写真では、雄の吻は背面がほんのわずか窪み、先端が尖っているが顕著ではない。雌は吻が尖らず、全身がすらっとしている。『秋田縣仙北郡田澤湖調査報告』（1915）には全長22～23㎝の雌雄の写真が出ているが、雄は吻の尖り方が小さく、吻と眼の間の背面はほとんど窪んでいない。ただし、雌に比べると雄の吻は尖る。クニマスのホロタイプ（図2－1）は京都大学田沢湖産標本の雄（図2－2上）に似ている。

図2-2　京都大学の田沢湖産クニマス標本P382の雄（上）と雌（下）、いずれも全長約30cm（写真 中坊徹次）

サケ属の各種は稚魚期、若魚期、成熟期、そして産卵期といった成長の過程で体形や色彩が変化する。成熟してくると二次性徴を示し、雌雄の形態における違いが顕著になる。しかし、『湖沼の研究』の写真や京都大学所蔵標本のクニマスを見る限り、二次性徴の度合いは顕著ではない。体も全長で30㎝ほどであり、ヒメマスに似る。

クニマスの体形で気になることがあった。京都大学の田沢湖産標本は体が薄いのである。ヒメマスの標本と比べると、このことがはっきりわかる。比べたヒメマスは成長期の個体であり、もしかしたら、田沢湖と西湖のクニマスも成長期には体が厚いのかもしれない。しかし、サケ属の種は体の幅が成長にしたがって変化するということは、どの文献にも書かれていなかった。サケ属魚類の研究者にとって自明のことかもしれないが、私には疑問であった。

◇皮膚と筋肉　「皮膚ハ厚クシテ粘液多ク肉ハ白色ニ少シク桃色ヲ帯ヒ脂肪少ナク」とある。サケ属を含むサケ科の各種は成熟期になると皮膚が厚くなり（雄のほうが雌より厚い）、粘液も増して体がぬるぬるしてくるが、これは性ホルモンの分泌によるものである。つまり、クニマスの皮膚がぬるぬるして厚いということは、サケ属で一般的に見られる成熟期の特徴である。ただし、タイセイヨウサケでは雌と未成熟雄で生活史（生物が生まれてから死ぬまでの過程のこと）の最初の2年を通じて皮膚が厚くなることが報告されているので、クニマスのこの特徴も成熟期だけに結びつけることはできないのかもしれない。

また、サケ属の魚の筋肉は赤い。これは餌生物を通じてカロテノイド系色素であるアスタキサンチンをとりこんで蓄積した結果である。クニマスの筋肉が白いというのはアスタキサンチンをもつ餌生物が少なかったことによると思われる。クニマスの筋肉が白いということは少ない餌生物と関係しているのである。田沢湖は貧栄養であった（第5章）。

◇卵の色、大きさ、数　「卵ハ分離性ニシテ薄黄色ヲ呈ス卵平均一分五厘重量一分二厘三毛一尾ノ孕卵数平均八百粒内外」とある。

サケ属の魚は、成熟卵では筋肉からアスタキサンチンが移り赤味が増す。いわゆるイクラが赤いのもそのせいで、サケは薄い橙色、ベニザケは濃い橙色、カラフトマスは薄い橙色、ギンザケは濃い橙色であるが濁りがある。サクラマスは濃赤橙色であるが、アマゴは薄い黄色、ビワマスは橙色、タイワンマスは黄色である。

クニマスの成熟卵が黄色というのは、アマゴ（サツキマスと同種で、川で成長して産卵する河川残留型）やタイワンマスと同じである。河川で一生を終えるものに共通している。これは、田沢湖や河川の餌生物にアスタキサンチンを多くもつものが少ないことによると思われる。

クニマスの卵径は一分五厘とあるが、これは約4・5㎜で、ヒメマスの3・4〜4・5㎜、ベニザケの5・3〜6・11㎜と比べると、クニマスの卵の大きさはヒメマスに似る。サケの7・1〜9・5㎜と比べると少し小さいが、カラフトマスの6・0㎜、ギンザケの4・5〜7・1㎜、サクラマスの4・2〜7・1㎜と比べると、クニマスの卵径はサケ属の標準の範囲内である。

孕卵数、すなわち1個体の雌がもっている卵の数は、全長30㎝で約800粒とあった。これを検討してみる。サケ属各種の繁殖力を測る尺度として、孕卵数が使われるが、この数は雌親魚の大きさによって異なる。体が大きい雌は小さい雌に比べて多くの卵をもつ。孕卵数で種の繁殖力を表現するためには、個体ごとの大きさに左右されない数値にする必要がある。サケ属では種の繁殖力を繁殖度という数値で比較するが、これは孕卵数を雌の体で眼の後縁から下尾骨後縁（尾鰭を折り曲げたときに皺になるところ）までの長さで割った値で示される。

クニマスの繁殖力は他のサケ属に比べて高いのか低いのか。約800粒の卵をもっていたクニマスは全長30㎝であった。京都大学所蔵のクニマス標本で全長30・1㎝の雌個体では、眼の後縁から下尾骨後縁までの長さは23・1㎝である。この大きさの雌個体が800粒の卵をもっているとすると、繁殖度は800を23・1で割って34・6粒／㎝となった。この値をサケ属の他の種と比べてみる。繁殖度はベニザケでは49・6〜80・6粒／㎝、サケでは37・5〜53・5粒／㎝。クニマスの繁殖度はベニザケから見ると低いが、サケの最低値とあまり変わらない。クニマスはサケ属のなかで特に繁殖度が低いということはなかった。

◇**産卵期と産卵場所**　「殆ント周年漁獲アルモ冬至（十二月二十三日）末ヨリ小寒（一月七日）ニ亘リテ漸々漁獲多ク而シテ最漁期ハ大寒（一月二十一日）前後ニシテ産卵モ亦此期ニ於テス同魚ハ主トシテ平素斯ル深所ニ棲息スルニ過ギス漁場ハ浅クモ二拾五六尋深キハ四拾尋内外トシ殆ント拾尋内外ノ浅所ニハ来游セスト云フ」という1909年の報告だけでなく、『秋田縣仙北郡田澤湖調査報告』（1915）、28年度と29年度の秋田県水産試験場事業報告にクニマスの産卵期と産卵場所が記されている。これに25年度の事業報告に記された25年6月から翌26年5月に観測された田沢湖の各層（表層〜水深100m）の水温変化を合わせてみる。

クニマスは産卵の最大の盛期は冬であったが、周年にわたって成熟魚が見られた。産卵場所は、冬（12月から2月）の盛期には浅ければ15mだが多くは40〜50mで、水温は4〜5℃だった。冬ほどではないが、産卵の盛期は9月前後にもあり、産卵場所は水深105〜225mで、水温は約4℃（8月から10月）であった。冬と秋（晩夏）で水深は違っても、産卵場所における湖底層の水温は4℃前後とかなり低かった。8月の水深30m層は7℃を少し超えていたことを考えると、クニマスは4℃前後の低水温層の移動に伴って産卵場所を季節移動させていたと思われる。

一般的にサケ属の種の産卵期はほとんどが秋に集中している。周年にわたって成熟している個体が見られるサケ属の種はマスノスケである。しかし、マスノスケは川ごとにピークが異なり、同じ湖で年に二度の産卵盛期をもちながら周年にわたって産卵していたクニマスと同じレベルで比較はできない。周年産卵はサケ属のなかでは珍しい特性で、冬に最大のピークをもちながらも周年にわたって成熟魚がいたのは、おそらくクニマスだけであろう。

サケ属の各種は川の浅瀬で産卵するが、産卵場の水温は種によって少しずつ異なり、0・8～17℃と幅広い。これらの中で支笏湖のヒメマスは、10月から11月の産卵期の水温が川では9～15℃、湖岸では9℃である。米カリフォルニア州のドナー湖のコカニー（ベニザケの湖沼陸封型、第4章）は、水深1・8～15mの湖岸で、一定の流れがある水温10・6℃の砂礫底で11月に産卵する。これらに比べると、4℃前後というクニマスの産卵場の水温は低い。

湖岸の浅瀬で産卵するコカニー（ヒメマスを含む）の一部と深い湖底で産卵するクニマスを除いて、サケ属の他のすべての種が川の浅瀬で産卵する。クニマスの深い湖底での産卵は特異である。

◇生活史　「放卵後衰弱シテ斃死シ浮出スルモノアリ地方人之ヲ浮魚ト称セリ」という記述がある。また、『クニマス百科』に三浦久兵衛談として〈二月ころになると、浜にウキヨが打ち上げられた。（中略）ウキヨとは「浮き魚」のことで、掘ったため、尾が白くなっていた〉とある。クニマスは産卵後に死亡して、湖底から水面に浮かび上がり、浜に打ち上げられていたのである。

クニマスは海と関係があったのかどうか。田沢湖は潟尻（かたじり）川から雄物（おもの）川を経て、日本海とつながっている。しかし、クニマスが潟尻川と雄物川を通って田沢湖と日本海を行き来したという記録はない。産卵場所も深い。クニマスは田沢湖で一生を送っていたと考えられるが、これについては新しい知見に基づいて次章で論じる。クニマスは海に出ることができたのか。

以上は、1909年の秋田県水産試験場の事業報告をもとに考察したクニマスの生物学的特性である。次に他の論文や報告に記された特性について述べる。

◇受精から孵化まで　サケ属の魚は受精して、外から目視で眼を確認できる発眼卵の状態で冬を越し、翌年に孵化する。孵化仔魚（しぎょ）は鰭もできておらず、大きな卵黄をもっている。しばらく礫底であまり動かずにいるが、栄養のつまった卵黄を吸収した後に鰭が出来上がって稚魚となり、約1か月後に浮上する。サケ属の魚では、卵黄の吸収後に鰭ができて稚魚が泳ぎ出すことを浮上と言う。

サケ属の魚が孵化までに要する日数は卵の生息環境によって左右される。水温が低いところであれば孵化日数は多くなり、高いところでは少なくなる。孵化日数と環境の水温の積を求め、積算温度として示し、孵化に要する日数を相対化して表現する。クニマスは採卵から孵化、そして浮上についての記録がある。これで積算温度を計算して、サケ属の他種と比べてみる。

秋田県水産試験場が1929年に3回にわたって行った「國鱒稚魚耐光飼育試験」によると、第1回は採卵が2月中旬、孵化が5月20日、浮上が6月13日。第2回は採卵が2月中旬、孵化が5月24日、浮上が6月26日。そして、第3回は採卵が2月中旬、孵化が5月下旬、浮上が7月5

日であった。この年の水温の記録はないが、１９２５年６月から翌年５月までの水温調査があり、これを代用して考える。２月から５月の表層水温は平均５℃であった。孵化場の水温が表層のものと同じと仮定すると、孵化日数が95〜99日とすれば、積算温度は４７５〜４９５℃となった。

サケ属の他種と比べてみる。孵化までの積算温度はサケでは２９２〜６２３℃、カラフトマスは４４７〜６４２℃、ベニザケは１１１〜１２５０℃、マスノスケは４７７〜５１２℃、ギンザケは３０１〜４５４℃、サクラマスは３５０〜５４０℃、サツキマスは４５０〜８００℃である。クニマスの孵化までの積算温度はサケ属の範囲にあったと考えてよい。

◇稚魚の体形と色彩　クニマスの稚魚は大島正満が図と共に報告している。大島が１９３８年10月に田沢湖を訪れた際に、孵化場に残っていた全長５・２㎝のクニマス稚魚であった。１９４１年の論文で次のように書いている。

後頭部の一双の帯褐黒斑が愈々(いよいよ)鮮明となり、その形は西洋独楽(こま)状を呈している。全身微細な黒点で覆はれ、側線の上下に何等の斑紋を見ざる点は他の鱒類の幼魚と著しく選を異にする。背面には親魚に見るが如き不鮮明な黒点が散在する。パールマークは稍々(やや)不鮮明ではあるが側線上に九個を数へることが出来た。体は背部が淡灰色で下腹部は淡黄色を呈し、親魚の如き黒色は少しも現はれていない。

（「鮭鱒族の稀種田澤湖の國鱒に就て」）

図を見ると、この稚魚は寸詰まりでズングリしている。この体形と後頭部の一対の大きな黒斑によってクニマスの稚魚が論じられていた。パールマーク（パーマーク）とは、サケ属の稚魚の体にある小判状の斑紋を言う。

後頭部の一対の大きな黒点を、大島はクニマス稚魚だけの特徴と考えていたようである。１９８４年ごろ、京都大学農学部でクニマスの標本が見つかった、と話題になったとき（第1章）、稚魚の後頭部の斑紋はサケ属の中で特異的であるという捉え方がされていた。

疋田豊彦は１９６２年の論文でサケ属８種類の稚魚の図を示し、体が寸詰まりのズングリ型としてアマゴ、マスノスケ、サクラマス、ギンザケを挙げ、体が細長いスマート型のヒメマス、ベニザケ、サケ、カラフトマスと区別している。前者のズングリ型稚魚はすぐに海あるいは湖に降りずに川でしばらく過ごす（または一生を川で過ごす）が、後者のスマート型稚魚は川にとどまらず、すぐに海や湖に降りる。疋田は大島の図からクニマスの稚魚はズングリ型と判断した。クニマスがスマート型稚魚のベニザケから派生したコカニー由来だとすると、ズングリ型の稚魚は異質である。

奥山潤は「田澤湖の生成、變遷及び陸封された生物に就いて」（１９３９）で、10cmを超える（全長であろう）稚魚にはパーマークがなかったと書いている。しかし、奥山の稚魚がクニマスであったという確証はない。１９３０年代には田沢湖の湖岸でヒメマスが釣れていたこと（第10章）から考えると、この稚魚はヒメマスだったと思う。田沢湖でクニマスの稚魚がどこにいたのかは全く知られていなかった。

◇鰓耙数と幽門垂数　クニマスについて私たちの研究前に知られていたのは鰓耙数が31〜43、幽門垂数が46～59であったが、この組み合わせがクニマスを特定できる重要な特徴であることはすでに述べた。サケ属の種としてクニマスは鰓耙数が多く、幽門垂数が少ない。鰓耙数と幽門垂数の組み合わせで、サケ属の種は3つのグループに分けることができる。第1グループは鰓耙数が少なく、幽門垂数が多い種。第2グループは鰓耙数が多く、幽門垂数も多い種。第3グループは鰓耙数が少なく、幽門垂数も少ない種である。だが、クニマスはどれにも該当しない。

鰓耙数と幽門垂数は種の生活と密接に関係しているので、これらの組み合わせには意味がある。食べたものを濾過する鰓耙は主に動物プランクトンを食べる種では数が多いが、大きいサイズの餌生物を食べる種では数が少ない傾向がある。幽門垂数は第1から第3グループの種の生活史を見ると、海洋生活が長い種では多く、淡水生活が長い種では少ない傾向がある。消化酵素を出す幽門垂は、数が多い方がより高い栄養の吸収力をもち、これが多い種は栄養の豊かな北太平洋で成長期を送っている。

次にグループごとに各種の鰓耙数と幽門垂数を列挙して、生活史の特徴と照らし合わせてみよう。

第1グループは鰓耙数が少なく、幽門垂数が多い種である。サケ〈鰓耙数19～27（最頻値24）・幽門垂数121～215（平均値160・61）〉、カラフトマス〈鰓耙数26～36（最頻値31）・幽門垂数91～188（平均値126・19）〉、マスノスケ〈鰓耙数18～23（最頻値20）・幽門垂数127～170（平均値159・6）〉、ギンザケ〈鰓耙数19～23（最頻値21）・幽門垂数40～80（平均値62・6）〉である。このグループの種は淡水で過ごすときは湖などの止水域ではなく川にいて、そこでは動物プランクトンより、水生昆虫などを食べる。そして、長い海洋生活でも動物プランクトンより大きい餌生物を食べる。鰓耙数が少ないのはこのような食性によると考えられる。一方、幽門垂数が多いのは長い海洋生活中の食性と関係があると思われる。

第2グループは鰓耙数が多く、幽門垂数も多い種である。ベニザケ〈鰓耙数27〜40（最頻値33、ヒメマスと区別されていない値）・幽門垂数80〜117（平均値91・00）〉、ヒメマス〈鰓耙数27〜40（最頻値33、ベニザケと区別されていない値）・幽門垂数67〜94（平均値83・64）〉である。このグループの種は淡水生活を湖という止水域で送る。それも寒冷地の湖であるために貧栄養であることが多く、湖中生活時代は動物プランクトンを食べる。鰓耙数が多いのはこの食性に関係している。幽門垂が多いのは長い海洋生活中の食性による。ただ、ヒメマスは淡水域で一生を過ごすのに幽門垂数が多めなのは、陸封される前のベニザケの名残であろう。

第3グループは鰓耙数が少なく、幽門垂数も少ない種である。サクラマス（ヤマメ）〈鰓耙数14〜21（最頻値18）・幽門垂数36〜68（平均値47・05）〉、サツキマス（アマゴ）〈鰓耙数19〜20・幽門垂数29〜52（平均値39・32）〉、ビワマス〈鰓耙数18〜20・幽門垂数46〜77〉、タイワンマス〈鰓耙数16〜21（平均値18）・幽門垂数39〜47（平均値43・67）〉、ニジマス〈鰓耙数15〜24・幽門垂数25〜60〉である。このグループの種は淡水生活が主で、動物プランクトンより大きい水生昆虫などを食べることによって鰓耙数が少なくなっている。さらに、鰓耙が短い。幽門垂数が少ないのは、食物に限りがある淡水生活と関係しているのであろう。これらのうち、ビワマスの幽門垂数が比較的多いのは、生息する琵琶湖の餌生物が豊かなことの反映だと思われる。

以上の3つのグループと比べると、クニマスは鰓耙数が多く、プランクトン食の生活をする種のものであり、幽門垂数が少ないのは淡水域（河川）を中心に生活史を送る種のものである。クニマスの鰓耙数と幽門垂数のもつ意味については第5章で改めて論じる。

◇食性と行動　クニマスは何を食べ、どんな行動をしていたのか。これについては秋田県水産試験場の『秋田縣仙北郡田澤湖調査報告』(1915)に記述がある。

國鱒ハ常習トシテ深所ヲ好ミ水底ノ泥中ニアル微細ナル小動物及岩石ニ附着セル硅藻(けいそう)並ニ有機物ヲ食餌トシ游泳甚ダ活発ナラズ

この『調査報告』には、消化管の内容物として〈緑色藻類、木片、草根、コペポーダ、樹皮の破片、甲殻類、水藻類、藻類、浮藻類、珪藻類、ミジンコ類、樹根、昆虫類の脚、木繊維、ケンミジンコ属、植物の根、草葉片、ナビキュラ属(珪藻)、昆虫類の胴脚片〉と記されている。これらは底性の動植物プランクトンが主だが、他はデトリタス(生物破片)であり、食物としてあまり質の良いものではないと思う。

クニマスの鰓耙数はサケ属の種の中で最も多い。ヒメマスも多いが、それより多い。ヒメマスは産卵に至るまで湖中を遊泳して、動物プランクトンを中心に食べて成長する。鰓耙数が多いのは動物プランクトン食に対応している。であれば、クニマスのこのような消化管内容物は理解できない。クニマスの鰓耙はヤマメと比べてみると違いがよくわかる。クニマスの鰓耙は細長くて多く密であるが、昆虫類などを餌とするヤマメの鰓耙は短くて少なく疎(そ)である(図2-3)。鰓耙が細長く数が多いのは、クニマスが田沢湖で湖中を遊泳して動物プランクトンを食べて成長して

図2-3　クニマス（上）とヤマメ（下）の鰓耙（写真 京都大学魚類学研究室）

いたことを明確に示している。

第1章で示した「堀川小太郎記録」では、クニマスはいつも胃が空であったことが記されている。これは、漁獲されていたクニマスが産卵期のものであったことを示している。

同記録では、動作は緩慢だったとも書かれている。あたかも、いいものを食べていないので動きが鈍いという意味にとれるが、これは素直にうなずきかねる。ところで、深いところに生息しているクニマスの動きが緩慢だという記述はどういう観察に基づくものだろう。私が西湖クニマス発見の論文を書いているころ、このことについてはわからなかった。

クニマスのサケ属の魚としての独自な特徴とは何か。形態的には鰓耙数と幽門垂数の組み合わせであり、生態的には低水温層の深い湖底での周年産卵であった。特に周年産卵、つまり一年間で複数の産卵期のピークをもち、いつも産卵期の個体がいるという特性は解釈が難しい。

クニマスで知られていた特性はほとんど産卵期の雌雄に関したもので、成長期の個体については知られていなかった。鰓耙数と幽門垂数の組み合わせが独自だということも知られていなかった。クニマスの胃がいつも空であることの意味も問われることがなかった。クニマスはホリ（漁場）で漁獲されたものが、種のすべての特徴を示しているとして誤って認識されていたのである。

自然科学の論文が導く新しい展開

自然科学の論文は、著者が発見したことを他の人にわかるように書いてある。発見の前と後では対象への観点が変わる。発見後は、それまで見えなかったことが見えてきて、次々と新しいことがわかってくる。科学的な発見とは次の世界の扉を開くことに他ならない。よく巷（ちまた）で、クニマスであることがわかった、それを信じる、信じない、などということを耳にするが、こういうことは自然科学とは無関係であり、全く意味がない。クニマス発見は自然科学の成果であり、得られた結果は研究を新しい展開へと導くのである。

発見論文の執筆当時、西湖のクニマスは深い湖底で産卵中にとられた小さな9個体のことだけがわかっており、まだ伝説の中にいた。発見後は、より科学的に論じることができるように研究が進んでゆく。次章でクニマス研究の新しい展開を述べる。

第3章　伝説から科学へ

西湖のクロマスとシロマス

これは1926（昭和元）年生まれの西湖に暮らす女性の話である。

——戦争を挟んだ1939年から1950年、年齢にして13歳から結婚する24歳まで、彼女は家業の「ヒメマス漁」を手伝っていた。当時、西湖では10月下旬から3月下旬まで「ヒメマス」を獲るための刺網(さしあみ)漁が行われていた。西湖での「ヒメマス漁」は3～4軒でやっており、彼女の家はそのひとつで最も大きく行っていたという。

夕方に網を湖底に仕掛け、朝日が昇るときに揚げる底刺網漁で、網の一番深いところで45～70mであった。最深部の直上の湖面には酒樽が設置されており、これを目印にして網を湖底に降ろしていった。

西湖の底刺網にかかる「ヒメマス」は12月から1月に多く獲れ、概して銀色だったが、たまに黒いものが混じっていた。銀色の鱒はシロマス、黒い鱒はクロマスと呼ばれており、黒い鱒は風向きにより網が東側の深いところに流されたとき数尾がかかったという。シロマスは河口湖畔にある富士ビューホテルに自転車でもっていって、けっこう高値で売れたという。しかし、クロマスは身が柔らかく売れなかった。クロマスは自分たちで食べることもなく、獲れたときに生きているものは湖に放し、死んだものは岸に放置され猫が食べていたという。

クロマスはシロマスに比べて歯が鋭くギザギザしており、尾鰭が破損しているものが多かった。彼女の父はクロマスとシロマスを別の魚と考えず、どちらも「ヒメマス」で、クロマスは産卵中なのだろうと思っていたという。

ただ、クロマスは刺網の先端付近、つまり網で最も深いところでかかることが多く、こんなに深い場所で「ヒメマス」が産卵するのかと不思議に思っていたらしい――。

この「クロマス」と「シロマス」の話は、クニマス発見報道の後、2011年に、富士河口湖町の職員の祖母が、そういえばこんなことがあった、と話し出したのだという。彼女の言うクロマスは、刺網を仕掛けた場所と季節から考えて、間違いなくクニマスだったと思う。漁法も田沢湖のものと基本的には同じであった。しかし、シロマスは何だったのだろう。

ヒメマスの成熟前で遊泳期のものは銀色である。だからといって、シロマスがヒメマスとは限らない。産卵期以外のクニマスの姿は未だわかっていなかった。遊泳期のクニマスがヒメマスと同じように銀色であれば、シロマスはクニマスだったかもしれない。このときは、まだクニマスは種としての全体像が見えていなかったのである。

新しいクニマス研究の始まり

発見報道の熱が未だ冷めやらない2010年12月22日、西湖の関係者が京都大学総合博物館を訪れ、全長30㎝ほどの黒いマス（図3－1）を持参した。来館の3日前に西湖で釣れた形の良い

図3-1　2010年12月22日、西湖漁業協同組合がクニマスではないかとして持参した西湖産クロマス（Nakabo et al., 2014より）

雄の黒いマスであった。

京都大学の標本室にある田沢湖産クニマスの雄と似ている。懸賞金が付いた「クニマス探しキャンペーン」のポスターに描かれたクニマスにも似ている。「これ、クニマスではありませんか」と聞かれたが、私には即答することができなかった。鰓耙（さいは）と幽門垂を調べる必要があり、DNA分析をしてみないと何とも言えなかったのである。

そして、さらに3日後の25日、今度は田沢湖の関係者が訪れた。西湖で見つかった最初の9個体が小さかったことに驚いていた。移植歴と自然科学のデータから見れば西湖でとれた9個体は間違いなくクニマスなのだが、見た目は彼らが考える典型的なクニマスからは遠かったのである。

ヒメマス親魚の雄には吻が尖り口が曲がっているものと、吻があまり尖らず口が曲がっていないものがおり、頭部の形態に変異があるが、クニマスのそのような変異は知られていなかった。私の目の前に現れたのは「冬に深い湖底で産卵する」という生態的特徴を示したクニマスであった。

これからの研究において、まずは親魚の大きさや頭部の形の違いを知らなければならない。おそらく、湖中を遊泳しているはずのクニマスは「黒」ではなく「銀色」だろう。というのも、海や湖の中層を遊泳して成長する時期にはサケ属のどの種も体は銀色だからである。ただ、これを知るためには、冬だけでなく、春や秋にとられた多くの標本を用いての研究が必要であった。

年が明けて、2011年3月に特別採捕の許可を得て、多くの「西湖クロマス」を採集してもらった。新しくとられた「西湖クロマス」には全長30㎝前後のものが混じっていた。あわせて、春と秋の遊漁で釣れた「ヒメマス」も提供してもらった。この中に「銀色のクニマス」が混じっているかもしれない。西湖漁協の協力で、これまでの標本と合わせて計135個体の西湖産「マス類」の研究が可能となった。これまで知られていなかったクニマスの姿を明らかにする研究が始まったのだ。

銀色のクニマスがいた！

クニマスは成長に伴って形を変え、湖中で遊泳する水の層（遊泳層）も変えてゆくはずである。これを知るためには、標本を採集した漁具、場所、年月日のデータが基礎になる。底刺網であれば湖底、釣りであれば湖中を遊泳していたことを示している。これに採集した年月日を合わせれば、生息層の移り変わりを知ることができる。体の大きさ（体長）、厚さ（体幅）、頭や口の大きさ、体の色彩を、季節による生息層の移り変わりと合わせてゆく。こうすることによって、成長による体形と色彩の変化、それに伴う生息層の変化がわかる。そのためには、新しく入手した「マス類」を正確にクニマスとヒメマスに識別しなければならない。

西湖の「マス類」は外観ではどちらの種か不明である。では、発見時に手がかりとなった幽門垂数と鰓耙数の組み合わせによって識別していけばよいかというと、標本の数が多くなれば、それぞれの数値に重なりが出てきてはっきりと分けられなくなることが考えられる。また、そもそも計数に時間がかかる。確実なのはＤＮＡ分析による識別である。この方法を確立する必要があった。

ＤＮＡ分析による識別の研究は引き続き中山耕至と武藤望生が行った。方法は同じくマイクロサテライトＤＮＡ分析であった。発見論文で用いた西湖のクニマスとヒメマスには交雑がないことがわかったが、研究材料を増やせばどうなるのか。新しく採集した西湖産「マス類」を「未識別のマス」として、発見論文での西湖産のクニマスとヒメマス、阿寒湖産のヒメマスと比べることで研究を進めた。

その結果、西湖ではクニマスとヒメマスは交雑していないことが確実になった（口絵8）。さらに、マイクロサテライトＤＮＡ分析の結果を基礎にして、ミトコンドリアＤＮＡの分析により短時間で識別できる手法の研究も行った。ＤＮＡ分析によって、クニマスは次々と新しい姿を見せ始めたのである。

研究というものは、知らなかったことが明らかになっていくとき、わくわくする。しかも、それが予測通りであればなおさらである。研究チームの武藤から6月に釣りでとれた「銀色のマス」のＤＮＡ分析の結果を知らされたときは、小躍りする思いだった。「ヒメマス」として釣られた「銀色のマス」の中に、「銀色のクニマス」がいたのだ。田沢湖では知られていなかったクニマスの若魚であった。クニマス若魚（口絵9）がヒメマス若魚（口絵10）に混じって、西湖の湖中を泳いでいたのだ。続いて2011年の秋に西湖から、数回にわたって背中が茶褐色になったマスが送られてきた。ＤＮＡ分析の結果、このマスの中にもクニマス（口絵11）とヒメマス（口絵12）が混じっていた。湖中を遊泳している時期のクニマスとヒメマスは、見ただけでは識別することができないのである。

発見報道直後に西湖漁協の関係者がクニマスではないかと持参した全身が黒いクロマス（図3-1）は、産卵場に降りる直前の雄のクニマスであることがわかった。同じ時期の黒い雌のクニマスもいた。そして、2011年3月に湖底の産卵場で底刺網によってとれたクロマス（口絵5、6）は全てクニマスであった。

DNA分析によって識別したクニマスの形態と生態の情報をつないでゆくと、成長に伴う変化がわかってきた。未成熟の若魚は銀色で湖中を遊泳して成長し、成熟してくると体の背部が褐色になる。産卵直前になると体全体が黒くなって湖底の産卵場に降りて産卵する。クニマスの黒い体色は産卵時の色ということがはっきりしたのである。さらに、産卵時には下顎が白くなり、鰓蓋（えらぶた）の上端に白点が出てくることもわかった。大型の雄は尾柄の色が薄い灰色であった。

図3-2　田中阿歌麿『湖沼の研究』に示された世界初のクニマス雌雄写真（東京大学総合研究博物館資料）

体の大きな雄は背鰭の前が上にせり出していた。雄の口は湾曲し吻が尖るが、その程度は個体によって異なっていた。産卵期でも大きさが20㎝ほどの小さな雄は吻が少し尖るだけで、背も張り出していなかった。京都大学の田沢湖産クニマスの標本や田中阿歌麿『湖沼の研究』の写真のように完全に黒くないクニマス（図3-2）、奥山潤「田澤湖の生成、變遷及び陸封された生物に就いて」に図示された吻の尖ったクニマス、さらには大島正満『少年科學物語』（1941）にある写真の腹部が銀色のクニマス、これらのすべての特徴を西湖のクニマスで確認することができたのである。産卵期における雄の頭部の形の変異や背の張り出しの変異は体の大きさと関係していた。また、成熟期の雄のクニマスとヒメマスでは背部のせり上がり方が微妙に違っていた。これを京都大学舞鶴水産実験所助教である甲斐嘉晃（現准教授）が統計的に表現してくれた。

クニマスは産卵期に体の幅が薄くなる、という結果も示された。京都大学の田沢湖産標本の体の幅の薄さは、予測通り産卵期の特徴であった。遊泳期のクニマスは体が厚く丸々しているが、産卵期には平たくなる。サケ属の魚は産卵期になると雌は体を水平にしてくねらせ、尾鰭を使って川底に産卵床を掘る。雄も体をくねらせて放精をする。そのために底の礫などで擦れて尾鰭や臀鰭が破損する。体が平たくなるのはこのような産卵行動と関係があると思われる。

2011年以後にクニマス研究で用いた標本の鰓耙数と幽門垂数の計数は、大学院修士課程の東海林明（現熊本県農林水産部水産振興課）と武藤望生が担当してくれた。多くの標本に基づく計数はクニマスでは初めてであった。幽門垂数の分布はクニマスの多いところとヒメマスの少ないところが重なっていた。クニマスは最大値、ヒメマスは最小値を更新したのである。鰓耙数も両種で少しの重なりを見せた。しかし、クニマスはヒメマスに比べて、鰓耙数は多く幽門垂数が少ないということに変わりはなかった。そして、鰓耙数と幽門垂数の組み合わせの領域（この場合は同じ特徴を示す個体の集まり）はクニマスとヒメマスでは重ならなかったのである。よって、この組み合わせでもクニマスとヒメマスの識別は可能であるが、やはり計数にかなりの時間がかかるので、使うのには難がある。

湖底を泳ぐクニマス

２０１２年２月、私は西湖に浮かぶ船の上にいた。

冬の西湖は寒い。風は冷たく、水滴はすぐに凍ってしまう。ＮＨＫの科学番組『ダーウィンが来た！』でクニマスを取り上げてもらうことになり、撮影班に同行したのだ。撮影が成功すれば、世界で初めてのクニマスの生態映像となる。２月は湖底の礫地でクニマスが産卵している季節である。

撮影にはＲＯＶ（遠隔操作型無人潜水機）に搭載された水中カメラが使われた。船上でモニターを見ていると、深い湖底はほとんどのところで泥をかぶっていた。小さな魚影がカメラの前を通過して、「これはっ」と思ったがワカサギであった。期待が過剰になると幻影を見てしまう。結局、２月２日からの３日間、私が滞在している間にはクニマスは現れなかった。ただ、撮影班の努力は続いた。

その後、調査の途中でＲＯＶが湖底に廃棄された網やロープにからまり動かなくなってしまうトラブルが発生したという。そこで、ＲＯＶを使わずに撮影するため、超音波探索によって湖の底質を隈なく調べてカメラの設置場所が検討された。クニマスの遊泳場所が西湖のどの位置であるかを示すために、撮影班は湖が一望できる山に登って全景をカメラに収めた。今ならドローンで比較的簡単に撮影できるが、当時はそういうものは普及していなかった。かなりしんどい思いをした、と担当ディレクターが言っていた。

２月も中旬を過ぎ、そのディレクターから電話がかかってきた。それらしい魚を撮影できたのですぐに来てください、ということだった。2月23日、私は再び西湖に向かった。到着後、船に乗ると、水中カメラは湖底に設置され、180度の範囲で回転できるものに変更されていた。

船上でスタッフと一緒にモニターを見続けていると、画面に背中が張り出し、口と吻が尖った雄が現れた。体は黒いが下顎は白く、鰓蓋の上の端にも小さな白い斑点がある。尾鰭の付け根である尾柄の灰白色がはっきりわかる。数多くの標本の研究（鰓耙と幽門垂、DNA分析）によって明らかになった雄の特徴をもっている。まさにクニマスの雄であった。雌もほどなく現れた。吻と口は尖らず、背中は張り出していない。体は黒く下顎が白いが、全身がほっそりとしている。鰓蓋の上端に小白点がある。これも雌のクニマスの特徴であった。

かつて田沢湖の深い湖底で産卵していたクニマスが生きた状態で泳いでいる。京都大学の田沢湖産標本をもとにCGを作成してまで泳ぐ姿を見たいと思ったクニマスが、モニター越しとはいえ、目の前を泳いでいる。かつて田沢湖の湖底では誰も見たことがないシーンだった。

雌は近寄ってくる他の雌を追い払い、自分の場所を防衛しようとする行動を見せていた。一か所にとどまって休むような姿勢を見せた雌もいた。おそらく自分の産卵場所から離れて動くことはなく、「なわばり」があるのだろう。これに対して雄は動き回り、「なわばり」をもつような行動は見られなかった。

目の前を泳ぐ雄と雌の動きの違いから、底刺網でとれる雌雄の数の違いに思いが及んだ。田沢湖で人工授精をするために多くのクニマスを採捕したとき、とれたのは雌に比べて雄が多かった（第10章）。西湖での試験採捕でも網にかかるのは雄が多かった。底刺網は動いた魚が網にかかるので、広い範囲で動く雄が雌よりかかりやすいのだ。京都大学の田沢湖産標本は7個体が雄で2

個体が雌というのも、このようなクニマスの行動が反映されていたのである。

クニマスはゆっくりと泳いでいる。産卵場におけるヒメマスがせわしないのに比べてクニマスの動きは優雅ですらある。湖底に設置した水中カメラに取り付けられたライトの光にも動じない。警戒することもなく、光に向かって近づいてくる。撮影準備の段階でスタッフと話し合いをもったとき、ライトのことが問題になった。湖底は暗いのでクニマスがライトの光に負の反応をするのであれば撮影は不可能となる。結論はとにかくやってみようとなった。しかし、杞憂であった。クニマスはライトの光に動じなかったのだ。

モニターで見るクニマスのゆっくりした動作は『秋田縣仙北郡田澤湖調査報告』（１９１５）に書かれてある通りであった。ちなみに、２０１０年に和文総説論文を書いていたとき、この記述は不思議だった。この動きは見なければ書けない。深い湖底のクニマスの遊泳をどのようにして見たのであろう。疑問は２０１１年3月の山梨県水産技術センターによる試験採捕のときに解けた。クニマスは捕獲されたときには生きていたのである。田沢湖の冬のクニマス漁は水深40～50mのところで行われており、西湖での捕獲場所とほぼ同じであった。この深さなら、捕獲されたときにクニマスは生きており、報告の記述は生簀（いけす）の中での動きだったのである。

さて、動くクニマスを初めて目にした翌日24日の午前中、船の上で再びモニターを見ていると、カメラの前に現れた雌が体を横にして尾鰭で湖底をたたく動作を始めた。尾鰭を使って湖底に産卵床を掘っているのに違いない。平たい体をくねらせて湖底をたたいている。もうすぐ雄が現れて産卵行動をするかもしれない。期待をもってモニターを注視していると、風が吹いて船が流された。その急な動きで、船上とケーブルでつながっている湖底のカメラが倒れてしまった。午後には京都に帰らなければならなかったので、クニマスの産卵行動の前段階を見たところで西湖を離れた。その後、撮影班の努力にもかかわらず、クニマスの産卵行動の撮影はかなわなかった。ただ4月に入って、担当ディレクターから湖底でクニマスの卵が撮影できた、という電話がかかってきた。間違いなく、あの場所でクニマスが産卵していたのである。

西湖におけるクニマス研究

２０１２年から山梨県水産技術センターが中心となって西湖でクニマスの本格的な研究が始められた。秋田県水産振興センター、山梨県衛生環境研究所、東京海洋大学、近畿大学、京都大学などの協力を得ながら、現在も貴重な知見を積み上げている。目的はクニマスの種の保全であり、産卵期や湖中遊泳期の生態、人工増殖や個体数の推定といった内容の研究が行われている。これによって、クニマスの種としての姿が随分とはっきりしてきた。

西湖で採集された「マス類」は京都大学が開発したＤＮＡ分析の方法によってクニマスかヒメマスか識別され、標本は登録番号とともに、それぞれに採集年月日、採集場所、採集方法が記されて山梨県水産技術センターで保管されている。

成果は２０２０年3月までに出された8冊の報告書に示されている。ここではクニマスの生態に関する研究結果を紹介する。得られた結果について私のコメントも記した。保全に関する研究は第13章で紹介する。

◇クニマスの稚魚　従来、クニマスの稚魚は1個体しか知られておらず、稀種ということで、思

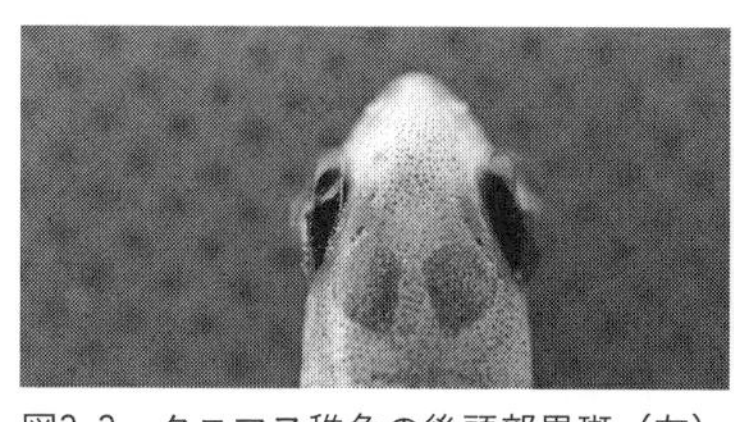

図3-3　クニマス稚魚の後頭部黒斑（左）、ヒメマス稚魚の後頭部黒斑（右）（写真 中坊徹次）

い込みの強い解釈がなされていた。しかし、山梨県で人工授精・孵化に成功し、生まれた多くの稚魚の、成長に伴う形態と色彩の変化が明らかにされた。孵化後1か月で出始めた体側面のパーマーク（多くて9個）は、3か月で少し濃くなったが、5か月で薄くなり始め、7か月で消失した。また5か月以降には背面に小黒斑が出始めた。孵化後10か月の体重は平均18g、全長は平均12・5㎝であった。体形は細長く、ヒメマスの稚魚と違いがほとんど見られなかった。

山梨県の報告書には記されていなかったが、私が借用して観察した全長約5㎝の稚魚の後頭部に、かつて大島正満が記した一対の大きな黒斑を確認した（図3－3左）。しかし、比較のために観察したヒメマスの後頭部にも一対の黒斑があった（図3－3右）。後に、『日本魚類館』（2018）という図鑑を作ったとき、この黒斑を意識してサケ属のいろいろな種の稚魚の後頭部の写真を撮ってもらった。その結果、この黒斑は濃淡の程度はあるにしても、サケ属の稚魚に共通の特徴だということがわかった。後頭部の一対の黒斑によってクニマスの稚魚が特別扱いされていたのは、稀種であるとの思い込みによるところが大きかったからだ。一個体だけ、しかも一種だけの観察は誤った考察を導きやすい。研究者としては心しておかなければならない。

2014年度の報告書に「クニマスは11～2月頃に産卵、1～4月頃にふ化し、2～5月頃に遊泳をはじめるものと推定された」と記されている。これは前章で記した秋田県水産試験場の「國鱒稚魚耐光飼育試験」の田沢湖クニマスより少し早い。山梨県水産技術センターで孵化から飼育されたときの水温は8℃であった。これは、発生が進むときの水温の違いによって時期がずれたものと考えられる。

◇クニマスはどこを泳いでいるのか　銀色のクニマス若魚が湖中にいることがわかったにしても、西湖のどこを泳いでいるのか。2013年秋と14年春・夏に表層から水深60mまでの湖中を遊泳している「マス類」を釣ってDNA分析で識別し、若いクニマスの遊泳層が調べられた。

その結果、クニマスは、調査のために設定された「表層から水深40mまで」の層を遊泳していることがわかった。ヒメマスは「表層から水深60mまで」の層を遊泳しており、クニマスより広く分布していた。

表層の水温が高くなると、ヒメマスは水温躍層（やくそう）（深さによって水温が急激に変わる層）より深いところに生息することが知られている。西湖では、2013年の秋と14年の夏は水深10mより浅い層は水温約20～25℃で、水深20m付近では7℃と、水深10～20m層に水温躍層が形成されていた。クニマスもヒメマスと同じように水温躍層の下を遊泳していたと考えられ、夏から秋には水深10～40m層にいたと見て間違いない。また、次に述べる食性研究の結果から見て、クニマスは春も表層付近には遊泳していなかったと思われる。

なお、西湖では春になれば「ヒメマス」が湖の岸近くを回遊することが知られている。2015年の春に「ヒメマス」の沿岸回遊が調べられた。釣りによって得られた標本がDNA分析で調べられたが、すべてヒメマスであった。クニマスは春に沿岸回遊をしないのである。

2013〜15年の調査で釣れたクニマスは1〜5歳だったのに対して、ヒメマスは0〜5歳であった。クニマスの0歳魚（稚魚）は湖のどこにいるのか確認されていない。このことは今後の課題である。

◇クニマスは何を食べているのか　西湖ではクニマスだけでなく、ヒメマスの食性も一緒に調べられた。クニマスとヒメマスの西湖における食性は2013年の秋と14年の春・夏に研究された。湖中遊泳期のヒメマスが動物プランクトンを食べていることから、クニマスも動物プランクトンを食べていると予測して研究が組み立てられた。

クニマスもヒメマスも、動物プランクトンなら選り好みしないで食べているのだろうか。このことを調べるために胃の内容物だけでなく、生息環境である湖中の動物プランクトンも採集された。胃の中と環境中の動物プランクトンの種と量を比較することにより、クニマスとヒメマスがどのような動物プランクトンを好んで食べているのかが明らかになる。

2013年の秋と14年の夏では、1〜5歳のクニマスは小型よりも大型の甲殻類プランクトンを選んで食べていた。胃内容物はカブトミジンコ（体長約1㎜）、カイアシ類（体長約0・6㎜）、大型ミジンコ類であるノロ（体長約4㎜）であった。一方、0〜3歳のヒメマスもクニマスとほぼ同じ甲殻類プランクトンを選択的に食べていた。

ところが、2014年の春ではクニマスとヒメマスの食べていたものは少し違っていた。クニマス（体重70ｇ以上。この年のデータには年齢の記述がされていない）はカイアシ類とカブトミジンコを選択的に食べていたが、ヒメマスはワカサギ、ユスリカ科の蛹と幼虫、陸生昆虫を重点的に食べていた。この時期、摂餌していたものを見ると、ヒメマスは表層付近を遊泳していることを示していたが、クニマスは表層付近を遊泳していなかったことを示している。水温躍層のない春でも、クニマスは表層付近にはいなかったのである。

なお、クニマスとヒメマスの大型個体はいずれもワカサギを食べており、これらの祖先種であるベニザケが成長期に北太平洋でニシンやイカナゴ、スケソウダラの稚魚を食べていることを考え合わせると興味深い。

クニマス親魚の耳石輪紋の解析から成長期の摂餌の様子が窺える。耳石については後に詳しく説明するが、輪紋には不透明帯と透明帯がある。不透明帯は成長の良い季節に相当し、クニマスでは春から秋に形成されている。春から秋はクニマスが好んで食べる大型甲殻類プランクトンが増加する時期であり、冬の産卵に向けて好みの餌を食べて成長していたのである。クニマスの鰓耙はサケ属の中でも多い方で、長く密に並んでいる。こういう鰓耙は遊泳力があり動物プランクトンを食べる魚のもので、西湖でわかった湖中遊泳期のクニマスの食性は予測通りであった。

かつて田沢湖では産卵期の親魚だけを周年にわたって獲っていたのであるから、胃が空に近かったのは当然なのだ。サケ属の魚は産卵期には餌をとらないのである。

◇クニマスの成熟と大きさ　クニマスは湖中を遊泳して成長する。では、何歳で成熟するのか。そして、成熟したときの大きさはどれくらいなのか。２０１２年から14年にかけて釣りによって採集したクニマスの年齢と大きさ、成熟と未成熟の状態が調べられた。湖中を遊泳しているクニマスの年齢の推定は体の鱗によって行われた。鱗は年周期（一年ごと）で年輪が形成され、魚の年齢を調べるのに使われる。成熟の状態は二次性徴が出ているかで判断された。

3月下旬から10月初めに採集されたのは1歳魚（平均全長約18cm）、2歳魚（同20～22cm）、3歳魚（同18～25cm）、4歳魚（同24～27cm）、5歳魚（同31～32cm）であった。これらのうち、夏（2014年7月末）に採集された全長約27cmの4歳魚雄と全長約31cmの5歳魚雌に成熟を示す二次性徴が出ていた。また、秋（2013年と14年の10月初め）に採集された全長約25cmの4歳魚雄と全長約24cmの4歳魚雌にも二次性徴が出ていた。

秋に採集された4歳魚の雄と雌の成熟は冬の産卵に向かうことで理解できる。ところが、夏に採集された4歳魚雄と5歳魚雌の成熟は冬の産卵にしては少し早い。これは夏の終わりか秋の初めの産卵に向かう状態であり、周年産卵を暗示している。

さらに、2014年夏の3歳魚に全長18cmと他に比べて小さいものがいた。発見時のクニマス雄は全長約20cmで産卵中であったことからみると、年齢を重ねても、小さいまま成熟して産卵に至るクニマスがいるのであろう。魚類の成熟は体の大きさに関係していることが多いのだが、クニマスの年齢と成熟、体の大きさの関係は多様だと思われる。

◇産卵に向かうクニマス　湖中で成長して成熟したクニマスは産卵のために湖底に降りる。産卵場に向かう行動を追跡するために遠隔測定法（バイオテレメトリー）という方法が使われた。これは小型の超音波発信機を魚の腹腔内に挿入して、そこから発信される超音波を受信機で感知し、行動を調べる方法である。この調査は近畿大学農学部准教授・光永靖の研究室が行った。

２０１６年10月初めに釣りで採捕されたクニマス６個体の腹腔に発信機が入れられた。そして、比較として同時期に釣られたヒメマス４個体にも同様の発信機が入れられて、湖に放流された。クニマスの産卵場はこれまでの採集結果から西湖北岸である西の越沖の水深30ｍ前後の湖底であることがわかっている。ヒメマスの産卵場も西の越沖であるが、水深15ｍ前後のフジマリモ自生地付近と考えられている。クニマスとヒメマスの産卵場を考慮して、西の越沖を中心に湖内にくまなく設置された14機の超音波受信機によって、クニマスとヒメマスの行動が追跡された。追跡期間は16年10月上旬から12月上旬であった。その結果、ヒメマスは10月上旬から中旬にかけて産卵場付近を遊泳することが多く、クニマスは11月上旬から12月上旬にかけて産卵場付近を遊泳することが多かった。このことはヒメマスとクニマスの産卵期が分離していることを示していた。

◇クニマスは何歳で産卵するのか　田沢湖では成熟したクニマスについては、体の大きさの記録があるが、年齢は知られていなかった。西湖の産卵場で採捕したクニマス親魚の年齢が調べられた。

親魚の年齢は耳石（扁平石）の輪紋を調べることによって推定された。内耳には前半規管、後半規管、水平半規管の三半規管があり、それぞれの端が膨らんで嚢（のう）になっている。そこに炭酸カルシウムによって形成された耳石が入っている。最も大きな嚢を球形嚢と言い、そのなかの耳石が扁平石と呼ばれて魚類の年齢を調べるのに用いられる。通常、年齢を調べるときに耳石と言えば、この扁平石を指す。扁平石には産卵期に関係して年輪が形成されるので、この輪紋を調べることで魚類の年齢を推定することができるのである。

耳石による年齢解析の結果、2011年11月16日から12年3月15日に採集された親魚は3歳から5歳であった。3歳が最も多く、その全長の平均は雄が約28cm、雌が約27cm。次は4歳で、雄が約34cm、雌が約29cm。5歳は最も少なく、雄が42cm、雌が約36cmであった。これによって、クニマスは主に3歳で産卵するが、4歳と5歳の親魚もいることがわかった。

年齢の推定に体の鱗を用いることは先に述べたが、クニマス親魚の年齢の推定に鱗が使われなかったのには理由がある。サケ属の親魚の体の鱗は縁辺が吸収されて形が変わる。さらに再生もするので(再生鱗)、年輪を正確に読むことができないのである。

かつて、田沢湖で採捕されていたのは大体が全長約30cmであった。西湖のクニマスの年齢と大きさを照らし合わせてみると、田沢湖のクニマスの多くは3~4歳で採捕されていたと考えられる。西湖の5歳魚の雄と雌は大きく、このような大きさのものは田沢湖では記録されていなかった。

◇産卵場の特性　2012年2月に『ダーウィンが来た!』で初めてクニマスの産卵場である礫地が撮影されたが、周囲の湖底層の水温は4℃であった。この礫地は湧水によって泥が払われ、その水の流れがクニマス卵の酸欠を防いでいると考えられた。この産卵場について、広さ、礫の底質、湧水の有無が調べられた。

産卵場の探索は潜水目視によって行われ、西湖北岸の西の越沖の水深27~31mのところで、東西65m、南北30mの範囲に8か所の礫地が確認された。一番広い礫地は7m×9mだが、他の7か所は1~2m×2~5・5mと小さかった。礫の大きさは1~3cm程度で、砂や20cmを超える礫はほとんどなかった。湧水は礫地によって多いところと少ないところがあることもわかった。

湖底礫地の湧水の流れは本当にクニマス卵の生存に有効なのか。このことは実際にクニマス卵を湧水礫地に置いて発生が進むことを確かめればいいのだが、実験はヒメマス卵が用いられた。この実験が報告された論文「西湖におけるクニマス *Oncorhynchus kawamurae* の再生産 I.産卵環境」(大浜秀規他、2020)では、ヒメマス卵を代用した理由として、人工飼育したクニマスから良質な成熟卵を得ることが調査時点(2015年秋)では困難、西湖の天然のクニマス親魚からの採卵が野生個体群(西湖で自然状態で生息しているクニマス)の保全に影響を与える可能性がある、ヒメマスはクニマスの近縁種で発眼・孵化までの積算温度(第2章)がほぼ同じ、といった点を記している。

ヒメマス発眼卵の生残実験は2015年10月28日から11月4日までの8日間、湖底の礫地で行われた。両端が3㎜目のネット(卵径より小さい)で閉じられた塩化ビニル製パイプにヒメマス発眼卵が入れられた。その結果、湧水のある礫地ではヒメマス発眼卵は生存し、湧水のほとんどない礫地では死卵となった。

さらに、クニマス卵の発生にとって大切なのは、発見当時に着目された4℃という湖底層の水温ではなく、湧水の温度ではないかとして、表面から5㎝下の地中温度(湧水温度)と礫地表面の水温が測定された。結果、地中温度(湧水温度)が約8・6℃、礫地表面の水温は約6℃であった。このあたりの地下水脈は西湖北岸の鬼ヶ岳と十二ヶ岳の間の扇状地(図11-4、249頁)に降る雨から供給され、付近の井戸水の水温は2012年1月には9℃台であったことを考えると、実験のときに測定された地中温度はうなずける。ちなみに、湖底層の水温は2014年では

5・5℃から6℃未満であった。

かつて田沢湖の孵化場で行われた最初のクニマス人工孵化試験では、採卵は1908年2月7日、2月24日、3月14日と3回にわたって行われ、それぞれの孵化温度表が示されている。それによると、クニマスが孵化するまで約3か月かかるとして、最初の孵化試験で卵が育っているときの水槽の温度は5～8℃、2回目では4～11℃、3回目では4～16℃であった。3回とも孵化まで進んだが、水温にかなりの幅があった。それゆえ、西湖での発見当時、私は礫地の水温、すなわち卵の発生が進む水温には考えが及ばなかった。

西湖の深い湖底で、ヒメマス卵が死滅しないで発生が進んだのは驚きであった。このことについては、第6章で別の角度から考えてみる。

◇産卵場への来遊　クニマスは産卵場である湖底の湧水礫地にどのように来遊するのか。近縁のヒメマスは群れで産卵場に押し寄せる（口絵4）が、クニマスはどうなのか。来遊数の日周変化（一日のうちの時間的変化）、一シーズンでの来遊のピーク、年変化が水中カメラの撮影によって調べられた。

産卵場である湧水礫地の縁（ふち）に水中カメラが設置され（湖底から90㎝の高さ）、親魚の来遊の様子が連続的に撮影された。この水中カメラは「来遊カメラ」と呼ばれ、2016年は最も大きい湧水礫地（南北9m×東西7m）と他2か所の小さい湧水礫地で、2017年と2018年は最も大きい湧水礫地のみで、それぞれ撮影された。観察は16年11月14日～17年2月7日（2016年度）、17年11月16日～18年3月8日（2017年度）、18年10月16日～19年2月26日（2018年度）の3

シーズンである。

撮影された映像によると、クニマス親魚は群れではなく、三々五々といった様子で産卵場に来ることがわかった（口絵1）。3年間を通して、一日の来遊数は多いときで雌雄合わせて12から15であった。さらに、一日のうち来遊は午前11時に最も多かった。

２０１６〜18年度の3シーズンの来遊状況を比べてみる（図3－4）。２０１６年度は11月中旬から増え始め12月下旬から翌年1月初め頃にピークがあり、２０１７年度は来遊数が少し増えて12月中旬にピークがあった。ところが、２０１８年度は来遊数がさらに増えて、観察期間中の10月中旬から翌年の1月下旬までに特にピークといったものが見られなかったが、平均して多かった。来遊数から見ると、２０１６年度が最も少なく、２０１８年度が最も多かった。

田沢湖でのホリ（漁場）の一日の漁獲数は多いときで2桁であり（第9章）、西湖のクニマスの一日の来遊数と符合する。クニマス親魚が産卵場に三々五々来遊する様子は、群れで来遊するヒメマス親魚に比べると、違いが際立っている。深い湖底での産卵は、浅瀬での産卵と強い対比をなしている。

◇産卵行動　産卵場にやってきた親魚は雌雄がペアになり産卵のための行動をする。雌雄ペアの産卵行動の観察と、ペア数や掘り行動の、日周変化と産卵期間中のピークを把握するために、産卵場である湧水礫地の縁に、「来遊カメラ」の他にもう一台「行動カメラ」が設置された。

産卵行動の全体は知られていなかったが、２０１７年の冬に連続撮影によって観察された。湖底上50㎝付近のところで、ペアのうち1個体（雌であろう）が体を横にして尾鰭を使って「掘り行

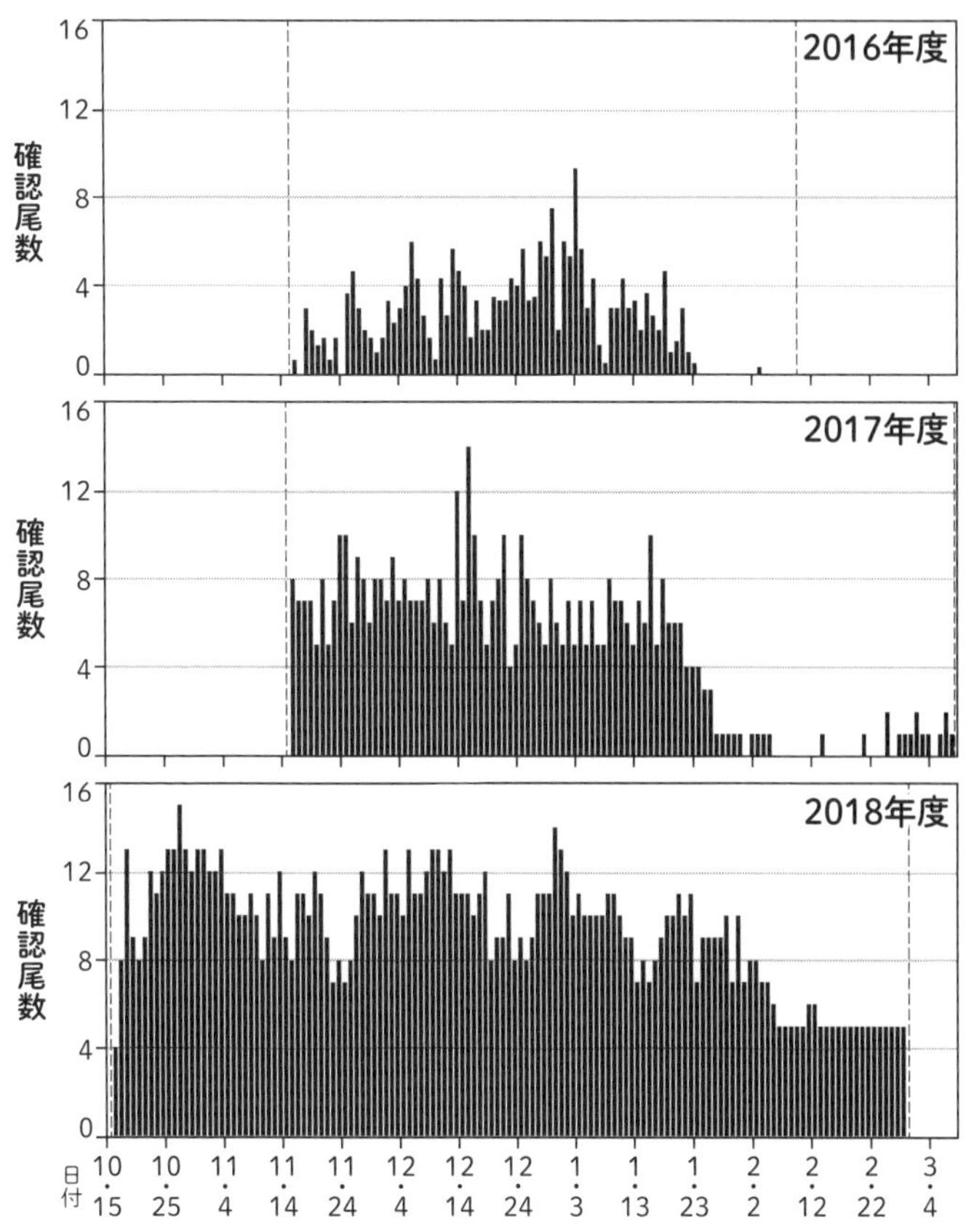

図3-4　2016年度から2018年度における産卵場に来遊するクニマス産卵親魚数の年変化（『山梨県水産技術センター事業報告書』第47号より。年度、日付の表記のみ改めた）

動」を開始、その間にもう一方の個体（雄であろう）はその場所に侵入してくる他の個体を頻繁に追い払った。この掘り行動は2日間続いた後、3日目の午後3時ごろに雌雄ペアが寄り添って体を震わせると、周囲が濁った。これが初めて捉えられたクニマス雌雄の産卵行動だった。

また、2017年度は掘り行動の日周変化が捉えられた。多かったのは9時から13時であった。産卵ペア数のピークは12月末から翌年1月初めであり、1月26日を最後にペアの産卵行動は見られなくなった。期間中に見られた一日のペア数は9が最大であった。なお、観察期間は12月16日から翌年2月10日である。

2018年度は10月16日から観察を始めたが、産卵ペア数は10月後半と12月から翌年1月とゆるやかな2つのピークが見られ、ペアは調査終了の2月26日まで途切れることなく現れた。一日のうちでは、来遊するペア数は10時から11時の間が最も多い。期間中、そのペア数は最大6で、2月後半は2であった。

田沢湖のクニマス漁は早朝に網を入れて翌朝に揚げたという。ホリに来たのは産卵に関係したクニマスである。一日のうちで、西湖でのクニマスの来遊の多かった時間（11時）と雌の掘り行動が多かった時間（9時から13時）は田沢湖での網入れと網揚げの時間帯に含まれている。しかし、田沢湖では夕方に網を入れて翌朝に揚げる場合があったという。わざわざこの時間帯に網を仕掛けるのだから漁獲はあったのだろうが、この場合はクニマスのどのような行動に合致していたのだろうか。もし、この時間の網揚げが9月を中心とする時期だったならば、産卵場所は水深100～200mであった。水深200mは光のない闇の世界である。このようなところであれば、日光が届くところとは違った時間に産卵が行われていても不思議ではないかもしれない。

周年産卵の片鱗

田沢湖で冬産卵をしていたクニマスの発眼卵に由来するので、西湖でも冬産卵と考えられた。しかし、西湖のクニマスでは、野外採集された個体と飼育された個体にともに周年産卵の片鱗が見られたのである。

２０１１年9月中旬から12年3月中旬にかけて月に一回採集されたクニマスのＧＳＩ（生殖腺重量指数）が調べられた。ＧＳＩとは雄は精巣、雌は卵巣をとりだして重さを測り、それらを体重との関係で相対化した数値で、魚類の成熟の度合いを調べるのによく用いられる指数である。ＧＳＩの月変化を見ると、雄では9月と12月、雌では10月と1月といった2つのピークが見られた。早い方のピークは9月産卵の片鱗だと思われる。ヒメマス雌のＧＳＩの月変化も同じときに調べられたが、ピークは10月だけであった。また、釣りによって7月に採集された4歳魚と5歳魚はすでに成熟し始めていた。これは冬産卵にしては早すぎる成熟である。

２０１４年9月から翌年12月までの観察では、野外水槽で飼育されたクニマスに、毎月のように（7月を除く）排卵する雌と排精（精子放出）する雄の両方あるいはどちらかが現れた。さらに、２０１６年には2月、5月、10月、11月に排卵する雌と排精する雄の両方あるいはどちらかが、そして17年の1月には排卵する雌が現れた。野外水槽で育てられたクニマスではあるが、季節が特定されずに成熟した雌雄が出現したのである。

西湖のクニマスで、野外採集魚と飼育魚のどちらも周年産卵の片鱗を示すとは予想もしなかった。通常、サケ属の魚が生まれ故郷の河川に回帰する季節は決まっている。それにもかかわらず、冬産卵由来のクニマスから周年産卵という性質が出てきた。周年産卵の特性は消えていなかったのである。

失われていた海に出る能力

クニマスは深い湖底で産卵、孵化し、湖中で成長して成熟する。しかし、その祖先は川と湖、そして海を行き来して回遊する生活を送っていた（第5章）。では、果たしてクニマスは海に出なかったのか。琵琶湖で一生を送るビワマスを例に、このことを考えてみる。

サケ属の魚が海に降りるとき、パーマークが消え、体がスリムで銀色のスモルトと呼ばれる状態になる。スモルトとは海水適応能をもち、背鰭の先端と尾鰭の後縁が黒くなる「ツマ黒」になった状態を言う。淡水から海水に生息環境が変化するときに、甲状腺ホルモンが分泌され降河行動（川を降ること）が促進される。また、脳下垂体のうち腺下垂体と呼ばれるところから分泌される成長ホルモンも浸透圧調節器官に作用して海水適応能を高めるのである。

ビワマスは琵琶湖と周辺の流入河川で一生を過ごし、近縁のアマゴ（サツキマス）と異なり海に降りることはない。湖の流入河川で産卵し、孵化した稚魚は川を降り湖に入る。このときに甲状腺ホルモン（チロキシン）が分泌され、体は銀色のスモルトになる。近縁のアマゴは川から海に降るときに同様のホルモンが分泌されて体が銀色のスモルトになり、海水中で血中のナトリウムイオンの濃度を十分に下げて、海水適応能をもつようになる。しかし、ビワマスのスモルトは実験的に海水に入れると血中のナトリウムイオンの濃度を十分に下げることができずに死亡する。アマゴのスモルトは、先述のように背鰭の先端と尾鰭の後縁が黒くなり、「ツマ黒」と呼ばれる状態となるが、ビワマスのスモルトは「ツマ黒」とはならず、厳密に言えば「疑似スモルト」である。「ツマ黒」にならないビワマスには海水適応能がないのである。

いっぽう、ヒメマスは「ツマ黒」のスモルトになり降河行動のサインを出し、海に通じる河川に放流するとベニザケになって数年後に戻ってくる（第4章）。湖中で孵化するクニマスは、稚魚がパーマークをもち、やがて銀色のスモルト様の体色になる。しかし、クニマスの飼育された個体は「ツマ黒」にはならないし、西湖で採集された個体からも「ツマ黒」は見つかっていない（山梨県水産技術センター私信）。クニマスは海には出ていなかったのだ。詳しい生理学的な研究は未だ行われていないが、長く田沢湖に陸封されてきたことにより、クニマスは海水適応能が失われていると考えて間違いない。

伝説から科学へ

ここで、西湖におけるクニマスの生活史を簡単にまとめておこう。稚魚から若魚の体は基本的に銀色。ツマ黒にはならず海水適応能がない。成熟が始まると背中が褐色になる。体の背部や背鰭・尾鰭の小黒点はないか、あっても少ない。産卵の直前に体は黒色となる。摂餌や産卵期の映像から見ると、遊泳行動はゆっくりしている。1歳以上の若魚は湖中を遊泳して動物プランクトンを食べて成長、成熟し、主に3歳（全長27～28cm）、あるいは4歳（全長29～34cm）から5歳（全長36～42cm）で産卵に至る。水深約30mにある湧水礫地で冬に産卵、産卵場の周囲の水温は4・0～6・5℃。親魚は産卵場に群れではなく三々五々といった様子で来遊する。雌は産卵場所を掘り、雄とペアで産卵する。産卵は基本的に冬だが、周年産卵の片鱗を示している。卵は黄色、鰓鰓耙は多く、幽門垂は少ない。

西湖での発見以降、山梨県水産技術センターチームの努力や西湖の関係者の協力に基づいて行った私たちの研究により、クニマスの生物学的特性はかなりのことが明らかになった。ようやく、クニマスは伝説から科学の世界に入ってきたのである。では、どのようにして祖先のコカニー（ベニザケの湖沼陸封型、次章）が田沢湖でクニマスになったのか。これを考えるためには、クニマスの原型としてのベニザケ・ヒメマスを知らなければならない。ベニザケのコカニーであるヒメマスと比べることにより、クニマスの特異とも言える特性を論じることができる。

第4章　原型としてのヒメマス

ベニザケとコカニー

北米の太平洋沿海地方で、川を真っ赤に染めながら群れになって浅瀬の産卵場に向かうベニザケの光景はよく知られている。川の浅瀬で産卵し、発眼卵で越冬。翌年の春早く孵化、卵黄がなくなり、鰭が発達して遊泳を始めるとともに、海に至る途中の湖に降りて一冬か二冬を過ごす。その後に湖から海に出て成長、二冬か三冬を過ごした後に生まれた川に産卵回帰する。産卵期には親魚は体と背鰭が鮮紅色なので、群れの赤さが印象的である。

成長の過程において湖で一冬か二冬を過ごすという特性はサケ属の中でベニザケだけに見られ、これがコカニーと呼ばれる湖沼陸封型を生じさせる。長い地質学的時間の中で、地形の変化などにより海に降りることができなくなったベニザケが湖で成長して成熟、湖の流入河川や湖岸で産卵するようになったのがコカニーである。海に比べて栄養は豊かではないので、ベニザケのように大きくなれない。ヒメマスとクニマスはどちらもベニザケのコカニーである。

ベニザケの産卵場の分布はオホーツク海北部沿海地方、千島列島、カムチャツカ半島、ベーリング海西部沿海地方、アリューシャン列島、アラスカ湾と北緯40度以北の北米太平洋沿海地方で

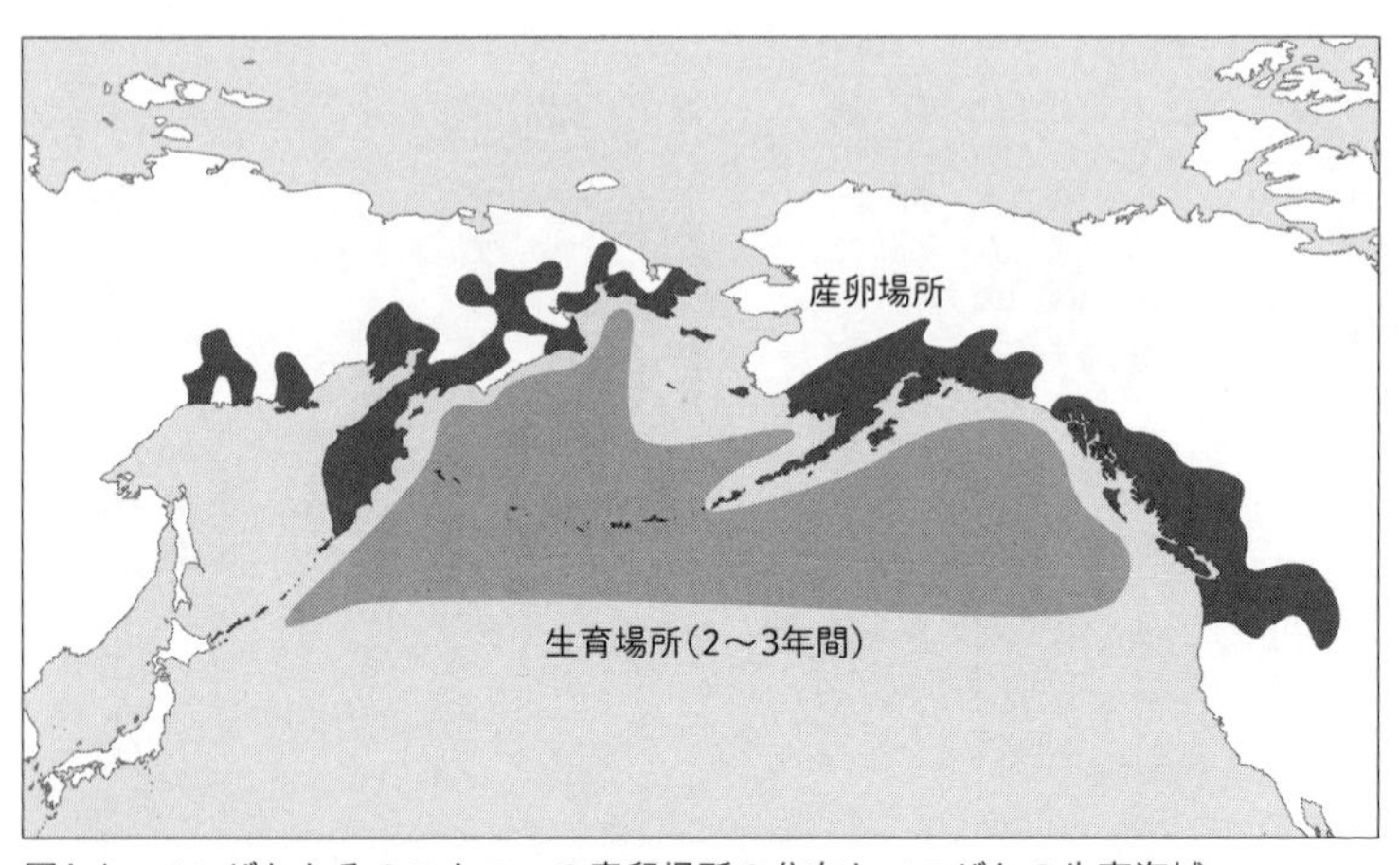

図4-1　ベニザケとそのコカニーの産卵場所の分布とベニザケの生育海域
(『クニマス―過去は未来への扉―』より)

あり、南限は西が択捉島で東はコロンビア川付近である(図4-1)。

ミトコンドリアDNAの分析によって、ベニザケはサケとカラフトマス共通の祖先から約800万年前に分岐したと推定されている。示された分岐年代の数値の妥当性は別にして、この系統関係から考えるとベニザケはサケとカラフトマスより古い。

長い歴史の間にベニザケの分布は、数が多いときには広く、少ないときには狭くなったであろう。また、分布が広くなったときには、それまでに入ったことのなかった湖に入ったこともあったはずである。氷期と間氷期を繰り返す間に、新しい生息地の湖と海との関係が希薄になって、そのまま湖で成熟してコカニーになったものも多くいたにちがいない。コカニーの分布としては、北海道の阿寒湖とチミケップ湖のヒメマスが西端、田沢湖のクニマスは南端である。このあたりまでベニザケが来ていたときがあったのだ。

クニマスとヒメマスはベニザケに由来しているので共通した生物学的特性をもっている。しかし、「クニマスとベニザケの違い」は「ヒメマスとベニザケの違い」に比べてかなり大きい。後に述べるように、ヒメマスはベニザケに先祖返りするくらい祖先型に近く、コカニーの初期状態にあると考えてもよい。このようなヒメマスの生物学的特性をクニマスの「原型的特性」として把握する。クニマスは祖先のベニザケが田沢湖に入ってから随分と時間が経ち、かなりの変化をしている。クニマスを知るためにはヒメマスを知らなければならない。

ところで、日本では北米などのコカニーも含めて「ヒメマス」と称されることがある。しかし、コカニーは湖沼陸封型という生態型の呼称であり、それにはヒメマスもクニマスも含まれる。本書ではヒメマスは日本のコカニーに限定して、北米などのものと区別する。

ヒメマスは原産地の阿寒湖から支笏湖を経由して国内のあちこちに移植され、それぞれの湖で生物学的特性が研究されている。移植された湖ではヒメマスは外来種であり、移植前の生物群集の間にあった捕食・被食関係や同じ餌生物をめぐる競合関係に変化を生じさせている。その結果、ヒメマスは餌生物との関係が安定的でない状態で世代を送っている。それによって、親魚の体色や大きさなどに変化を見せているものがいる。親魚の体色変化はクニマスを考える上で参考になるかもしれない。

カバチェッポ

現在、ヒメマスは東日本各地で釣りや漁業の対象として親しまれ、塩焼き、刺身、フライで食される大変に美味な魚である。原産地は北海道の阿寒湖とその北西に位置するチミケップ湖であり、現地ではカバチェッポと呼ばれていた。

阿寒湖には11水系の流入河川があるが、千歳中央孵化場（現さけます・内水面水産試験場）主任の藤村信吉による1893年8月の調査によって、カバチェッポが遡上している河川がいくつか確認された。遡上が多かったのは4水系、少ないけれども遡上していたのは3水系、他の4水系では遡上していなかった。この年の10月に藤村が再び阿寒湖を訪れたところ、8月には遡上していなかったポンオサルンベ川での遡上産卵が確認された。このことから阿寒湖には川によって遡上時期が異なるカバチェッポがいたことが示唆された。

チミケップ湖の調査は北海道庁水産課技師の半田芳男と北海道水産試験場技手の澤賢蔵によって1926年11月初旬に行われた。詳しい記録は残っていないが、阿寒湖由来の支笏湖産ヒメマスと少し異なった特性を示していたという。

阿寒湖は15万〜10万年前の噴火で形成されたカルデラに水が溜まったときに始まり（古阿寒湖）、それから雄阿寒岳と雌阿寒岳の火山活動によって前阿寒湖へと姿を変え、現在の阿寒湖になったのは1万2000年前と考えられている。阿寒湖の水は阿寒川から湖口を出て、100km足らずで太平洋に出る。したがって、カバチェッポは北太平洋のベニザケが、古ければ15万〜10万年前、あるいは新しければ1万2000年前より後に阿寒湖に来たことになる。

いっぽうのチミケップ湖は、詳しくは不明だが約1万年前にできた堰止湖（せきとめこ）（川などが堰き止められてできた湖）と言われている。9本の細い流入河川があり、チミケップ川から湖口を出て階段状の岩盤を落ちる「鹿鳴の滝」を経て網走川に合流しオホーツク海に出る。こちらは湖から海まで約70kmの距離である。

藤村信吉は阿寒湖のポンオサルンベ川で遡上産卵しているカバチェッポの親魚を捕獲して採卵受精を行った。1万8000粒の卵を得て、発眼後の1893年11月下旬に千歳中央孵化場に運んだ。このうち、8000粒を同孵化場で孵化させて、池中飼育（孵化場内の水槽あるいは池での飼育）によって発育状況が良好であることを確認した。

この試験結果から、カバチェッポの支笏湖への移植が決められた。産卵回帰を予測して水質と流量も考慮し、紋別岳から支笏湖に流れ込むシリセツナイ川沿いに孵化室一棟を新築した。1888年設立の千歳中央孵化場は当時、サケの人工孵化のために千歳川沿いの蘭越（らんこし）にあった。千歳川は支笏湖からの流出河川であり、中流域の蘭越は産卵回帰をするカバチェッポを孵化させて放流する場所としては不適と考えられたのである。

このような準備を行った後、1894年に阿寒湖で21万600粒を採卵、翌年の春に11万9374尾の稚魚を支笏湖に放流した。

カバチェッポからヒメマスへ

1895年の春に初めて支笏湖に放流した稚魚は1897年の秋に親魚として戻ってきた。シリセツナイの孵化場前の湖面に数千尾の魚の跳躍が遠望されたと言い、1尾を捕獲して調べたら間違いなくカバチェッポの親魚であった。この年は採捕して採卵する準備が整っていなかったので自然産卵にまかせたが、ともかく放流されたカバチェッポは帰ってきたのである。

この回帰を見て、翌年の1898年に孵化場の近く、シリセツナイ川が支笏湖に流入するところに堰堤（えんてい）を築き、岩石を取り除いて産卵床が造設された。その年の秋、採卵準備が整った孵化場前に再び親魚が群れで帰ってきた。このときの様子が徳井利信の『かぱっちぇぽ』（1988）に書かれている。

夏から秋にかけて魚の生息場所を調査したところ、八月には恵庭の岬からオコタンペの沖合に、数十間の列をなして水面に出没するのが認められ、孵化場のあるシリセツナイには九月中旬に回遊してきて、しきりに水面に跳躍して奇観を呈した。十月中旬になると魚体は鮮紅色になり、湖岸から魚群の回遊を遠望でき、観察した人々は三万尾は下らないだろうと話した。親魚の採捕は十月十七日から三十日まで建網で行い、雌雄合計一、七五〇余尾を得て、その内八七〇尾から三九六、〇〇〇粒を採卵した。

この後、さらに阿寒湖から1895年に18万粒、96年に40万粒を採卵して、それぞれの翌春に10万2377尾と32万8525尾の稚魚を支笏湖に放流した。阿寒湖から支笏湖へのカバチェッポ移植放流は、この3年間だけであった。

カバチェッポ卵は支笏湖に定着し、ここから様々な湖沼に移植されていった。支笏湖からの移植先のうち、安定して他の湖に卵を供給するようになったのは本州では十和田湖と中禅寺湖であった。

ところで、カバチェッポとはアイヌ語で「小さな薄い魚」という意味の呼称であるが、支笏湖から本州各地への卵分譲が行われるに従って新しい名称が検討された。姫鱒（ひめます）という和名が提案され、1908（明治41）年12月26日に北海道庁第三部長から北海道水産試験場長に宛てた公文「魚類命名之件」によって通知された。強制力がないので、しばらくは「カバチェッポ（姫鱒）」と併記されていたが、やがて「ヒメマス」という名称が普及していった。

十和田湖のヒメマス

支笏湖からヒメマス卵が他の湖に移植されたのは十和田湖が最初であった。移植を行ったのは和井内貞行（わいないさだゆき）（1858-1922）。秋田県鹿角郡毛馬内（かづのけまない）（現在の鹿角市）で南部藩桜庭家重臣の家に生まれ、十和田湖で魚の増養殖に尽力した人である。和井内は魚のいなかった十和田湖にコイやフナを放流していた。

1902年に支笏湖から3万粒のヒメマス卵を購入、翌年の5月に稚魚を放流したところ、05年の秋に親魚が群れで浜に回帰した。このときのことが、大河内傳次郎主演で『われ幻の魚を見たり』（1950）という映画になり、教科書でもとりあげられ、和井内は全国的に知られるようになった。和井内は十和田湖へのヒメマス放流を青森県水産試験場の齋藤惣太郎場長と上林伊三郎技手から勧められていた。上林は北海道根室の出身で、十和田湖の水質などの湖沼条件が阿寒湖や支笏湖と似ていると考えていたという。

十和田湖におけるヒメマス親魚の回帰の様子が記された文書が残っている。田沢湖の漁業者が1907年10月、ヒメマスの産卵回帰に合わせて十和田湖を視察で訪れたときの記録文書である。一行は孵化場前の浜で行われたヒメマス親魚を捕獲する引き網の様子を記している。浜では8名が同一の場所で3回の引き網を行い、約1時間の内にいずれの網でも1500尾を捕獲したとあり、多くの親魚が群れで集まってきたことがよくわかる。そのときの様子が次のように書かれている。

孵化場直キ前浜ニオイテ鱒捕獲ノタメ引キ網ヲ実行セリ浜人数八名位ニテ（内、和井内長次男ノ両名居ル）約一時間以内ニシテ同一ノ場所三回引キタルニ何レモ壱千五六百尾ヲ捕獲セリ漁夫共ハ引揚ケタル魚ヲ竹籠ニテ斗リ一ト籠に五百尾以上入ルト云フ

（『曲木部長以下ニ従ヒ十和田湖視察概況報告』三浦久家文書）

この後、捕獲したヒメマスが入れられる水槽と池についても書かれている。長さ9m、幅4・5mの板作りの貯蔵水槽が3つあり、一つの水槽に約1000尾が入り、また、土を掘って作った2つの池に合わせて5000〜6000尾が入る、とある。この視察は田沢湖における漁業者のまとめ役である三浦政吉一行が訪れたもので、彼らはヒメマス移植事業を始めたばかりであった。

ヒメマスの生物学的特性

支笏湖から十和田湖を始めとして中禅寺湖など多くの湖に移植されたヒメマスは各地で生物学的特性が研究されている。

◇**産卵生態と親魚**　9月中旬から11月下旬、親魚は群れで産卵場に来遊、場所は湖の流入河川か、湖岸である。流入河川のない倶多楽湖や摩周湖では湖岸であるが、支笏湖、洞爺湖、パンケトー

（阿寒湖の北東に位置する湖）では湖岸あるいは流入河川に遡上して産卵する。群馬県の菅沼では東端の上沼（清水沼）の流れ込む辺りで産卵する。

中禅寺湖では実験的につくられた小河川で産卵するが、この小河川は竜頭（りゅうず）の滝の近くの湧水で、年間の水温が9～10℃ということである。十和田湖での産卵期の表層水温は10～13℃。支笏湖では、産卵盛期の10月中旬は13～15℃で、11月中旬の9～10℃のころに終わる。菅沼では、産卵は10月初旬から始まり11月下旬には終わると考えられ、水温6・8～8・3℃であった。

阿寒湖から支笏湖に移植したとき、最初の回帰は3歳魚で、翌年は4歳魚として回帰した。十和田湖に移植放流されたヒメマスも3歳魚で回帰した。十和田湖から中禅寺湖に移植放流されたヒメマスは3歳魚、翌年に4歳魚として回帰した。支笏湖から摩周湖に移植放流されたヒメマスは4年後の10月に産卵回帰した。いずれも初めての放流後の記録であり、これらから見て、ヒメマスは3歳あるいは4歳で親魚となって回帰することがわかる。その後、鱗（耳石ではなく）によって回帰した親魚の年齢が調べられたところ、支笏湖では1957～61年には4歳魚が主で、十和田湖では1997年には4歳魚と5歳魚、98年には3歳魚と4歳魚が主であった。

回帰してきたときの大きさはどうだったのだろう。初めて摩周湖に回帰した4歳親魚の大きさは全長36～38cm（520～640g）で、雌の孕卵（ようらん）数は平均約810であった。支笏湖の1899年の記録では、5歳で回帰した親魚は全長で雄37～38cm（平均519g）、雌27～39cm（平均418g）であった。親魚の大きさは、大体においてこのようなものだった。

ベニザケは、湖で一冬、海で二冬を過ごして産卵回帰した4歳魚は全長52～63cm、湖で一冬、海で三冬を過ごして産卵回帰した5歳魚は全長62～65cmになる。ベニザケはヒメマスより大きい。

図4-2　ヒメマス親魚（中禅寺湖）
雄（上）、雌（下）（写真 松沢陽士）

これは海の栄養が湖よりはるかに豊かだからだということは既に触れた。いずれにしても、4歳魚というのはベニザケの親魚としても標準的であり、ヒメマスはこの特性を受けついでいる。

中禅寺湖の湖岸にある水産技術研究所（水産研究・教育機構）の人工実験河川を遡上してきたヒメマスの親魚の頭部は濃いオリーブ色、体は少しくすんだ紅色で（口絵4）、親魚の大きさは雌雄とも大体が全長約38cmほどである（図4－2）。

中禅寺湖のヒメマス親魚の体色は基本的にはベニザケと同じであるが、紅色が少しくすんでいる。阿寒湖から支笏湖に移植された直後のヒメマスはもう少し紅色が鮮やかだったのか、今となってはわからない。阿寒湖のヒメマスは移植された支笏湖で最初に産卵回帰したとき、親魚は鮮紅色だったと書かれている（102頁参照）。また、摩周湖のヒメマスも放流後に初めて回帰した親魚は紅色だったと記録がある。ちなみに、北米ではベニザケとコカニーの産卵親魚の色彩の違いはわずかだ、とある。

◇卵の色と大きさ、数、孵化から浮上まで　卵は直径が約5㎜で濃い橙色。孕卵数は、体が大きくなるほど多くなる。例えば、十和田湖では1953年に捕獲された体重が平均346・3gの雌の孕卵数は平均661であったが、57年の雌は体重が平均561・5gで孕卵数は平均957であった。

孵化までの日数が積算温度（日数と水温の積）で表現されることは第2章で述べた。受精後、発眼までは240～360℃、孵化までは720℃、孵化後も同様に示すと、卵黄を消費して鰭ができて遊泳を始める浮上までは889～1096℃という値が知られている。

◇成長期の遊泳層と食性　さて、稚魚は湖のどこを泳ぎ、何を食べているのか。

山梨県西湖で2013年と14年に行われた釣りによる調査がある（第3章のクニマス調査と同時）。ヒメマス稚魚は春には水深40～60m層に多かったが、夏には水温躍層（水深10～20m層）の下におり、秋には水深40～60m層に集中的に生息していた。稚魚は甲殻類プランクトン（キクロプス科やカブトミジンコ）を選択的に食べていた。洞爺湖では1950年10月30日に地引網によって全長約8cmの稚魚が多く捕獲されている。

栃木県湯ノ湖ではニジマスが多くのヒメマス稚魚を食べていた。ニジマスは岸寄りにいることが多く、ヒメマスは稚魚のときは岸近くでは被食の危険にさらされていると思われる。ヒメマス稚魚の遊泳層が西湖と洞爺湖、湯ノ湖で少し異なっていたが、摂餌や捕食者からの逃避が関係しているのかもしれない。

1歳魚以上は夏から秋には湖の水温躍層より下を遊泳する。表層はヒメマスにとって水温が高すぎるのである。十和田湖では水温躍層は水温6・45～17・4℃、栃木県湯ノ湖では10～13℃、福島県沼沢沼では6～13℃であった。ヒメマスは水温躍層の下で、基本的に大型の動物プランクトンを食べて成長するのである。

支笏湖では、湖中遊泳期の1歳魚以上のヒメマス（体重100〜256g）の胃内容物重量は11月から増加して2〜4月に最大となり、5〜7月に低下、8〜9月に増え、10月の産卵期にゼロに近くなった。秋から翌春には甲殻類プランクトン（ヤマヒゲナガケンミジンコ、ハリナガミジンコ、オオシカクミジンコ、マルミジンコ等）を食べており、初夏から初秋にはユスリカと陸生昆虫を食べていた。

西湖では、春にヒメマスが湖岸にそって回遊することが知られている（82頁参照）。この回遊群は1〜4歳（全長15・0〜16・8cm）で、湖岸にそって岸近くの表層付近を遊泳し、湖面に落ちた陸生昆虫を食べていた。

ヒメマスは湖内で、昼間と夜間で生息しているところが違う。湯ノ湖では、昼間は沖合を遊泳、夕方になると岸寄りに移動して餌を食べ、そこで夜を過ごし、朝になると再び沖合に移動する。北海道倶多楽湖では、昼間は群泳し、夜は個別に遊泳するという。

中禅寺湖では、季節による昼夜の分布の変化が知られている。夏は、昼間には岸近く（水深3〜20m層）、夜間は湖全域（10〜40m層）に分布。秋は、昼間には単独か小群で湖全域の表層（10〜20m層）に分散して遊泳、夜間は岸近くに表層から湖底までの濃密な群がいて、他に大型魚がやや沖合の水深20〜50m層と湖全域の水深20〜30m層にパラパラと生息していた。冬には、昼間は湖の底層に集中、夜間には表層付近に上昇して分散するといった日周鉛直移動を行っていた。

このことはクニマスにも当てはまると思われる。西湖のクニマスは表層から水深40m層にいると前に述べたが、夜間に仕掛けられた底刺網で未成熟のクニマスがとれており、遊泳行動の昼夜の違いを示唆している。

ベニザケに戻ったヒメマス

北海道の胆振地方を流れる安平川水系には、ベニザケが産卵回帰のために遡上する。しかし、このベニザケは自然のものではない。北太平洋とベーリング海で成長して成熟するベニザケが産卵に回帰する場所で、北海道に近いのは択捉島のウルモベツ湖だけであり、安平川水系のベニザケは支笏湖産ヒメマスに由来している。ヒメマスはベニザケに戻ることができるのである。

阿寒湖から移植された支笏湖のヒメマスに川を降下する若魚が発見されたのは偶然のことであった。王子製紙が苫小牧工場を操業するため、1907年、支笏湖に発する千歳川上流の水明郷に発電所（現王子製紙千歳第一発電所）が起工され、第一堰堤が設けられた。その堰堤まで水が満たされたときに、ヒメマスが発見されたのだ。湖から貯水池に降下してきたのである。発電所の上手の貯水池に群がるヒメマスを捕獲しようと人が殺到し、子供が亡くなる事故も起こるほどの騒ぎであった。

本来、ヒメマスはベニザケの湖沼陸封型で、湖から川を通じて海には出ない。しかし、阿寒湖由来の支笏湖のヒメマスには背鰭の先端と尾鰭の後端が黒くなる「ツマ黒」（第3章）が見られたのである。つまり、スモルトとなって海に出ることができるのだ。

その後の研究では、ヒメマスの降下移動は表面水温が10℃になる6月中旬に始まり、約15℃になる7月上旬に止むことがわかった。降下は昼間より夜間の方が多く、ほとんどが全長約18㎝の2歳魚であった。千歳川を降下するヒメマスは発電所の建設がきっかけで発見されたが、堰堤ができるより前の現地は自然のままの状態であったので、それまで降下行動はあっても、気付かれなかったのかもしれない。千歳川は石狩川水系であり、その先は石狩湾である。ここでのベニザケの遡上記録はない。仮に千歳川を下っていても海には出ていなかったと思われる。

支笏湖のヒメマスに降下移動があるのなら、海に出ればベニザケになるはず。そう考えて、ヒメマスからベニザケをつくり出す試みが始められた。北海道東部の根室海峡に注ぐ西別川が選ばれ、1961年に浮上後6か月飼育された支笏湖産ヒメマスの0歳魚、約8万尾が放流された。稀なことだが、西別川は1913年にベニザケが遡上したことがあったのである。

放流4年後の1965年8月初旬に西別川下流でベニザケが捕獲された。全長54～56㎝の6尾で、体は赤みがかった暗色、現地では他のサケ・マスとすぐに見分けられたという。放流時に標識をつけていなかったので、4年前の放流魚と断定することはできなかったが、捕獲されたベニザケの体の鱗を調べると4歳魚であった。その後、脂鰭（あぶらびれ）と左か右の腹鰭を切除して標識としたヒメマス1歳魚のスモルトが放流され、西別川への回帰が確認された。

支笏湖産のヒメマスは海に降りてベニザケになる。この結果を受けて、現在、回帰したベニザケ親魚を捕獲して採卵、孵化させ、春に0歳魚か1歳魚のスモルトが放流されている。西別川の他、襟裳岬以東の釧路川、襟裳岬以西日高地方の静内川、苫小牧近郊の安平川水系でベニザケ事業が行われており、水産研究・教育機構の北海道区水産研究所のHPには、1997年から2016年までに西別川、釧路川、静内川、安平川に産卵回帰し捕獲したベニザケ親魚の数が示されている。2004年以降では安平川への回帰が最も多く、1000個体を超えたこともある。

ベニザケ親魚は安平川水系に設置されたウライ（簗（やな））で捕獲されている。この水系の上流で真っ赤な親魚が目撃されており（図4－3）、設置されたウライの捕獲から逃れたものが自然産卵していると考えられている。釧路川の源である屈斜路湖は、稀にベニザケが遡上し、ヒメマスと同じような場所で自然産卵するという。

支笏湖由来の十和田湖産ヒメマスを用いて、血清中の塩素イオン濃度の測定によって海水適応能が調べられている。その結果、ヒメマスは晩春から初夏にスモルトになったときに海水適応能をもつことがわかった。ただ、1977～80年に行われた支笏湖降下ヒメマスの北海道敷生川への放流試験では、77年に海水適応が不適なものが出た。それでも、阿寒湖由来の支笏湖ヒメマスは海水適応能を残しており、ベニザケになって放流された河川に回帰している。

他にも、中禅寺湖産ヒメマスとカムチャツカ半島のクロノツキー湖原産のコカニーの海水適応能が比較されている。海水適応能は中禅寺湖産ヒメマスは高かったが、カムチャツカ産コカニーでは低いことがわかった。これらの海水適応能の違いは陸封されてからの時間の相違を示していると思われる。ヒメマスはカムチャツカ産コカニーに比べて陸封されてからの時間が短いと考えられる。

図4-3　北海道安平川に遡上した支笏湖産ヒメマス由来のベニザケ（写真 松沢陽士）

日本各地のヒメマスの由来

ヒメマス移植の始まりはすでに述べたように1894年の阿寒

湖であったが、１９１３年からは択捉島ウルモベツ湖からベニザケ卵が供給されるようになった。ウルモベツ湖の卵の供給は１９４２年で終わりになったものの、それまでは支笏湖を経由するか、あるいは直接に、「ベニザケ卵」ではなく「ヒメマス卵」として各地に移植された。その後、カナダのフレーザー川から中禅寺湖にベニザケ卵が移植された例もある。ただ、これは１９５７年の一度だけであり、日本各地の「ヒメマス」は阿寒湖産ヒメマスとウルモベツ湖産ベニザケの２つの由来が想定できる。

１９６４年時点で、日本各地においてヒメマスが生息している21の湖沼の移植履歴がわかっている。２００５年では20の湖沼と２つのダム湖にヒメマスが生息しているが、１９６４年当時とほぼ同じと見てよい。支笏湖、十和田湖、中禅寺湖は各地へのヒメマス卵を供給する要である。これら３つの湖を中心に各地の移植履歴からヒメマスの由来を考えてみる。

阿寒湖起源のヒメマスは支笏湖から１９０２年に十和田湖、中禅寺湖へは１９０６年に十和田湖から移植されている。ウルモベツ湖産ベニザケ卵はヒメマスとして１９１３年から42年に各地に移植された。なかでも、支笏湖では１９２４年から25年に阿寒湖産のヒメマスが壊滅的に減少したときに、25年から41年までウルモベツ湖産ベニザケ卵を孵化放流している。そして、十和田湖では１９２９年、中禅寺湖では１９３５年にウルモベツ湖産ベニザケ卵を購入して孵化放流している。こうした移植の後、支笏湖、十和田湖、中禅寺湖から各地に「ヒメマス卵」が供給されている。もしこれら３つの湖で定着に成功していたら、ウルモベツ湖産ベニザケはさらに各地の湖に分散していったことが考えられる。また、湖によっては直接にウルモベツ湖産ベニザケが移植されているところもあった。

阿寒湖産ヒメマスはコカニー、つまり湖沼陸封型である。いっぽう、ウルモベツ湖産ベニザケは降海型である。移植が繰り返される中で、これらは混じったのか、あるいは置き換わったのか。それとも、混じらずに阿寒湖産が残っているのか。

北米におけるベニザケとコカニーの関係が複雑であることは研究でわかっている。北米のある水系では、コカニーとベニザケは遺伝的に異なり、生殖的に分離していることが明らかになっている。また、元々コカニーが生息するある水系に別の水系のコカニーが移植されたが、これらが混じらなかったという結果もＤＮＡ分析によって判明している。さらに、ある水系にベニザケを移植したが、そこの在来のコカニーは遺伝的影響を受けなかったという論文もある。さて、阿寒湖産ヒメマスとウルモベツ湖産ベニザケはどうなったのだろうか。

阿寒湖由来のヒメマスがウルモベツ湖産と交雑していれば、ＤＮＡの中に何らかの痕跡を残しているはずである。そのことを調べるために、支笏湖産ヒメマス、十和田湖産ヒメマス、そして安平川のベニザケ（支笏湖産ヒメマス由来）を、択捉島セセキ沼を含む北太平洋沿海地方のベニザケと比較する研究が行われた。アロザイム分析（同一遺伝子座の異なる対立遺伝子に由来する酵素群分析）による系統推定で、支笏湖産と十和田湖産ヒメマス、安平川のベニザケは択捉島産を含む北太平洋のベニザケとは別の系統であるという結果が得られた。これによって、日本各地のヒメマスにはウルモベツ湖産ベニザケの痕跡がないと判断されたのである。択捉島セセキ沼産ベニザケをウルモベツ湖産ベニザケとみなしての結論であった。

つまり、ウルモベツ湖のベニザケと阿寒湖由来のヒメマスが交雑を起こしたとしても、雑種は生残率が低かったと考えられるのである。しかし、右のアロザイム分析だけでは、日本各地のヒメマスにウルモベツ湖産ベニザケの痕跡がない、と明確には言えないという研究者もいる。さらに詳しい研究が必要だと思われるが、ここではアロザイム分析の結果を尊重して、日本各地のヒメマスは阿寒湖由来だとする。

各地のヒメマスの由来はさておき、北米産と北太平洋産のものに比べて、日本のヒメマスは遺伝的多様性がかなり低いことがわかってきている。個体群の遺伝的多様性については第13章で再び述べるが、これが低いということは病気や環境変化に対して弱いことを示している。例えば、ヒメマスがあちこちの湖でたくさん生息していても、世代をつないでゆくための有効な数は見かけよりも少ないことになるのである。

長い時間にわたって生き残っている個体群は、それなりに遺伝的に多様な特性を保持している。しかし、何らかの理由で個体数が激減することにより、個体群のもっている遺伝的多様性が低下することがある。こういうことをびん首効果（ボトルネック効果）と言うが、日本のヒメマスの遺伝的多様性の低下は何によって生じたのだろうか。ある論文は、支笏湖で1920年代に生じた個体群の崩壊とも言える親魚の激減によって遺伝的多様性が低下したのではないかと述べているが、何とも言えない。

また、遺伝的多様性が低いということを示した論文では、ヒメマスを絶滅危惧種に指定すべきだという指摘がなされている。その後、ヒメマスは『レッドデータブック2014』で絶滅危惧ⅠA類（CR）に指定されている。

移植後の湖で見られた変化

ヒメマスは阿寒湖から支笏湖経由で各地に移植され、かなりの世代を経ている。湖によっては成長と成熟に関して放流直後になかった姿を見せるようになった。

群馬県の菅沼では、放流直後の回帰親魚は体重が平均412g、平均孕卵数は650だったが、約10年後に体重は約90gになり、その後はさらに小型化し体重40gで孕卵数が約100の親魚になってしまった。福島県の沼沢沼でも、放流直後の回帰親魚は平均体重が275gだったが、50年後に回帰した親魚の体重は38～54gとかなりの小型になっていた。さらに、これらの小型の親魚の体色は紅色ではなく黒色であった。支笏湖でも、回帰した親魚は1923年までは260～270gだったが、25年には91～94gと最小になり、採卵数がゼロとなってしまった。このときの親魚は体色が例年のものと異なったと記されている。おそらく、黒かったのであろう。

サケ属の魚は産卵後に死ぬのが普通だが、菅沼で産卵後に死なずに生き残るヒメマスが見つかっている。ヤマメとビワマスには産卵後に死なずに翌年も産卵に参加する個体がいることが知られているが多くはない。しかし、ヒメマスやベニザケでは、このような個体は知られていなかった。

菅沼で初めて産卵後にも生き残っているヒメマスが見つかったのは1974年の5月であった。73年の秋には産卵場所で、産卵後に斃死(へいし)した個体が見あたらなかったという。そして、翌年の5月に産卵場所の付近で銀色個体と同時に黒い婚姻色をした雄（全長17・6cm、体重75g）のヒメマスが採集された。さらに75年の5月には湖岸付近で銀色の未成熟個体（全長21・0cm、体重132g）と共に婚姻色が出ている雌4個体（全長18・5～20・5cm、体重77～115g）が釣りで採集された。婚姻色が出た雌4個体のうち3個体は未成熟個体と同じようにいずれも胃中に動物プランクトンなどが見られ、摂餌していた。本来、サケ属の魚の産卵個体は摂餌しない。このようなことはベニザケでも北米のコカニーでも報告されておらず、菅沼の5月の黒いヒメマスは大変に興味深い。

こうした事例から、移植後に世代を経過したヒメマスの変化を考えてみる。生物の種は生物群集の中で生きている。他種を食べつくすこともなく、また食べつくされることもない捕食・被食の安定した関係によって種は生存を続けている。また、同じ餌生物をめぐる種の間でもなんらかの折り合いがついており、それぞれが安定的に生存を続けている。だが、湖という閉鎖的な環境に新しく入ってきたヒメマスは、在来種だけで安定していた生物群集の状態に変化を起こしてしまったであろう。

支笏湖からヒメマスが移植された湖の多くは、まだ100年も経過していない。この程度の時間では、餌生物である動物プランクトンや、湖の在来の魚類などとの捕食・被食関係や競合関係は安定的になっていないであろう。支笏湖では、餌生物の状況が悪いときにはヒメマス親魚の状態も悪いし、体が小さくて黒い体色になる。黒い色は栄養状態が貧しいことが原因なのである。移植後の成長と成熟に見られる変化は、新天地の湖での捕食・被食関係が安定化していない状態が原因になっているのかもしれない。

ただ、養殖されたヒメマス親魚も黒い。このことは、餌生物の量だけでなく質も関係しているのかもしれない。

原型としてのヒメマス

ヒメマスの生活史を簡単にまとめておこう。稚魚から若魚の体は基本的に銀色、成熟が始まると背中が褐色になり小黒点が散在、背鰭・尾鰭にも小黒点が散在する。産卵の前に体は紅色となる。摂餌や産卵期の行動は素早い。稚魚から若魚は湖中で動物プランクトンを食べて成長する。3歳か4歳（全長36〜38㎝）で産卵に至る。湖への流入河川の浅瀬か湖岸の浅瀬（水深15m以浅）で秋に産卵、親魚は産卵場に群れで来遊する。産卵場の水温は6・8〜15℃。卵は濃い橙色。鰓耙（さいは）は多く、幽門垂も多い。

一方で、ベニザケが成長して成熟に至るところは海という開放系である。気候が変化しても、海ならば生育する場所の移動によって変化に対応することができる。餌生物をめぐる種間関係（捕食・被食関係、競合関係）のある生物群集がそのまま難を避けて移動したであろう。氷期と間氷期に北太平洋を時々に適したところへ移動しても、生物群集に大きな違いが生じなければ、ベニザケの生物学的特性が大きく変化することはなかったであろう。

ヒメマスは、先祖返りするほどベニザケに近く、コカニーとして初期状態にある。クニマスは田沢湖で独自の生物学的特性をもつようになる前は、ヒメマスのような生物学的特性を有していたと思う。その意味で、ヒメマスはクニマスの「原型的特性」をもっていると言ってもよい。ただし、これは移植後にあまり変化を見せていないヒメマスの生物学的特性である。

クニマスは田沢湖の環境条件と共に変わっていった。もともと、どのような生物学的特性であったのか、この基準を決めないと、変化を論じることができない。「ヒメマス的特性」から田沢湖の環境条件の変化に応じて「クニマス的特性」へ進化したのである。どのようにしてクニマスになったのか。次章でクニマスの進化をダーウィンが『種の起原』で展開した自然選択説から考えてみよう。

第5章　田沢湖でクニマスになる

クニマスのふるさとと田沢湖

クニマスはヒメマスと同じくベニザケが湖沼に陸封されたコカニーである。ヒメマスはベニザケに戻る性質を失っておらず、陸封されてからの時が浅い。産卵場所も浅いところである。しかし、クニマスは海に戻る能力もなくなっており、祖先が田沢湖に入ってきてから、かなりの時を経ている。そして、産卵場所は深い湖底になってしまった。

クニマスの生物学的特性はベニザケ・ヒメマスと比較可能なところまで明らかになった。ようやく、その誕生に触れることができる。田沢湖に入り込んだベニザケが長い年月を経てクニマスになった過程を推定してみよう。まず、ふるさとである。クニマスが育った田沢湖はどんな湖なのか。

秋田県の田沢湖は深さ423・4m、日本で最深、世界でも17番目である。東北地方のほぼ中心を走る奥羽山脈の西側、岩手県との県境近くに位置し、周囲約20㎞、直径約6㎞、面積約26㎢、ほぼ円形に近いゆるい正六角形をしている。30以上の小さな沢が流れ込んでおり、南西岸の潟尻川から湖水が流出する。潟尻川は仙北平野の北部で桧木内(ひのきない)川に、そして角館の南西で玉川に合流する。玉川は大曲で雄物川にそそぎ、やがて日本海に達する。

180万〜170万年前に田沢旧火山の噴火によって空洞となったマグマだまりの天井が崩落し、陥没してできたカルデラに水が溜まったのが田沢湖の始まりと考えられ、現在の姿になるまでに3〜4回以上の陥没を繰り返し、周囲は標高500m程の8つの山が外輪山を形成している。水面は現在より100m以上高い時代があったと見られている。氷期と間氷期が繰り返し訪れ、激しい気候変動を経ているのである。

もっと古い時代である新生代後期中新世には、このあたりは海であった。田沢湖の西側に流れている桧木内川の河川敷からムカシオオホホジロザメ（メガロドン）の歯と脊椎骨の化石が出ている。これは中新世の1000万〜800万年前の地層から見つかったものであり、そのころ、このあたりが海であったことを示している。

氷期に来たベニザケ

ベニザケの産卵場は北太平洋沿海域で少し東に偏ったところであり、生育場は北太平洋の冷水域とベーリング海である（図4－1、98頁）。これは間氷期である現在の分布だ。氷期におけるベニザケの分布はどうだったのだろうか。

例えば1万8000年前の最終氷期では、カムチャツカ半島沿海と北海道はステップツンドラ気候帯、本州・四国・九州は北部が亜寒帯針葉樹林帯で、南部が冷温帯落葉広葉樹林帯、ベーリング海沿海はかなり南に張り出してツンドラ気候帯、アラスカ湾沿海とカナダ太平洋沿海は氷河域であった。このような状態の時代は何度もあったと思われる。

コカニーの分布の南限はクニマスの田沢湖である。氷期にはベーリング海は現在より狭く、ベニザケの産卵地域は現在より南に達していただろう。ベニザケはおよそ800万年前に分岐した種と推定されているので、田沢湖までベニザケが来ていた時期は最終氷期よりもずっと古い寒冷の氷期だったと考えられる。

氷期のベニザケが田沢湖に来たときは海と往復する生活史を送り、田沢湖の湖岸の浅瀬か、流入河川の浅瀬で産卵していただろう。寒くなる直前の季節、大きな群れで産卵場に押し寄せていたと思われる。寒い季節を発眼卵で過ごして、水ぬるむ季節に孵化、浮上して泳ぎ出し、一冬か二冬を田沢湖で過ごした後、当時の北太平洋に出て成熟して回帰したであろう。親魚の体色は紅かったはずである。

やがて、地質変化によって、田沢湖と海をつなぐ川にベニザケが遡上できないか、湖内で成育していた若魚が降下できないような障害が生じた。若魚は田沢湖で成熟して産卵するという生活史を送るコカニーになった。これがクニマスの祖先である。コカニーになった当初、産卵期の体色は紅みが次第に薄らいでも、寒くなる直前の季節に、親魚は湖岸の浅瀬か流入河川へ群れで押し寄せていただろう。遊泳行動は素早く、現在のヒメマスとほとんど変わらなかったと思われる。

ヒメマス的特性からクニマス的特性へ

気候や地質変化で田沢湖は姿を変えている。田沢湖に入り込んだベニザケのコカニーは、湖の変化とともに姿や生態を変えて、クニマスになって生き続けてきたのである。

氷期には、低水温の浅いところで産卵していたであろう。気候が変わって暖かくなると、低水

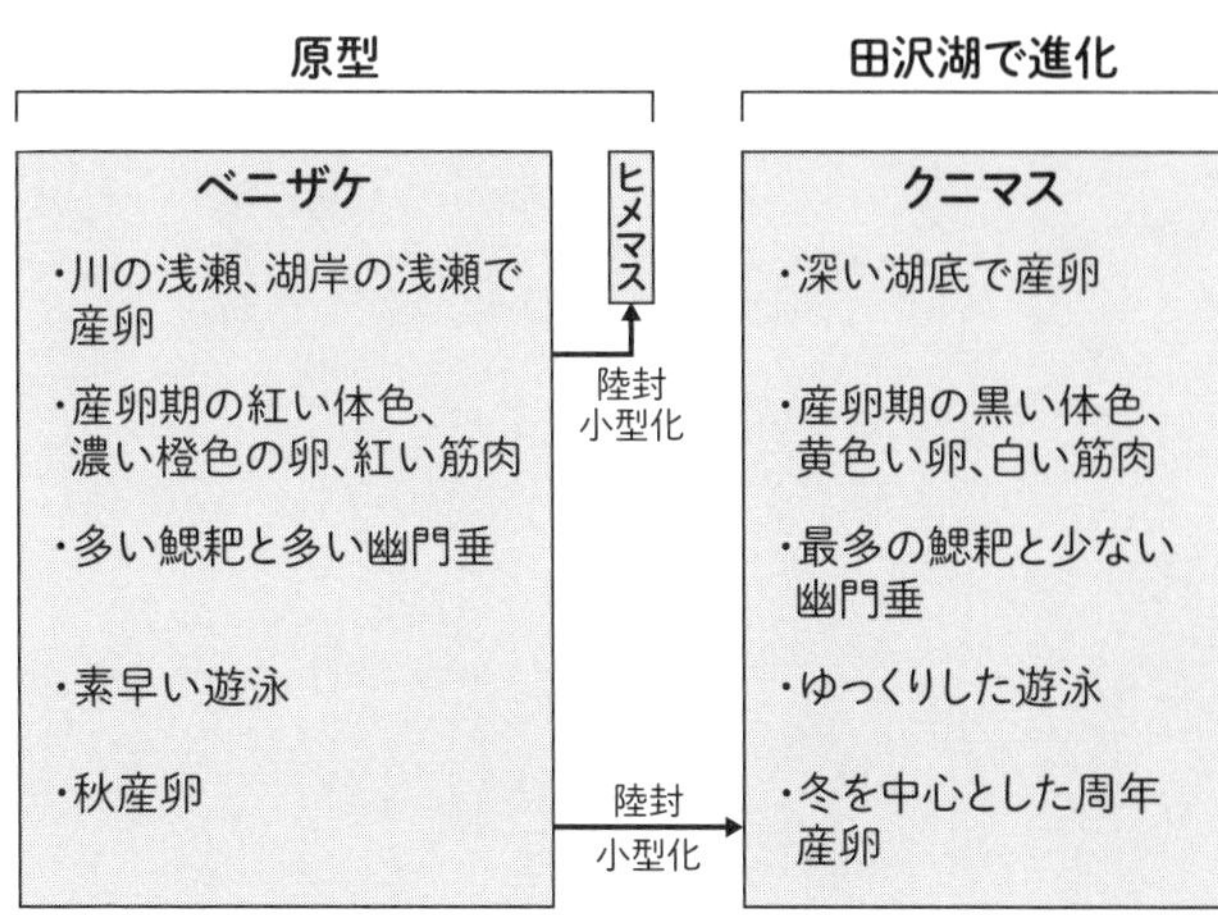

図5-1　原型としてのベニザケ・ヒメマスからクニマスへ

温の深い湖底で産卵をするようになり、産卵場は深い湖底に散在する湧水礫地になった。これに伴って、産卵回帰する親魚の様相が変わった。田沢湖の湖底には多くの湧水礫地があるが、ひとつひとつは広くなく、大きな群れが一度に産卵することができなくなった。

カルデラ湖である田沢湖は当時から貧栄養であった。湖水の貧しい栄養状態によって親魚の体は黒くなり、卵は黄色く、そして筋肉は白っぽく、鰓耙(さいは)は多くなり、幽門垂は少なくなった。そして、遊泳行動はゆっくりとしたものになった。産卵期は現在の冬に相当する季節になっていった。さらに、冬というまとまった産卵期をもちつつも、他の季節にも成熟した親魚が出現し、周年にわたって産卵するという珍しい特性を示すようになった。今のヒメマスの生態と比べると随分と違ったものになったのである（図5－1）。

クニマスが今日見られる独自の生態をもつようになるまでにはかなりの時間が経っている。生物種は、生物群集の中で捕食・被食関係と競合関係という餌生物をめぐる関係によって進化する。クニマス独自の特徴は田沢湖という環境の生物群集の中で進化してきたのである。このことをダーウィンが『種の起原』で主張した自然選択の考え方をもとに説明を試みよう。

自然選択説

19世紀の博物学者、チャールズ・ダーウィン（1809－1882）は『種の起原』で時間軸における種の変化を自然選択という考え方で論じた。繰り返しになるが、生物の種は生物群集の中で他種と捕食・被食関係と競合関係をもちながら存在している。競合関係とは同じ餌生物をめぐる種と種の関係である。取り囲む生物群集が同じであれば、種は変わりようがない。しかし、種の生息場所は地質学的時間で変わってゆく。そうすると周囲の生物群集も変化する。種の中には滅んでしまうものも出るだろう。ある種がいなくなると、その種によって制約を受けていた状態が変わり、他の種は変化する。種は目的をもって自ら変化することはなく、制約の変化によって変わってゆく。ダーウィンは『種の起原』で自然選択のことを次のように書いている（以下、引用は八杉龍一訳、岩波文庫版による）。

すべての生物の相互の、および生活の物理的条件にたいする、関係が、いかに複雑で、また密接に適合したものであるかも、心にとめておいてもらいたい。（中略）各生物にとって巨大で複雑な生活の戦闘のためになんらか役だつ他の変異が、数千世代をかさねるあいだに、ときどきおこるとは考えられないであろうか。もしもそうしたことがおこるとすれば、ではわれわれは

〈生存可能であるよりずっと多くの個体がうまれることをわすれないなら〉、たとえ軽微ではあっても他のものにたいしなんらか利点となるものをもつ個体は、生存の機会と、同類をふやす機会とに、もっともめぐまれるであろうとは、考えることができないであろうか。他方、ごくわずかの程度にでも有害な変異は、厳重にすてさられていくことも、たしかであるように感じられる。このように、有利な変異が保存され、有害な変異が棄てさられていくことをさして、私は〈自然選択〉とよぶのである。

(『種の起原』第四章)

これが、自然選択を述べたエッセンスである。ダーウィンは進化論を唱えた人物として人口に膾炙(かいしゃ)しているが、より詳しく言うならば、時間軸にそって種が別の姿に変わってゆく要因を自然選択という考えで論じたのである。『種の起原』は知られている割に読まれておらず、自然選択も一般にはあまり理解されていない。生物群集の中で種の有する生態的関係が自然選択の要因になっている、というダーウィンの考えは18世紀の博物学者カール・フォン・リンネ(1707－1778)を意識していると思われる。『種の起原』を読めば、背景にリンネの『自然の経済(Oeconomy of nature)』(1749)が見える。リンネは動物の妊娠や出産の制御を適応(adaptation)という語で述べており、捕食・被食の関係について、ハトの産卵数と捕食者によって食べられる数との関係を例に挙げている。次章で述べるが、ダーウィンは種の分類に対する考えもリンネの『自然の体系(Systema naturae)』(1735)を意識していることがわかる。

余談だが、ダーウィンは「進化論」によって神を否定したと言われることがよくある。しかし、ダーウィンが否定したのは「種が造物主によって個別に造られた」ことであり、主張した「自然選択（natural selection）」とは「種の共通祖先からの分岐方法が造物主による」ということである。「自然」という言葉は日本では人が手を付けていない状態を意味するが、"nature"が"Nature"と表記されるときは人知の及ばない造物主＝神を意味している。したがってダーウィンは神を否定したのではなく、種分化による種の形成、多様化の方法を自然＝造物主にゆだねたのである。

クニマスを囲んでいた生物群集

さて、田沢湖に閉じ込められたコカニーはどのようにしてクニマスになったのか。産卵は湖底の湧水礫地で行われ、生まれた卵はそこで孵化して卵黄を消費するまで過ごし、稚魚となって湖中に泳ぎ出す。『秋田縣仙北郡田澤湖調査報告』（1915）に水深90m付近で泳ぎ出すころのクニマス稚魚がイワナに捕食されていることが報告されているので、稚魚が深いところにいたのは間違いない。稚魚の遊泳層は知られていないが、1歳魚以上になると湖中を遊泳して動物プランクトンを食べて成長し、3歳か4歳で成熟、黒い婚姻色になって湖底に降り産卵して一生を終える。西湖のクニマスの生態から生活史を組み立てると、このようになる。

クニマスは生活史の諸段階でどのような生物に囲まれて生活していたのか。毒水導入で環境が激変したために、残念ながらそれ以前の田沢湖の生物相は文献でしか知ることができないが、過去の文献によって田沢湖の生物群集を復元すると次のようになる。

田沢湖における生息場所ごとの生物相の復元図を示す（図5-2）。田沢湖は岸近くで急に深くなっており、深い湖底はほぼ平坦な湖盆となっている。植物にしても動物にしても、生物の種は湖全体に隈なくいるわけではなく、生息場所は限られている。クニマスは生まれてから産卵に至

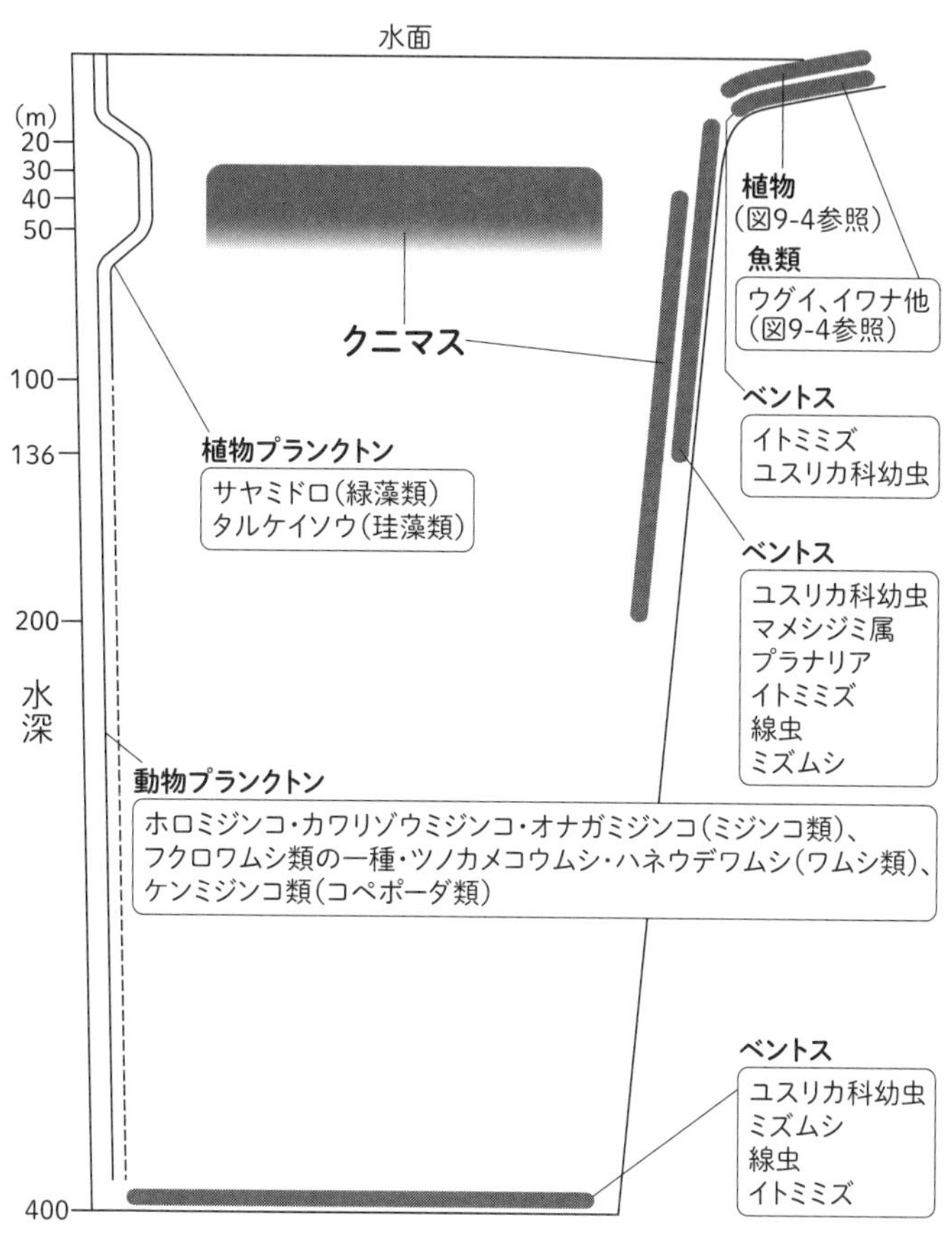

図5-2　田沢湖生物群集断面図　左端の垂直方向への曲線は、植物プランクトンと動物プランクトンの、水深による量の変化を大まかに表現したもの（右へふくらんでいる所は量が多く、破線は生息の予測）

るまで生息場所を変え、それに伴って出会う生物も変わる。クニマスが、次に記す植物や動物のすべてと出会うわけではなく、直接に捕食・被食関係や競合関係をもつ動物も限られている。しかし、植物や底生小動物（ベントス）、植物・動物プランクトンは湖の基礎生産として、湖水の栄養を支えており、クニマスはこのような生物に囲まれて生活していたのである。

植物はヨシなど、ウグイやイワナなどの魚類は岸近くの水深6mまでの湖岸に生息していた（図9－4、215頁）。

急に落ち込む斜面や深い湖底、水深40～200m帯には、クニマスの他に生息している魚類はいなかった。イワナが水深90mの湖底から採集されたことがあるが稀であった。水深200mの斜面から水深400mの湖底には魚類は生息していなかった。

次に湖底のベントスについては、水深4mから400mまでのところで調べられている。水深4mから水深136mまでの湖底ではユスリカ科幼虫やイトミミズ等が生息し、水深100mより浅いところに多かった。水深143～320mからは何も採集されなかったが、水深400m前後の平坦底ではユスリカ科幼虫やイトミミズ等が採集されている。

湖の沖には、夏から秋にかけて水深10～30mに水温躍層が見られることを考えると、クニマスの若魚は高水温期には水深30～50m層を遊泳して成長していたであろう。これより深い湖中のどのあたりまでクニマスの若魚がいたのかはわからない。しかし、次に述べる植物・動物プランクトンの量を考えると、水深50mより深い層にクニマスの若魚が生息していたとは考えにくい。もちろん、他の魚類もいなかっただろう。

沖の湖中には植物プランクトンのサヤミドロ（緑藻類）とタルケイソウ（珪藻類）が生息してい

た。動物プランクトンはミジンコ類のホロミジンコとカワリゾウミジンコの他5種が生息しており、これらは水深20~50m層に最も多かった（表層から水深100mまでの1928年5月から29年3月の調査）。湖の中心にあたるところでの表層から水深420mまでの動物プランクトンも調べられているが（1939年7月の調査）、水深100mより深いところにも動物プランクトンは生息していた。

中野治房は1915年の報告で、湖中の植物プランクトンと動物プランクトンを調査して、他の湖と比べて数量がかなり少ないことを次のように述べている。

田沢湖ハ其最大ナル数量ヲ取ルモ尚下等ノ池水ニ及バズ是レ深クシテ然カモ冷水ニシテ又湖岸僅少ニシテ営（栄）養分ノ欠乏セルニ由ルモノナリ

（『秋田縣仙北郡田澤湖調査報告』）

植物プランクトンと動物プランクトンについては、1939年の夏に調査した上野益三も、湖中に植物プランクトンと動物プランクトンが極めて乏しい、と書いている。1930年代の初め頃に各地の湖沼のベントスの調査をしていた宮地伝三郎は、1928年6月と31年11月に田沢湖の調査を行った。その調査結果を報じた1932年の論文で、田沢湖は深くて貧栄養湖であるとしている。また吉村信吉は、田沢湖の湖水は組成が日本の湖としては特異であり、溶けている成分が極めて少なく、蒸留水の不純なものに等しいくらい溶解物が少ない、としている。クニマスが生活史を送っていた田沢湖はかなりの貧栄養湖であった。ちなみに、ここで紹介した中野、上野、宮地、吉村についてはのちに改めて詳しく触れる。

自然の経済における場所

近年、人の活動によって、動物や植物の種は本来の生息地から別のところに移ってしまうことが多くなった。これらは外来種と呼ばれ、在来の生物群集の関係を乱していることは、チャールズ・エルトンの『侵略の生態学』(原著は1958年出版)に詳しい。クニマスの祖先が田沢湖に来たときも、いわば外来種であった。新しい生物群集の中で、違った相手と生態学的な種間関係をもって生きていくようになったのである。

深い湖底を中心に生息するようになって、クニマスの形態と生態はどのように変化したのか。これを考えるためには、田沢湖はクニマスにとって生態学的にどのような場所だったのかを把握する必要がある。ここで再びダーウィンに語ってもらおう。ダーウィンは生物群集の中での種の生態学的空間を「自然の経済における場所」として把握した。この空間の変化は自然選択説と密接に関係する。ダーウィンは生物群集の中での空間の変化と種の変化を結び付けたのである。

どの国の生物も緊密かつ複雑な様相で結合されていることは、すでにのべたとおりであるから、いくつかの生物の数的比例の変化は、気候そのものの変化とは無関係に、他の多くのものにいちじるしい影響をあたえるであろうと、結論してさしつかえない。その国の境界が開放されていれば、新しい種類が移住してくるにちがいない。そして、このこともまた、従前の住者のあるものたちの関係を、ひどく擾乱(じょうらん)するであろう。一本の木あるいは一頭の哺乳類を導入しただけで、その影響がいかに強力なものであるかについて、まえにのべたことを思いだしてほしい。

しかし、島であるとか、一部が障壁でかこまれた国であるとか、つまり新たな、より適したものが自由にはいってはこられないようになっている場合には、もしもとの住者のあるものがなんらかの変化をしたときには、自然の経済のうちにおいて、たしかによりよくみたされるべき場所が生じたことになる。（中略）このような場合には、長年のあいだに生じる機会があり、そしてその種の個体を変化した条件によりよく適応させることにより、なんらかの点で有利にしている軽微な変化は、すべて保存されるようになるであろう。こうして自然選択は、自由に改良の仕事をする余地をもつことになる。

（『種の起原』第四章）

種は、生物群集の中で他種との関係をもちながら、それぞれの場所をもっている。この場所は、現代の生態学では生態的地位（エコロジカル・ニッチ）という。『種の起原』では、大陸に棲む種が何かの機会を得て島などに移住した場合の変化の要因に言及されている。

島は大陸より生息する生物種が少なく、移住してきた種にとって在来種との間に生じる捕食・被食の関係や競合関係が随分と緩いところであった。「自然の経済のうちにおいて、たしかによりよくみたされるべき場所が生じたことになる」とは、移住した種が生物群集の中で移住前とは異なった生物的環境、それも自然選択の制約が緩くなったところに来たことを意味している。そして、「このような場合には、長年のあいだに生じる機会があり、そしてその種の個体を変化した条件によりよく適応させることにより、なんらかの点で有利にしている軽微な変化は、すべて保存されるようになるであろう」と述べているのは、以前より余裕のある自然の経済のなかで変異が生じやすく、いいものが保存されるようになり、種が変化していくという意味である。「こうして自然選択は、自由に改良の仕事をする余地をもつことになる」のである。

田沢湖は貧栄養であるために生息している生物は多くなく、クニマスにとっての生態学的な種間関係は厳しくない、いわば「余裕のある自然の経済の場所」だったのではないか。そのような生物的環境のなかでクニマスの特性はどのように進化してきたのだろうか。

黒い体色、黄色い成熟卵、白っぽい筋肉

サケ類の筋肉は紅い。とりわけ、ベニザケの筋肉は鮮やかな濃い橙色である。この色はアスタキサンチンによることは第2章で述べた。ベニザケはアスタキサンチンが多く、筋肉100gあたり1～4㎎である。これに比べてサケは0・2～1・0㎎、カラフトマスは0・1～0・7㎎である。このアスタキサンチンが産卵期には表皮と卵に移行して、ベニザケの体は紅くなり、卵は濃い橙色になる。

一方、クニマスの産卵期の体は黒く、卵は黄色で筋肉は白っぽい。どのような過程で、紅いコカニーは黒いクニマスになったのか。

サケ類は餌生物からアスタキサンチンを取り込む。前の章で述べたように、移植されたヒメマスは、何世代か経ると小型化して親魚が黒くなるものがいる。この現象は湖の動物プランクトンの量に関係している。動物プランクトンの量に比べてヒメマスの数が増えすぎると、密度効果によって親魚は小さくなり黒くなる。餌生物が減るのに伴い、取り込むアスタキサンチンの量も減るのであろう。田沢湖は貧栄養であり、恒常的に餌生物が少ない状態であった。結果的に筋肉中のアスタキサンチンの量が少なくなり、紅い色は消えていった。クニマスが産卵期に体が黒く、

卵は黄色、筋肉が白っぽいのは、田沢湖の貧栄養に起因するのである。

アスタキサンチンには抗酸化力がある。産卵期に筋肉中のアスタキサンチンが移行した卵は斃死率が減少し、孵化した稚魚の生残率も高くなる。親魚の筋肉の赤味が薄くなり、卵の赤みが増すのはこんな理由がある。しかし、クニマスの黄色い卵は生残率が低くても、代々受け継がれている。生存に不利な特徴なら保存されずに消えていったはずである。どうしてか。

湖は貧栄養である。こういう条件でも、親魚の数が少なければ濃い橙色の卵をもつことができる。だが、親魚の数が多くなれば、一親魚あたりの餌生物である甲殻類プランクトンの摂取量が少なくなり、卵は黄色くなってゆく。少ない親魚で世代を紡ぐのと、多い親魚で世代を紡ぐのとでは、どちらが有利だろうか。

環境の変動により、全体数が減少したことは何度もあったに違いない。先に触れたように、数が減少しすぎると遺伝的多様性が低くなり、病気などに弱くなって絶滅の危機に瀕する可能性も生じる。貧栄養の環境条件では、少数を維持しアスタキサンチンを多く含んだ濃い橙色の卵で斃死率を減少させるより、黄色の卵で親魚の数を増やす個体が有利になって保存されてきたと思われる。

多い鰓耙と少ない幽門垂

クニマスの鰓耙数は多く、幽門垂数は少ない。これらの数値の組み合わせがクニマス発見に際し、重要な役割を果たしたことは第2章で述べた。ここではベニザケやヒメマスと比較して、クニマスの鰓耙数と幽門垂数の意味を考えてみる。

サケ属の中でもベニザケとヒメマスは鰓耙数が多い。ベニザケは鰓耙数27〜40（最頻値33、ヒメマスと区別されていない値）であった。私たちの計数では、西湖と阿寒湖のヒメマスの鰓耙数は29〜37（平均33・4）で、西湖と田沢湖のクニマスは36〜45（平均39・9）であった。クニマスはベニザケ・ヒメマスよりも鰓耙数が多いのである。ここにクニマスと田沢湖の関係が見えてくる。

田沢湖は貧栄養で、動物プランクトンは他の湖に比べて豊かではなかった。少ない餌生物をできるだけたくさん濾しとって食べるには鰓耙数が多い変異の方が少ない変異より有利であり、保存されていったと考えると辻褄が合う。

幽門垂はどうか。幽門垂の組織は腸と同じであり、食べたものを吸収する役割を果たす。幽門垂の数が多い方がより高い吸収力をもつ。私たちの研究では西湖と阿寒湖のヒメマスは55〜82（平均68・6）だったが、西湖と田沢湖のクニマスの幽門垂数は46〜81（平均57・8）であった。クニマスの幽門垂数は多くが60以下であり、73と81を示す個体もいたが少なかった。つまり、クニマスでは幽門垂数の少ない変異が保存され、多い変異は消えていった。田沢湖のような貧栄養の環境では、多くの餌生物を取り込むことは望めない。幽門垂を多くもち、高い吸収力を備える必要がなく、少なくてもかまわない。幽門垂を作るエネルギーを他に回した方が有利なので、幽門垂の少ない変異が多く保存されてきたと思われる。

ゆっくりとした遊泳行動

ヒメマスが夏から秋にかけて水温躍層の下を遊泳するように、クニマスもそうだったであろう。田沢湖は初夏から秋に水深10〜30ｍに水温躍層があり、クニマスの若魚は水深30ｍ層より深いと

この現象を西湖のクニマス資源尾数の変化（第13章）に合わせてみよう。資源尾数は２０１３年に減少し始め、15年から17年に底を打ち、以後は上昇に転じている。２０１８年は西湖クニマスの推定資源尾数が多くなったのである。産卵期間が冬以外にも広がったのは、西湖におけるクニマスの生息数の年変化と関係があると思われる。

ヒメマスは群れで産卵場に押し寄せる。産卵場は狭くないので、多くの親魚を受け入れることができる。しかし、クニマスの産卵場である深い湖底の湧水礫地は狭い。２０１６年度から18年度までの観察では、一日に撮影された産卵ペア数は最大で9であった。数が多ければ、産卵場である湧水礫地から溢れる親魚が出てきてもおかしくない。その結果、産卵の期間が前後に広がったのではないか。

水産生物の種の個体数は年ごとに変動する。多い年もあれば少ない年もある。田沢湖ではホリで捕獲されるクニマスは年によって豊凶があった。産卵場に来るクニマスの数が多すぎて、一部が産卵できなくなる年もあったであろう。湖中の餌生物が多かった年には若魚も多く育ち、親魚も多かったはずだ。田沢湖に多くのホリがあるとしても、ひとつひとつは広くないので、受け入れることができる親魚には限りがある。あぶれたものは時期をずらさなければならない。時期をずらした親魚から生まれた稚魚でも、湖中に動物プランクトンがほどほどの量で生息していれば成長することができた。動物プランクトンの量は8～12月に多いとはいえ、他の季節も特に少ないということはなかった。そうすると、冬以外の季節に産み落とされた卵から孵化したクニマスの稚魚も餌生物に困ることはなかったと思われる。

逆にクニマスが少ない年は、来遊しないホリもあったであろう。１９１２年3月の『國鱒ホリ記し』では、使われているホリに○印がつけられ、使われていないホリは無印である（図9－1、207頁）。無印はクニマスが来なくなったホリではなかったか。数が多くなったり、少なくなったりを繰り返すうちに、長い間に冬以外でも産卵する変異が消えずに残っていったのだと考えられる。その結果、周年にわたって産卵する親魚が現れるようになったのではないか。ここで再びダーウィンの一文を借りよう。

有用でもなく有害でもない変異は、自然選択の作用をうけず、それには変動的な要素がのこされるであろう。そのことは、たぶん、多形的とよばれる種において、みられるであろう。

（『種の起原』第四章）

クニマスが生活史を送っていた場所は物理的環境の変化が乏しいところであった。このようなことが、生じた変異が淘汰されずに残ってきた要因のひとつなのかもしれない。ただ、わからないことがある。サケ属魚類の成熟には水温と光の変化が引き金になっているが、周年にわたって産卵するクニマスの成熟の引き金はなんだろう。

謎の冬産卵

周年産卵といっても、あくまでもクニマスは冬産卵が主である。クニマスの産卵から季節性が消えたわけではない。しかし、この冬産卵はサケ属の生活史から見ると謎なのだ。

カナダのブリティッシュ・コロンビア州南部の山間地にシートン湖とアンダーソン湖という湖

がある。これら2つの湖には黒いコカニーがいて、いずれも深い湖底で産卵する。シートン湖は水深457mで面積26・2㎢、アンダーソン湖は水深215mで面積28・5㎢。どちらも細長い形状の深い湖である。これらのうちの一つ、アンダーソン湖の黒いコカニーが冬産卵なのである。

シートン湖の黒いコカニーは2003年の秋、水深21mと50mのところで産卵が確認された。卵が発生を進める間の湖底層の水温は4℃であり、産卵は2003年の10月21日に始まって12月7日に終わり、ピークは11月25日であった。これに対し、アンダーソン湖の黒いコカニーの産卵は冬に水深52〜66mで確認されている。卵が発生を進める間の湖底層の水温は5・3℃であり、産卵は2003年の12月15日に始まって翌年の1月31日に終わり、ピークは1月7日であった。

シートン湖の黒いコカニーは大きいものは全長約21㎝で、多くは2〜3歳魚だった。アンダーソン湖の黒いコカニーは大きいものは全長約28㎝で、多くは3〜4歳魚だった。3歳魚を比べてみると、シートン湖では全長約21㎝であるが、アンダーソン湖では約24㎝と少し大きい。この大きさの違いは、植物プランクトンと動物プランクトンの量がアンダーソン湖はシートン湖の約6倍であることに起因すると考えられている。

シートン湖とアンダーソン湖の黒いコカニー、そして田沢湖のクニマスは深い湖底で産卵し、産卵期の体色が黒いという点で似ているが、マイクロサテライトDNA分析の結果、それぞれが並行的に独自に進化したことがわかっている。つまり、起源を同じくするのではなく、産卵期の黒い体色と深い湖底での産卵はそれぞれの湖で別々に進化したのである。

アンダーソン湖の黒いコカニーは冬産卵で田沢湖のクニマスに似ている。しかし、クニマスの産卵は周年にわたっていたが、アンダーソン湖の黒いコカニーは冬に限られている。この違いは深い湖底で産卵するようになったときから現在までに経過した時間の違いによると考えられる。冬産卵から周年産卵という特性をもつまでに、かなりの時間を要しただろう。そうすると、アンダーソン湖の黒いコカニーよりクニマスの方が古いはずだ。冬産卵には地球のどんな歴史が刻まれているのか。やはり、クニマスの冬産卵は謎である。

第6章　種の輪郭

噂の「黒いマス」

1995年に始まった田沢湖の「クニマス探しキャンペーン」がきっかけになって、山梨県の本栖湖と西湖にかつてクニマスが移植放流されたことが一般に知られるようになった。ただ、どういうわけか、西湖より本栖湖の黒いマスが釣り人の話題になることが多かった。

2010年12月の西湖でのクニマス発見報道の後、私のところに釣れた黒いマスの写真が送られてきて、クニマスかどうか教えてください、という問い合わせがいくつかあった。確かに黒いマスなのだが、写真だけではわからない。外見だけではわからない、実物を手にして、詳しく調べないと結論が出せない、と答えていたのだが、発見を報じた最初の新聞には、西湖の黒いマスを見て、私が「クニマスだとすぐにわかった」というふうに書かれていたので、問い合わせてきた人は私の返答を変に思ったであろう。

そんなとき、本栖湖の黒いマスが私のもとに届けられた（図6－1）。届いたマスは2個体で、2010年12月23日に湖岸の浜に打ち上げられていたものであった。2個体とも全長20㎝ほどの小さな雄で尾鰭などが破損しており、産卵後に水面に浮かんで打ち上げられていたのであった。

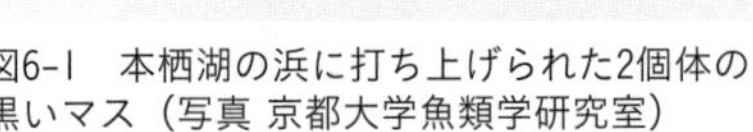
図6-1　本栖湖の浜に打ち上げられた2個体の黒いマス（写真 京都大学魚類学研究室）

田沢湖では冬産卵は12月ごろから始まっており、産卵後のクニマスが深い湖底から水面に浮いてきて、浮き魚と呼ばれて浜に打ち上げられていた。移植履歴のある湖の浜である。浮いてきたのだから、おそらく深い湖底で産卵していたのであろう。これだけ見れば、送られてきた2個体の黒いマスがクニマスである必要条件は満たしていた。さらに、本栖湖で打ち上げられた黒いマスは手元にある西湖産のクニマスの雄と大きさでは大差ない。しかし、なんとなく西湖のクニマスから見て違和感があった。

由来不明のハプロタイプ

私たちがクニマス発見論文を書いていた２０１０年、水産総合研究センター中央水産研究所（現水産研究・教育機構水産技術研究所）の山本祥一郎他が本栖湖を含めたヒメマスに関してＤＮＡ分析による論文を執筆していた。この論文は２０１１年に出たが、ヒメマスの遺伝的多様性を調べる目的で、本栖湖を含めた日本の９つの湖のヒメマス、カナダのカルタス湖のコカニー、そして北太平洋のベニザケを研究材料とした論文であった。その中で、ミトコンドリアＤＮＡのある領域で本栖湖のヒメマスに見られたハプロタイプは、日本の他の湖のヒメマスや北米のコカニー、そして北太平洋のベニザケに見られないものであることが示されていた。ハプロタイプとは、この場合、ミトコンドリアＤＮＡのある領域に見られる塩基配列の型を言い、種が違えば異なるハプロタイプをもっていることが多い。

クニマスが本栖湖に移植されたことから、このハプロタイプはもしかしたら、ということが論文の中で示唆されている。しかし、田沢湖のクニマスはＤＮＡ分析がされる前に絶滅しているので、このハプロタイプは由来不明であった。

そのハプロタイプがクニマス由来であることがわかったのは２０１２年の春ごろだった。そして、本栖湖の浜で拾われた2個体がクニマスとヒメマスの雑種であることもわかった。クニマスは本栖湖でＤＮＡの一部として顔を出していたのである。このような結果を見ると、本栖湖にも雑種でないクニマスがいるかもしれない、と考える人がいても不思議はない。しかし、実際はどうなのか。

本栖湖の黒いマスの正体

１９８７年ごろ、本栖湖の深いところで獲れるハナマガリセッパリマスが三浦久兵衛と直木賞作家・千葉治平の間で話題になり、黒いクニマスと重ねていたことは第1章で述べた。本栖湖に生息する「黒いマス」の正体は何なのか。

発見報道の熱気が完全に冷めていなかった２０１３年の春ごろ、本栖湖漁業協同組合の関係者から、クニマスの話を聞きたいという申し出があった。すでに、本栖湖の浜に打ち上げられていた2個体がクニマスとヒメマスの雑種だと判明していたが、これだけでは交雑の状態がわからない。多くの個体に基づいた本栖湖産「マス」の研究が必要であった。私も本栖湖の関係者に会って、研究のために本栖湖産「マス」を提供してもらうお願いをしなければならないと思っていたところであった。

２０１３年4月27日、私は本栖湖へ行った。漁協の人たちに会って、釣れた「マス」をもらえないか、お願いしたのである。さらに半年後の11月１日、秋のヒメマス遊漁期に合わせて再び本栖湖を訪れたところ、その日に釣れた黒っぽいマスを3個体もらった。漁協の人は黒いマスがクニマスではないか、と思っていたのだ。しかし、私たちが調べたいのは黒いマスだけではなかったのである。

説明が足りなかったので、翌年の3月6日、本栖湖漁協の渡辺進組合長（当時）の自宅を訪れて、「銀色のマス」をいただけませんか、と改めてお願いをした。この時期の本栖湖はまだ雪に埋もれていたが、どうにか、多くの「銀色のマス」を送ってもらった。その他の人からも本栖湖の「銀色のマス」をもらい、先に届けられたものも含めて合計１２６個体になり、本栖湖産「マス」は研究可能な数になった。

本栖湖の１２６個体の「マス」をＤＮＡ分析したところ、純粋なクニマスは0％、雑種が64・3％、ヒメマスは35・7％という結果であった。純粋なクニマスは見つからず、この結果は本栖湖ではクニマスとヒメマスとの間にかなり以前から交雑が生じていたことを示していた。

移植された後、クニマスは本栖湖内で成長、成熟し、湖内の深い湖底で産卵したのであろう。ところが、本栖湖ではクニマスはヒメマスと交雑を起こしてしまった。生まれた雑種は生殖能力をもっていたので、いつのまにかクニマスとヒメマスの雑種が世代を紡ぐようになった。雑種が生殖能力をもち世代を紡いでゆくものを雑種群という。調べた「マス」のうちの35・7％のヒメマスは、後に遊漁のために放流されたものだと見られる。

クニマスとヒメマスの雑種群、これが本栖湖の「黒いマス」の正体であった。ちなみに、2013年11月に漁協からもらった「黒いマス」は2個体が雑種、1個体はヒメマスだった。見た目だけで判断するのは難しい。本栖湖産の雑種群について形態の分析を進めると、鰓耙(さいは)数と幽門垂数はクニマスとヒメマスの中間値から広く分散していた。

雑種群は生殖能力があり、純粋種と戻し交雑（雑種と親種との交配）をする。戻し交雑で生まれた個体は生殖能力をもつ（第13章）。近縁種が小さな湖で交雑を起こし世代を紡ぐことができる雑種群が生じると、時間の経過とともに戻し交雑によって純粋種は雑種群に置き換わってしまう。それが、本栖湖で起こっていたのである。この研究は2015年に近畿大学で開催された日本魚類学会で発表し、18年に学会の英文誌『イクチオロジカル・リサーチ』で論文として公表した。

本栖湖では、クニマスはヒメマスと交雑してＤＮＡの一部として残り、西湖ではヒメマスと交雑しないでクニマスとして残ったのである。湖の深さから見れば、西湖より本栖湖の方が深い。どうして、クニマスとヒメマスは本栖湖で交雑したのか。何らかの原因があるはずだが、今のところわからないままである。

クニマスとヒメマスの分離

しかし、西湖でクニマスとヒメマスの交雑は起きていない。

どうしてなのか。クニマスの卵発生に湖底礫地の湧水が必要であることは、ヒメマス卵を代用して行われた実験で明らかになった（第3章）。この実験を別の視点から考えてみる。

水深30ｍの深い湧水礫地で卵の発生が進んだのなら、ヒメマスはクニマスと同じところで産卵してもいいはずだ。ヒメマスはどうして西湖の深い湖底で産卵しないのだろう。

ヒメマス卵の生残実験の期間（2015年10月末から11月初め）における水深約30〜32ｍの湖底層の水温は、2014年では5・5℃から6℃未満であった。2015年8月から10月の間は測定されていないが、前後に測定された水温の季節変化から考えて、ヒメマスの産卵期に相当する10月の水深30ｍ層は5℃を少し上回る程度だったと思われる。

ヒメマスの産卵場所の周囲の水温は9〜15℃であり、湖によっては低いところもあるが、それでも6・8〜8・3℃である。ヒメマスは、卵については西湖の深い湖底の低い水温層でも発生が進むが、このようなところでは産卵することができないのかもしれない。

クニマスはヒメマスと西湖で交雑していない。西湖にはクニマスとヒメマスの産卵に交わることのない境界があると思われる。その境界は水温であろう。

種か亜種か

クニマスは西湖ではヒメマスと交雑を起こさず、本栖湖では生殖能力のある雑種群を形成している。生物学的種概念によれば、種と種は交雑を起こさないし、起こしても雑種は生殖能力をもたない。これを前提とすれば、クニマスとヒメマスの西湖における関係と、本栖湖における関係が異なっていることをどのように考えればいいのか。

これまで、クニマスはベニザケ（ヒメマス）に対して別の種として扱われたり、同種内の亜種とされたりしていた。種か亜種かの判断は分類学者の任意だと考えられることもあるが、これは分類学に対する誤解である。分類学は科学であり、種か亜種かの判断には科学的な根拠が必要であることが理解されていないのである。

クニマスは1925年に新種として命名されたが、その後、分類学的に亜種の扱いをされることがあった。『日本産魚類検索　全種の同定』(中坊徹次編)において、1993年の初版と2000年の第二版ではベニザケ(ヒメマス)の亜種とされていたが、2013年の第三版では2010年の発見を受けて、ベニザケ(ヒメマス)とは別の種とされた。これにはどのような理由があるのか。

最初にクニマスをベニザケ(ヒメマス)の亜種としたのは『原色日本淡水魚類図鑑』(1963)であった。この図鑑には、クニマスは「産卵期は一定せず、湖岸の砂礫地帯で行われる」「体は銀白色で、背面は黒青色であるが、老成個体では体全体が黒化する。ホルマリン漬標本でも変化は少ない」とある。基本的にベニザケのコカニーであることから、地理的に隔離されたところで生じた変異と考えられて亜種にされたのであろう。1976年にこの図鑑の全改訂新版が出されたが、このときも同じ扱いであった。『日本産魚類検索』の当初の分類学的扱いは『原色日本淡水魚類図鑑』にならったのである。

そもそも分類学における亜種とは何か。亜種は種より下位の階級として設定されている。特徴がひとつにまとまっている種も多いが、わずかに異なった特徴をもった型(類似個体の集まり)を種内にいくつか示している多型種もいる。分類学では、種の違いとみなすほどには至っていない型を亜種とすることが多かった。

しかし近年に至って、種か亜種かは分類学者の大まかな判断で決めることができなくなった。

進化を考慮に入れて判断しなければならなくなったのである。

生物学的種概念

アメリカの鳥類学者で進化学者のエルンスト・マイア（1904-2005）は、1942年の著書『Systematics and the origin of species（系統分類学と種の起源）』で生態学や生理学、遺伝学といった生物学的な特性に基づいて、「新しい種の概念（the new species concept）」を提示した。これが、「生物学的種概念（the biological species concept）」と呼ばれるものであり、種と種との間にある生殖的隔離を基準にした定義である。種と種の間には生殖的隔離があり、野外では交雑をしない。仮に何らかの機会に出会って雑種が生まれても、それには生殖能力がない。生殖的隔離とはこのような状態を言う。

生息分布が広い種には地理的変異と言われる多型が見られることが多く、これらは生息する分布地によって斑紋などがわずかに異なっていたりする。このような地理的変異を亜種としたのである。亜種は種の内部に含まれるので、これらの間には生殖的隔離はない。

マイアはどうして生殖的隔離による生物学的種概念を考え出したのか、時代を遡って考えてみる。18世紀や19世紀の博物学者が認識していた種は形態的特徴によって区別され、造物主が作ったもので不変と考えられていた。18世紀のフランスの博物学者ジョルジュ＝ルイ・ビュフォンは種と種は交配しないと言っているが、これは種が不変であるという認識から出ている。動物と植物の種が形態で区別できるのは、種が不変であって交配で混じらないからだ——当時の博物学者は種をこのように考えていた。

ところが、同じ種の中には変異が見られる。20世紀に入って生物学的に異なった特性をもつ多型を内包している「種」がいることがわかってきて、このような種内変異を重視する進化生物学が台頭してきた。詳しく研究すると、「種内多型」には形態的特徴で区別するのが難しいほど似ているにもかかわらず、生殖的に分離した複数の独立種がいることが明らかになってきた。これらは同胞種（sibling species）あるいは隠蔽種（cryptic species）と呼ばれて、現在では形態や生態の比較に加えてＤＮＡ分析を用いて研究されている。生物学的種概念の提示には、形態学的特徴の程度だけで種を把握することが難しくなってきた時代背景がある。

20世紀のマイアの言う種間の生殖的隔離には、18世紀のビュフォンと違って、生物進化の考えが根底にある。しかし、生物学的種概念による種の把握は一筋縄ではいかない。マイアの種の考えはダーウィンの系譜をひいている。ダーウィンは種をどのように考えていたのか。

ダーウィンの種

18世紀も後半になると、種は時間と共に変化するという考えが出てきて、「種の転成（transmutation）」について議論がなされるようになってきた。よく知られているのは、フランスの博物学者ジャン＝バティスト・ド・ラマルクの『動物哲学』（１８０９）である。動物各種の間に見られる類似と相違を、原型からの種の転成で論じている。

また、類似のまとまりについて、共通の祖先をもつということが想定された例がある。キャプテン・クックとして知られるジェイムズ・クックは１７６８年から79年の間に3回の太平洋探検を行ったが、その報告である『太平洋探検』の中で、南太平洋の島々に住む人々の類似と相違から、起源はどの民族かということを論じている。島ごとに人々が個別に創造されたのなら、起源という議論は出てこない。ある原型からの変形という考えがなされるようになっていた。

このような時代の雰囲気の中、19世紀前半にビーグル号に乗って世界を見てまわったダーウィンは、種に輪郭の明瞭なものと、そうでないものがあることに気がついた。彼は種について、次のように述べている。

> 私はここでは、種という術語にあたえられてきたさまざまな定義について議論することもやめる。すべての博物学者を満足させた定義は、まだ一つもない。だがそれでも、博物学者ならだれでも、種についてのべるときには、それがどんな意味であるかを、漠然と知ってはいる。ふつうにはこの言葉は、特殊な創造行為という未知の要素をふくんでいる。ただこの場合には、由来の共通ということが、ほとんど普遍的にその意味のなかにふくまれている。
>
> （『種の起原』第二章）

傍線部は「個別の創造行為という人が知りえない要素」と訳すのがより正確である。種は個別に創造されたものと考えられていたが、ダーウィンによると、種は時間とともに祖先種から分岐によって様々な別の種になってゆく。このことを自然選択説で説明したのが『種の起原』である。『種の起原』には図が一枚だけ挿入されており、時間軸にそって種が分岐していくことが模式的に示されている。途中で切れている種は絶滅を意味している。

時間軸で種が分化してゆくのは「生殖を介して結びついている個体の集団」である。ある時点で切り取れば、その集団には分化の程度が違う様々なものが見てとれる。再び、『種の起原』から拾ってみる。

同種のすべての個体がまったくおなじ鋳型で鋳造されたと想像するような者は、まったくいない。これらの個体的差異は、われわれにとって、ひじょうに重要である。

ある生物を種とするか変種とするかを決定するには、健全な判断力と豊富な経験とをもつ博物学者の意見のほかには、たよりになるものがないように思われる。

種と亜種——つまり、ある博物学者たちの意見では種にひじょうに近いが、その階級に完全に達してはいないもの——のあいだに、明確な境界線はまだひかれていない。

私は変種がその祖先とごくわずかしかちがっていない状態からもっとずっとちがった状態に推移していくことを、自然選択が構造の差異をある一定の方向に集積していく作用（それについてはのちにもっと十分に説明する）に帰するのである。それゆえ私は、特徴の著明な変種は発端の種とよぶことができると信じている。

（『種の起原』第二章）

傍線部の「ある生物」の原文は“a form”であり、これは「似ている個体のまとまり＝生殖を介して結びついている個体の集団」のことを指し、当時の多くの博物学者が認識している「種」を意味すると思われる。これが、個体的差異(individual difference)、変種(variety)、発端の種(incipient species)、亜種(sub-species)、種(species)と、違いの程度によって表現されている。ダーウィンはこのような判断が博物学者の任意であると指摘して、17世紀から18世紀の博物学者が認識していた「種」について、最前の引用のとおり「すべての博物学者を満足させた定義は、まだ一つもない」と述べたのである。彼は「似ている個体のまとまり＝生殖を介して結びついている個体の集団」の違いを種分化の程度に置き換えて理解した。

ダーウィンのこのような種に対する考えは蔓脚類(まんきゃく)(フジツボ・カメノテ類)の分類学的研究によって得られたものである。1846年から研究を始めて、51年と54年に現生種と化石種について4編のモノグラフを出版している。

モノグラフとは、動物や植物の科といった特定の分類学的なまとまりに含まれる種のすべてについて、個別に特徴を記述した分類学の論文を言う。蔓脚類の現生種のモノグラフを見ると、『種の起原』の種についての記述の基礎が浮かび上がってくる。

現生種のモノグラフは、種名(属名と種小名)のもとに、同種異名(シノニム)と考えた種の名称リスト、形態、分布や生息場所、習性といった生態、類縁関係(他のどの種に似ているか)、といったことが書かれている。そのなかで、各種を比較することにより、いくつかの種を変異と考えてひとつの種にまとめている。これだけの内容にするために、蔓脚類のかなりの数の標本を観察したことがわかる。

分類学の研究は、標本をひとつひとつ観察してゆくという地道な方法によって行われる。標本の形態的特徴を体の各部分ごとに観察して研究を進めてゆく。それを多くの標本に対して行い、比較することで自ずと種の輪郭を捉えることができる。ダーウィンは頭の中だけで概念的に捉えるのではなく、分類学の研究を通して種と正面から向き合っていたのである。

ダーウィンの蔓脚類の研究は『種の起原』の執筆にとって重要な意味をもっているが、科学史学者に理解されることは少ない。このことは、実際に標本を観察して分類学の研究をやらないとわからないのだと思う。頭だけで考えても、ダーウィンの種に対する考えはわからない。ダーウィンと同じ立場に立たないと見えてこないのである。

分化程度のいろいろな種

ダーウィンの系譜を引くマイアの考えを実際の魚類の種に当てはめれば、クニマスとヒメマスの関係はどのようになるのか。分類学的に亜種なのか、種なのか。

図6－2に、祖先種から分化が進んだ各段階について例示する。それぞれは、現在の状態に至るまでの、経過した時間や生息環境の変化が異なっている。それを現在という平面で切り取っているので、「種」は様々に異なった状態を見せる。ダーウィンが述べたのは「種」のこのような姿だったのである。種の分化について、図のA～Fの例をもとに分類学との対応を見てゆく。

◇メバル複合種群（図6－2A）「メバル」は旬が春で、煮つけや塩焼き、大型のものは刺身でも賞味される。「メバル」には赤っぽいもの、白っぽいもの、黒っぽいものが知られていたが、それぞれは種内の色彩変異として認識されていた。しかし、2008年に「メバル」の3つの色彩変異は3つの種であることがわかったのである。

顔つき、体形、そして斑紋の基本的なパターンがほとんど同じなので、一つの「メバル」として扱われていたのは無理もない。しかも、これら3種の地理的分布はほとんど重なっており、色彩変異が種内変異であることに疑いをもたれることがなかった。しかし、これらは形態の違いがわずかであるにもかかわらず、DNA分析を行うと違いが示され、互いの交雑もほとんどない独立した3種であった。現在はアカメバル、クロメバル、シロメバルという名称がつけられ、メバル複合種群の3種となっている。

つまり、これらは生殖的には明確に分離しているのだが、外見での識別が難しい種であった。詳しい研究の後、これら3種は生態的にも分離していることがわかってきた。アカメバルは沿岸の藻場で密に群れ、シロメバルは沿岸の岩礁地帯で群がりをつくる。これら2種の生息域は重なりを見せることもあるが、基本的にはずれている。クロメバルはやや外海に面した岩礁地帯に群れずに生息している。つまり、メバル複合種群の3種には棲み分けが見られるのである。

それにもかかわらず、外見での区別は簡単ではない。特にアカメバルには色彩の変異が見られ、シロメバルとの区別が難しいこともあり、なれないと正確な識別が難しい。テレビの自然番組では、今でも「メバル」である。スタッフには識別できないのである。しかし、「メバル」のままでは水産資源として正確な把握ができない。種は独自に数が変動する。水産学では漁業対象種の数の変動リズムを知ることが大切な研究となっており、アカメバル、クロメバル、シロメバルの分類学的研究は水産学の基礎である。

メバル複合種群は地理的分布がほとんど重なっており、種分化してからかなりの時間が経過して、生息場所の分離により関係が落ち着いた状態だと思われる。

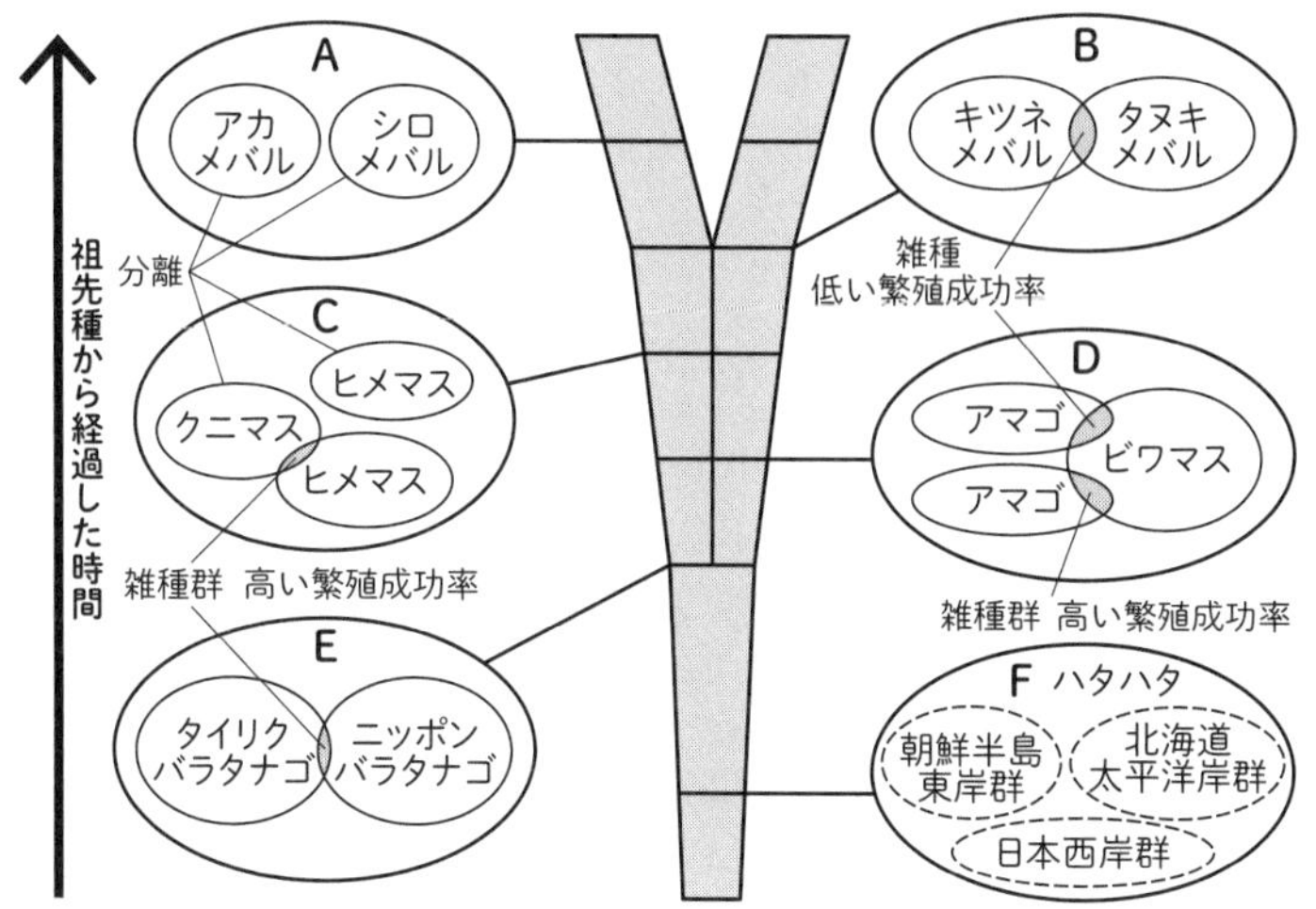

図6-2　種分化と分類学
A〔完全に分離した種〕アカメバルとシロメバル（クロメバルは略）
B〔分離初期の種〕キツネメバルとタヌキメバル
C〔分離萌芽期の種・その1〕クニマスとヒメマス
D〔分離萌芽期の種・その2〕ビワマスとアマゴ
E〔地理的変異としての亜種〕ニッポンバラタナゴとタイリクバラタナゴ
F〔区別できる顕著な特徴をもたない種内地理的集団（系群）〕ハタハタの朝鮮半島東岸群、日本西岸群、北海道太平洋岸群

◇キツネメバルとタヌキメバル（図6－2B）　メバルの話が続く。メバルの仲間で「ソイ」という魚を、特に日本の北部で見かけることが多い。「ソイ」として鮮魚店に並んでいるものには、キツネメバルとタヌキメバルが混じっていることがある。これら2種は明確に区別されていないのだ。

元々、キツネメバルのみが種として認識されていた。しかし、松原喜代松は1943年の論文でキツネメバルには「2つの色彩変異型」があるとして、それらを図とともに記載した。ところが、1976年に松原の「2つの色彩変異型」は、キツネメバルとタヌキメバルという2種にされた。色彩変異型のひとつに新種としてタヌキメバルという名称が付けられたのだ。この新しい分類がややこしさを生んだ。

キツネメバルとタヌキメバルの識別は難しい。それぞれが典型的な斑紋をもっていれば何とか識別できるが、どちらにして良いのかわからないものがいる。DNA分析を用いた最近の研究で、キツネメバルかタヌキメバルか識別できない「ソイ」は雑種であることがわかったのである。

キツネメバルとタヌキメバルは本州日本海沿岸に広く生息しているが、北に行くほど雑種がとれる頻度が高くなる。日本海沿岸の南方では、キツネメバルは浅いところにいて、タヌキメバルは深いところにいる。しかし、北方では両種の生息する水深が接近し、互いに重なるところが出てくる。このことが雑種の出現頻度に反映しているのである。生じた雑種は繁殖成功度が低く、生殖能力のある雑種群を形成していない。つまり、キツネメバルとタヌキメバルは交雑を起こしながらも相互に独自性を維持し、形態的に識別が困難なことがあっても生物学的種概念では別々の種として理解できるのである。

日本海に生息する海洋生物は、対馬海峡や津軽海峡が閉じることにより祖先種が地理的に分離されて種分化するが、開く（海がつながる）ことによって再び出会い、生息場所がずれることで共存する、といったことが考えられる。キツネメバルとタヌキメバルの種分化は過去の津軽海峡の開閉の歴史を表していると思われる。この2種は分離初期の種なのである。

◇クニマスとヒメマス（図6－2C）　すでに見てきたように、クニマスの原産地は田沢湖、ヒメマスの原産地は阿寒湖とチミケップ湖である。クニマスとヒメマスは本栖湖では交雑を起こして、雑種群として世代を紡いでいる。このことだけを見れば、生殖的隔離はなく、クニマスとヒメマスは亜種の関係となる。しかし、西湖では、クニマスはヒメマスと交雑しないで田沢湖と同じ状態で生息している。生物学的種概念を単純に適用するだけでは亜種か種かという判断はできない。

クニマスの産卵場所における湖水の水温の低さが、西湖におけるクニマスとヒメマスの分離の要因かもしれないことはすでに述べた。また、生態的にもクニマスとヒメマスにはかなりの相違がある。これらはクニマスがヒメマスとは異なった自然選択の制約の中で長い時間を過ごしてきたことを示している。成立してからの時間が異なるクニマスとヒメマスは一般的な地理的変異の亜種関係で捉えきれるものではない。

クニマスとヒメマスの相違は、ベニザケの北太平洋沿海地方での分布拡大の歴史の違いが反映されている。氷期と間氷期の間、ベニザケは分布の拡大と縮小を繰り返してきた。クニマスの祖先にあたるベニザケが田沢湖に来た時期とヒメマスの祖先にあたるベニザケが阿寒湖に来た時期は同じではない。これらの相違がそれぞれの湖の成立と地史に深く関係していることを考えると、交雑を起こしていない西湖での状態を重く見て、生物学的種概念によりクニマスとヒメマスとは別種とするのが妥当である。

◇ビワマスとアマゴ（図6－2D）　ビワマスは琵琶湖特産で、サケ属の中でも特に美味、とりわけ夏に美味しい。このビワマスは、渓流魚で釣り人に人気のあるアマゴとの関係がややこしい。さらにアマゴには極めて似ている渓流魚のヤマメがいる。アマゴは体に朱点があるが、ヤマメにはない。どちらにも降海型がいて、アマゴはサツキマス、ヤマメはサクラマスと呼ばれている。

ヤマメ（サクラマス）、アマゴ（サツキマス）、ビワマス、これらに加えて台湾に固有のタイワンマスは、まとめてサクラマス種群と呼ばれている。

これらの中で、問題はビワマスとアマゴの関係である。琵琶湖流入河川でビワマスと関係するのはアマゴであり、降海型のサツキマスではないので、ここではアマゴで通す。ビワマスは稚魚の時期には体に朱点があるので、かつてはアマゴと同じ種であると思われていたが、最近は形態と生態の相違点が明確にされてきて、違う魚であると考えられている。しかし、互いに種か亜種かという議論があり混乱している。

最近の研究で、琵琶湖流入河川にビワマスとアマゴの雑種がいることがわかってきた。１９７０年に岐阜県産のアマゴの卵を滋賀県醒井（さめがい）養鱒場で孵化させ、その後いくつかの琵琶湖流入河川に放流してきたが、ある川のダムの上流ではアマゴとビワマスの雑種だけが生息している状態になっている。この川には醒井由来のアマゴの放流履歴があり、何らかの機会にビワマスと出会い、交雑を起こして、それらが生殖能力をもち世代を紡いでいる。つまり、この川のダムの上流にいるのはアマゴとビワマスの「雑種群」なのである。

いっぽう、醒井由来とは異なるＤＮＡをもったアマゴがいくつかの琵琶湖流入河川から見つかっている。このＤＮＡをもったアマゴは在来と考えられ、ビワマスとほとんど交雑を起こしていない。仮に過去にビワマスと接触して交雑を起こしていたとしても、そのような雑種は生殖能力が低く、淘汰されたのではないかと考えられている。

ビワマスとアマゴは、それぞれ種か亜種か。生物学的種概念によれば雑種群がいる河川ではこれらは亜種となるが、雑種の生殖能力が低くて淘汰された可能性が高い河川ではそれぞれが種となる。ビワマスは海水適応能もなくしているし、生活史もアマゴと異なっている。また、DNA分析によって示された系統関係ではヤマメ（サクラマス）とアマゴ（サツキマス）は姉妹関係になるが、ビワマスは彼らの祖先に相当する種と姉妹関係になる。顔つきもビワマスだけが少し違っている。

サクラマス種群の種分化は東アジアの地史と深く関係している。ビワマスは琵琶湖に封じ込められ、タイワンマスは台湾に取り残された。アマゴは海に降りてサツキマスとなり、ヤマメは海に降りてサクラマスとなるが、これらは中国山地の稜線から中部地方、伊豆半島北方に至る線（大島線と呼ばれる）を境に地理的分布が分かれる。アマゴとヤマメは交雑して雑種群を形成するので亜種として把握されており、これは妥当だと思われる。しかし、ビワマスとアマゴは単純に亜種関係では把握できず、互いに別の種として扱うほうが良いと考える。

◇ニッポンバラタナゴとタイリクバラタナゴ（図6－2E）　コイ科のタナゴ亜科にニッポンバラタナゴという小さな淡水魚がおり、『レッドデータブック2014』で絶滅危惧ⅠA類（CR）とされている。この魚は、かつて日本列島では「バラタナゴ」と呼ばれて琵琶湖・淀川水系以西の山陽地方、四国北東部と九州北部に生息していた。いっぽう、朝鮮半島、中国の鴨緑江（おうりょくこう）から珠江（しゅこう）までの水系、台湾、海南島にも同じ種が「高体鰟鮍」と呼ばれて生息しており、日本産とわずかな斑紋の違いで識別されていた。

中国大陸産の高体鰟鮍は1940年代に中国から輸入されたソウギョの稚魚に紛れて日本列島に来て、最初は関東地方に定着した。1963年7月の『原色日本淡水魚類図鑑』では、在来と中国大陸産を互いに亜種として、在来を従来通りバラタナゴとし、中国大陸産にはタイリクバラタナゴという和名を与えた。そして、同年12月に出された『原色淡水魚類検索図鑑』では、在来はニッポンバラタナゴと命名された。

現在、これらはニッポンバラタナゴとタイリクバラタナゴとしてよく知られているが、やっかいな問題を引き起こしている。タイリクバラタナゴが最初に定着した関東地方にはニッポンバラタナゴがもともと生息していなかったので問題はなかったが、関東地方から日本全国に分布を広げた結果、西日本各地で在来のニッポンバラタナゴと交雑を起こしてしまったのである。この交雑により生殖能力をもった雑種群が生じた。その結果、タイリクバラタナゴが侵入したところでは、ニッポンバラタナゴは雑種群に置き換わってしまったのである（143頁の「本栖湖の黒いマスの正体」を参照）。現在では、在来のニッポンバラタナゴは多くの生息地で雑種群になり、原種は絶滅の危機に瀕している。保全の問題は深刻であるが、これらは生物学的種概念の典型的な亜種関係を示している。

ニッポンバラタナゴとタイリクバラタナゴの祖先種は、日本列島とユーラシア大陸東部が陸続きで、淡水域が何らかの連続性をもっていた時期に広く分布していた。そして、陸地が不連続になり生息域が分断されることによって、わずかに違う2つの地理的集団になり、それぞれが亜種に相当するものになったのである。

◇ハタハタの3つの地理的集団（図6－2F）　秋田音頭で「秋田名物　八森（はちもり）ハタハタ　男鹿（おが）で男鹿ブリコ　アーソレソレ」と歌われるハタハタは、11月下旬から12月中旬にかけて沿岸の水温が

10℃前後になると、冬の雷とともに秋田県の海岸に産卵群がやってくる。ブリコは団子状になったハタハタの卵塊である。

しかし、ハタハタは秋田県だけの魚ではなく、朝鮮半島から本州の日本海沿岸と北海道太平洋沿岸に広く分布している。そのハタハタには、DNA分析によって3つの地理的集団（種内個体群）があることが知られている。朝鮮半島から山口県の日本海沿岸に分布する朝鮮半島東岸群、本州・北海道日本海沿岸に分布する日本西岸群、そして北海道太平洋沿岸に分布する北海道太平洋岸群である。ハタハタの3つの地理的集団は対馬暖流域の海洋構造に対応していると思われ、このような種内の集団の分布は沿岸の地形や海洋構造の相違と対応していることが多い。

識別できる特徴がなく、学名が付けられない種内の地理的集団は水産学では系群と呼ばれて研究されている。系群はサンマ、マアジやマイワシなどの遊泳性魚類（浮魚と呼ばれる）、マダイやヒラメ、ソウハチといった底生魚類（底魚と呼ばれる）にも見られ、水産資源学の重要な研究対象になっている。海は連続しているように見えるが、その性質は一様ではない。海水魚は産卵、稚魚の成育、若魚の成長という生活史において海洋構造の影響を受けるので、それにあわせて系群と呼ばれる地理的集団が生じているのである。

分類学の役割

以上、6つの例を見てきたが、まず地理的集団は種の輪郭の内側にあるので、分類学的な問題はない。ニッポンバラタナゴとタイリクバラタナゴは分化にかかった時間がほぼ等しいと考えてもよく、亜種という把握は妥当である。しかし、「ビワマスとアマゴ」、「クニマスとヒメマス」、これらはいずれも生物学的種概念では「種」であり「亜種」であった。こういう状態にもかかわらず、分類学では学名を与えて表現しなければならない。可能な限り状態を把握して、種か亜種かを判断しなければならないのである。「ビワマスとアマゴ」にしても、「クニマスとヒメマス」にしても、対する相手が祖先種から分化した時期が異なっている。生物学的な特性にも相違が見られるので、分化時期がほぼ等しいものと同等に論じることができない。本書では2つが接触して、一部でも交雑していない状態があれば別種にするという判断をした。

現在という平面で、種と呼ばれる「生殖を介して結びついている個体の集団」が示す状態が様々であることをいくつかの例で示したが、このことは祖先種から現在に至った時間が種ごとに同じではないことを示している。ある時点で輪郭が明瞭な種も、時間と共に生息環境の変化に対応しながら、種内の地理的集団、亜種、種という状態に分岐してゆく。我々が目にする生物の多様性は種分化を現在という平面で切り取った姿であり、その表現が分類学なのである。

分類学は種に名称を与える。名称を与えられた種は他と区別して認識されるので自ずと輪郭をもつ。分類学は種に輪郭を要求するのである。しかし、種分化の程度は様々であり、それぞれの種の輪郭は同じにはならない。分類学の問題はここにある。大切なことは、種を学名で表現する場合、その名称でわかっている限りの「輪郭」と、そのように設定した判断理由を示しておくことである。生物の世界の多様性を表現できるのは分類学であり、その基本単位は種である。名称を与えないと種を認識することができない。これが分類学の役割であり、そして種の輪郭の基準は、やはり生物学的種概念である。

種の輪郭の視点

クニマスは田沢湖にいたころは自然科学の中ではなく伝説の中にいた。田沢湖の外に出た後に約70年間も見つからなかったのは、断片的にわかっていることを特殊化してクニマスを謎の黒い魚と思い込み、種として把握しなかったからである。

魚類学の研究者にすら、クニマスの生物学的特性が知られることはなかった。クニマスは黒いから「見てわかる魚」という誤解が広まった原因はここにある。クニマスを種としての視点から見ることを誰もしなかった。

ここまで第I部では、クニマスという種の生物学的特性を述べた。そして、その特性から田沢湖でのクニマスの進化について私の考えを展開した。

田沢湖ではクニマスは人々の中で生きていたが、その日常は毒水導入によって消滅した。第II部では、クニマスの種の特性から、田沢湖での日常と、その消滅を考えてみる。クニマスがハレの日の魚であったことは生物学的特性から説明できる。田沢湖における漁業補償の不十分さ、他県への移植後に放流効果が不明だったこと、さらには絶滅の経緯が詳しくわかっていなかったこと、これらはすべてクニマスという「種」が見えていなかったことに起因している。そして、発見後の保全や里帰りに対して、基礎研究の必要性を述べる。種としてのクニマスの生物学的特性を知らないと、適切な対策を施すことができないと思う。

第II部の前に、次章では大正後期から昭和初期にかけて秋田県水産試験場の事業報告に記された田沢湖の記録を検証する。これらの記録はクニマスの種の輪郭が理解されていなかったことをよく示している。

第7章　記録の検証

過去の記録

大正後期から昭和初期の秋田県水産試験場の事業報告には、「國鱒」「姫鱒」「口黑鱒」という3種のマスの名称が見られる。読み過ごせばいいのだが、なぜかひっかかる。このころはクニマスの種の輪郭は明らかになっていなかったし、意識もされていなかった。また、ヒメマスすら正確に認識されていなかった。

これまで、クニマスとヒメマスのそれぞれの生物学的特性の類似と相違を見てきたが、戦前、これら2つのマスは正確に識別されていなかったと思う。「國鱒」はクニマスで良いとして、「姫鱒」はヒメマスなのか。そして「口黑鱒」とは何だろう。事業報告の文言を鵜呑みにしないで、現在の知見から過去の記録の真偽を調べてみる。

田沢湖では1904（明治37）年にヒメマス稚魚が放流されたが、ながく親魚の回帰がなかった（第10章）。そんな状態のときに、「姫鱒」の漁獲が急に増えた時期があった。秋田県水産試験場の1920（大正9）年度から28（昭和3）年度の事業報告（24年度と26年度を除く）に「姫鱒」の漁獲が記録されている。それもかなりの数である。突然の漁獲記録であった。1922（大正11）

年度の『秋田県水産試験場事業報告』に次のような記述がある。

田沢湖　移植の姫鱒は周年底刺網を以て水深二十五尋乃至(ひろないし)四五十尋の深所に於て漁獲せらる、も殊(こと)に九月以降一月頃迄は漁獲多く湖畔各所に於て漁獲あるも湖東部方面即ち白浜地方は田沢湖唯一の遠浅部なるを以て秋季は他地方に比し漁獲高多き傾向あり年産額は約三、四万尾に上り従来最も漁獲多かりし國鱒を凌駕し湖産第一の重要魚類となり将来孵化設備を拡張し更に多数の放養を試みるに至らば産額も又漸次向上するに至るなるべし

（『大正十一年度秋田縣水産試験場事業報告』）

さらに、1925年度の事業報告の田沢湖魚類漁獲高（25年6月から26年3月まで）の備考として次の記述がある。

姫鱒の産卵期に於ける体色は頗(すこぶ)る國鱒に類似し判別頗る困難なり湖畔民は銀白色のものをのみ姫鱒と称し姫鱒の産卵期にあるものの如く國鱒と呼ぶ風あるを以て國鱒漁獲高中には多数の姫鱒を含むものとす

（『大正十四年度秋田縣水産試験場事業報告』）

この報告には「姫鱒」の産卵期における体色は「國鱒」に似ていると書かれている。そして、1927年度の事業報告にはこんな記述もある。

姫鱒　十和田湖産姫鱒卵五〇万粒を購入し田沢湖に放養の予定なりしも同湖に於ける親魚の廻帰数著しく減少し予定卵数を採卵し得ざりしため僅に五万粒の分譲を受けたるのみなりしを以て田沢湖産親魚より五七万粒を採卵合計六二万粒を得内田沢湖より採卵五万粒は之が池中飼育試験用として花館孵化場に運搬収容し残五七万粒を同湖孵化場に収容して孵化魚児五二八、二六一尾を同湖に放流せり

（『昭和二年度秋田縣水産試驗場事業報告』）

十和田湖産姫鱒の回帰数が著しく減少とあり、田沢湖産姫鱒の親魚から57万粒を採卵したと記されている。しかし、当時は田沢湖ではヒメマスの湖岸への産卵回帰は確認されていなかったのである。さらに、1928年度の事業報告では、次のように「國鱒（姫鱒）」と書いてある。このころ、県の水産試験場の技師は「姫鱒」と「國鱒」を同じ魚だと思い始めていたのである。

田沢湖ニ於ケル國鱒（姫鱒）ノ回帰状況ハ近年著シク良好ニ向ヒツヽアリテ本年度ノ如キモ頗ル好成績ヲ収メ得タリ

（『昭和三年度秋田縣水産試驗場事業報告』）

本文では「國鱒（姫鱒）」と書いているにもかかわらず、1927年度と28年度の事業報告にある1月から12月までの月別漁獲高調査の表では「姫鱒」と「國鱒」を区別している。どうやら、当時の技師は「姫鱒」と「國鱒」の識別について混乱していたようだ。

いったい彼らは何を見ていたのか。ヒメマスは産卵期にはベニザケと同様に体が赤くなるが、移植された湖では小型のまま成熟する個体には産卵期に黒い体色を示すものがいることは第4章

で述べた。山梨県水産技術センターが西湖で採捕した成熟ヒメマスの雄は全長27㎝だが黒い（図7－1）。

また、1922年度の事業報告には、「姫鱒」は周年にわたって水深45～90ｍ（25～50尋）の湖底で底刺網によって漁獲されたと書かれている。そして、9月から翌年1月まで漁獲が多いとある。これはクニマスの特徴ではないか。

田沢湖で「姫鱒」の漁獲が記録され始めた1920年頃、秋田県水産試験場の技師の誰かが、他の湖で黒くなった産卵期のヒメマスを見たのかもしれない。いくらヒメマスを放流しても成果がなかったことが迷いの根源にあったと思われる。大正から昭和初期の報告にある「姫鱒」と「國鱒」をそのまま現在のヒメマスとクニマスに読み替えるわけにはいかない。この時期の『秋田縣水産試験場事業報告』の「姫鱒」と「國鱒」はどちらもクニマスと考えて間違いない。

図7-1　西湖で採集されたヒメマス成熟魚雄
全長27cmで色は黒い（写真 山梨県水産技術センター）

田沢湖にいたもうひとつのマス

事業報告に記されたもうひとつのマス「口黒鱒」は何なのか。このマスは、杉山秀樹の『クニマス百科』ではクチグロマスと書かれており、気になっていた。しかし、魚類図鑑にも出ていないので、どこかから田沢湖に持ち込まれたサケ科の魚が地元でクチグロマスと呼ばれていたのかもしれないと思っていた。ひとつの湖で固有のマスが2種もいることは考えにくいからである。しかし、『秋田縣仙北郡田澤湖調査報告』（1915）には次のように書かれていた。

口黑鱒　本魚ハ國鱒と同ジク往古ヨリ湖中ニ棲息シ水深七八十尋ノ場所ヲ游泳シ小動物類ヲ食餌トス冬至ヨリ翌年二月ノ間ヲ漁期トシ精卵ヲ有ス天候険悪ニシテ降雨アル時ヲ以テ漁獲アルモノトス蕃殖(はんしょく)状況ニ至リテハ近来少シク減退ノ状態ナリ

クチグロマスは在来なのである。武藤鐵城の『秋田郡邑魚譚』（1940）には、このマスは名の通りの色彩で、非常に美味、古くから生息するがヒメマスと似る、というように書かれている。三浦久兵衛のノートにも、美味だったとある。残念なことに地元で実際にクチグロマスを見たことのある人は誰も存命しておらず、確かめることができない。しかし、田沢湖のもうひとつの在来のマスの姿はクニマスの種の輪郭から浮かび上がってくる。

クチグロマスの正体

クチグロマスはどこにいて、何を食べていたのか。『秋田縣仙北郡田澤湖調査報告』に水深45～90m（多くは81～90m）のところから漁獲され（2月17日～3月25日、調査年は不記）、消化管の内容物はカイアシ類が9個体中5個体、枝角(しかく)類が1個体、甲殻類と昆虫類の幼虫が1個体、他は植物性のもの（同定不能）であった、と書かれている。

クチグロマスの生息場所と食性に関してわかっているのはこれだけである。まず、生息していた水深であるが、刺網を入れてから揚げるまでに魚が泳いでいたところである。クチグロマスはクニマスと同じホリで獲れていたのだ。また、カイアシ類は田沢湖の中層から採集されていた動物プランクトンであり、刺網にかかる前のクチグロマスは湖の中層を泳いで摂餌していたことを示している。

クチグロマスを漁獲量から検討してみる。1931（昭和6）年度の秋田県水産試験場の事業報告に、26〜31年度の「姫鱒」「國鱒」「口黑鱒」の3つの漁獲記録が年度別に記されている。すでに述べたように、これらのうち「姫鱒」と「國鱒」はクニマスであり、それらを合わせた尾数から見ると「口黑鱒」はかなり少ない。1928年度には「口黑鱒」はクニマス（「姫鱒」＋「國鱒」）の尾数の16・9％、29年度では7・2％であったが、他の年度では0・01〜1・5％なのである。クチグロマスの漁獲はかなり少なかったようだ。

クチグロマスの成熟に関しては、先に述べた1915年の報告で「冬至ヨリ翌年二月ノ間ヲ漁期トシ精卵ヲ有ス」と記されている。しかし、クチグロマスの成熟魚からの採卵については言及されていない。どういうことなのか。

西湖では産卵期の黒いクニマスと未成熟で体の背側が褐色で腹側が銀色のクニマスが獲れている。未成熟のクニマスで全長が30㎝に近いものが昼間に湖中を遊泳して動物プランクトンを食べている。クチグロマスは西湖の未成熟のクニマスと生態が似ている。また、「冬至ヨリ翌年二月ノ間ヲ漁期トシ精卵ヲ有ス」という記述からすると、産卵に至る前の成熟段階で、まだ体が黒くならずに背側が褐色で腹側が銀色だったのであろう。精巣も卵巣も成熟の手前だったと思われる。この時期はクニマスの産卵期であり、このクチグロマスは成熟直前のクニマスだと考えると辻褄が合う。

形態的な特徴はどうだろうか。秋田県水産試験場の『昭和六年度試験事業報告』には次のように記されている。

口黒鱒ハ姫鱒ノ頭部黒色ヲ呈スルモノニシテ地方的口黒鱒ト呼称セラレ姫鱒漁獲数ニ加算スベキモノナルモ区別シテ表示セリ

この記述にある「頭部が黒い」は何を示しているのだろうか。京都大学で保管されている山梨県西湖で採集されたクニマスの未成熟期の標本を調べてみた。保存液に漬ける前は体が黒くなく銀色だった個体で、ＤＮＡ分析で識別してあるので間違いなくクニマスである。西湖のクニマスの未成熟魚は口の周辺、とくに下顎の先端あたりが黒ずんでいる。この特徴でクニマスの未成熟期のものはクチグロマスと呼ばれていたのだと思う。

漁師は産卵期の黒いものをクニマス、未成熟期の銀色のものをクチグロマスと呼んでいたのだ。ちなみに、未成熟期の銀のヒメマスも下顎先端が黒ずんでいる。どちらかと言えば、クニマスの方が濃い傾向があるが、この特徴で両者を区別することはできない。

三浦久兵衛も武藤鐵城もクチグロマスは美味だったと書いている。

秋田県水産試験場の事業報告にある「口黒鱒」「姫鱒」「國鱒」はいずれもクニマスであった。クニマスとヒメマス、それぞれの種の輪郭を理解していなかったことによる混乱であった。サケ属の魚としての理解が及んでいなかったのである。時代を考えれば無理もないとはいえ、このことが毒水導入時の漁業補償にも影響を及ぼしたと考えられるが、それは後述する。

クニマスはクチグロマスという和名になっていた？

ところで、クチグロマスについて、面白い記録が見つかっている。もしかしたら、クニマスはクチグロマスという名称になっていたかもしれないのだ。

田沢湖で消えたクチグロマスは、痕跡を東京大学総合研究博物館の魚類標本台帳に残している。その台帳には「7090　口黒マス　雄　田沢湖　写生用」と記されている（図7-2）。この7090という番号を付された標本の採集年月日は記されていないが、すぐ上には「7088　*Acropoma japonicum*　紀伊湯浅湾　大正四年十二月二十六日採」とあるので、「口黒マス」も1915（大正4）年前後に採集されたものと考えてよいだろう。

東大の魚類標本コレクションは田中茂穂（1878-1974）によるもので、日本で最初のものである。田中は日本の魚類分類学の草分けであり、日本列島にどんな魚がいるのか、これをリンネ式分類体系で把握し、学名が付されていない魚を次々に新種として命名していった。「7090」を受け取ったころ、田中は8種の新種を発表している。藍澤正宏（東京大学総合研究博物館）によると、それらのうち5新種のホロタイプが1916年に採集されたものであり、東大総合研究博物館に今も保管されているという。

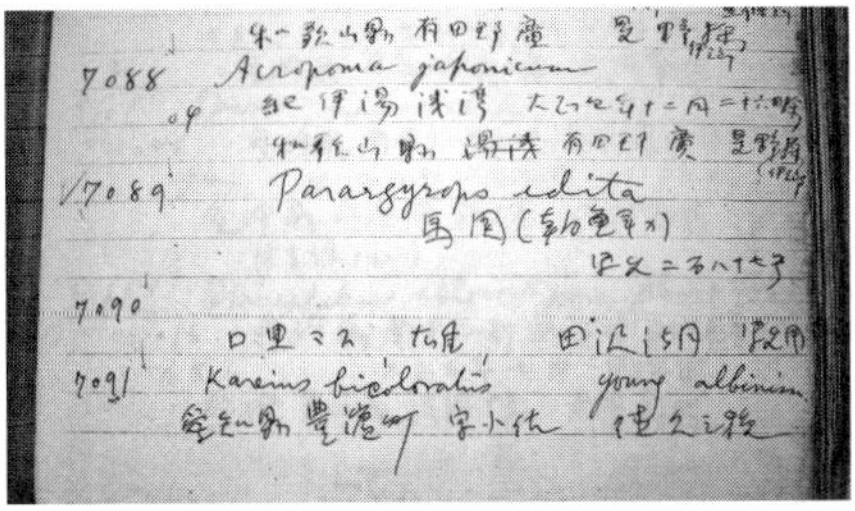

図7-2　クチグロマスの記録　東京大学魚類標本台帳（東京大学総合研究博物館動物資料部門蔵、写真 藍澤正宏）

クニマスが新種として命名されたのは１９２５年であり、１９１５年や16年には未だ新種とされていなかった。クチグロマスの正体はクニマスの若魚であったから、もし、この標本が１９１５年前後にサケ属の新種として記載されていたら、クニマスの学名はオンコリンカス・カワムラエではなかったかもしれない。後になって同じ種に対する学名が複数あることがわかれば、先取権の原則によって発表年の早い方が採用される。１９１５年前後にクチグロマスに学名が付けられていたら、そちらが採用されるのである。

なお、田中茂穂の筆跡で「写生用」と記されていることから考えると、この標本の図が描かれていた可能性がある。田中が自分で描いた魚類の線画や画家に描かせた魚類の画は『魚標品畫帖十六帖』として、大阪にある本草医書専門の資料館、杏雨書屋（武田科学振興財団）が所蔵している。「十六帖」とあるが、杏雨書屋にあるのは12帖であり、残りの4帖は行方がわからない。この12帖を調べたが、口黒マスと記された図はなかった。もしかしたら、行方不明の4帖のなかにあるのかもしれない。

第Ⅱ部　絶滅と復活

第8章　消えゆくクニマス

こまち号の車窓から

秋田新幹線こまち号は盛岡駅で東北新幹線はやぶさ号と連結が切り離され秋田駅に向かう。雫石駅から仙岩峠を越えて田沢湖駅に着くが、このあたりは生保内と呼ばれるところである。田沢湖駅を出て角館駅に向かってほどなく、右手の車窓から生保内発電所が見える。次の角館駅を過ぎたあたりから左手の車窓には水田地帯が広がる。横手盆地の北部にあたる仙北平野であり、水田の風景は終点秋田駅のひとつ手前の大曲駅まで続く。仙北平野は秋田県有数の水田地帯で「あきたこまち」の産地である。

この風景には歴史がある。1940年1月20日に発電と灌漑を目的に玉川から田沢湖への導水（図8－2、3）が始まり、その前日の1月19日に運転を開始したのが生保内発電所であった。仙北平野の水田地帯は、江戸時代の秋田藩による「御堰」に端を発した田沢疏水事業によって開墾されたところで、玉川毒水と水田に適さない地形との闘いがなされてきたところなのだ。車窓から見える風景にはクニマスが消えた歴史が隠れているのである。

御堰——新田開墾

1602(慶長7)年、常陸国から転封され秋田藩主となった佐竹氏は、藩財政安定のために代々新田の開発に力を入れてきた。第10代藩主佐竹義厚(よしひろ)(1812-1846)の時代、藩は仙北地方の新田開発に乗り出した。

『新田沢湖町史』(1997)によると、仙北地方は江戸時代の1620~1863年に、天明と天保の大飢饉を含めて凶作だった年の数は56であり、その内訳は6年連続が1回、5年連続と3年連続が各2回、2年連続が4回であった。これらのうち、大凶作あるいは大飢饉の年の数は16、米作では苦労の多いところであった。

藩が新しく開墾しようとしたのは仙北地方の東側である。ここは数本の川による扇状地の扇央部にあたっており、勾配があって河川が地中に伏流するので水田には不向きなところであった。稲作に適したところはすでに水田になっており、米作量を増やすためにはここしかなかったのである。

この土地を水田にするために、秋田藩は角館の白岩広久内(しらいわひろくない)村の玉川に取水口を設け川内池村(現仙北郡美郷町野荒町)に至る素掘りの水路を計画した。工事は1825(文政8)年に着手され、1833(天保4)年に完成。水路は約30㎞にも及び、御堰(藩主によって作られた人工の水路の意味)と称され、新しく水田を増やした。

しかし、新田のための用水は玉川から引いていた。ここに大きな問題があった。玉川は上流で渋黒(しぶくろ)川が合流しているが、この川には毒水と呼ばれる強酸性の水が流れ込んでいるのである。結果、毒水の影響で期待したほどの米の増産には至らず、やがて御堰の管理も杜撰になり、新田は打ち捨てられていった。追い打ちをかけるように1854（嘉永7）年6月に大洪水があり、ついに御堰は使用不能になってしまったのである。

1904（明治37）年から翌年にかけて秋田県は御堰復旧のために調査を行い、1911年に計画を仕上げたが実現されなかった。その後、1920（大正9）年に東北拓殖会社が設立され、御堰の権利を秋田県から譲り受けて開発に着手しようとしたが、これも実現しなかった。御堰が「田沢疏水」として復活したのは昭和に入ってからであった。

田沢疏水

昭和恐慌の真っただ中であった1931（昭和6）年から32年、東北地方を大凶作が襲った。1933年は一転して豊作ゆえの米価暴落で東北地方の農民には厳しい日々であった。そして、1934年には冷害に加え台風により未曾有の大凶作となった。当時の新聞は次のように報じている。

山裾にたゝなはる町村は未曾有の凶作に悩み木の実、草の根、人間の口に食べられるものは全部刈り取り掘尽し米の一粒だに咽喉を通すことの出来ぬ飢餓地獄にのたうつ惨状

（秋田魁新報、1934年10月26日付）

この大凶作を契機として「東北地方を救うべし」との声が高まり、東北振興運動が起こった。1936年、仙北地方の開発計画が東北振興電力株式会社の設立と共に検討され、田沢湖と玉川

の水を農地開墾事業と電力事業に使うという方針が内務省、逓信省、農林省の三者間で協議され、第70回帝国議会で予算が成立した。1938年7月に農林省農務局から出された『田澤疏水開墾國營事業要覧』（図8－1）の冒頭には次のように記されている。

田沢疏水開墾国営事業ハ、東北振興電力会社ノ発電事業ト相俟ツテ、田沢湖及玉川ノ調節水ニ依リ、秋田県仙北郡神代村、白岩村、豊岡村、長信田村、横沢村、千屋村、畑屋村、六郷町、飯詰村、金沢町ノ十箇町村ニ亘リ二千五百町歩ヲ開田シ、之ヲ以テ旧農村ニ於ケル耕地ノ不足ヲ緩和シ、小農家ノ経済更生ヲ図ルト共ニ、開墾地ニハ優良ナル移住者ヲ扶植シテ、新農村ヲ創設シ、地方開発ノ範ヲ示サントスルモノナリ。

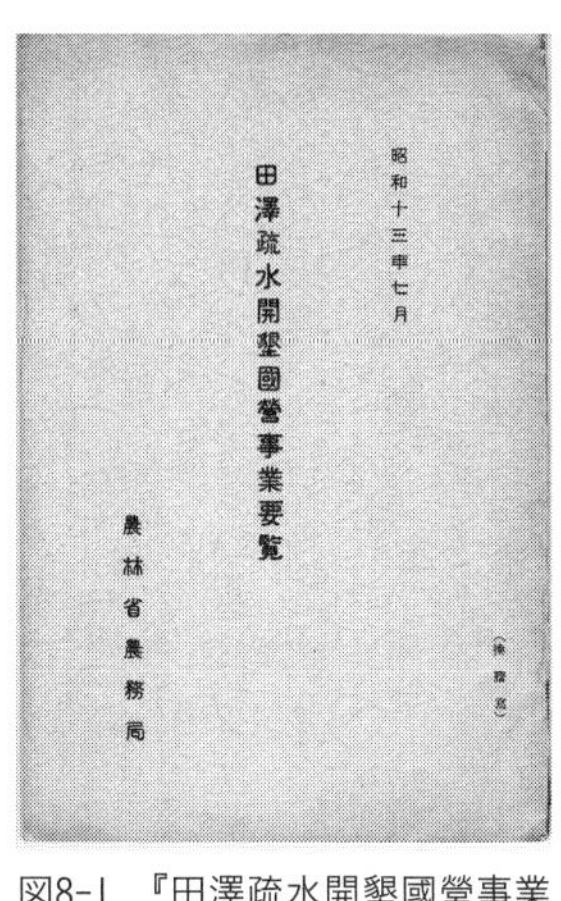

図8-1『田澤疏水開墾國營事業要覧』

この文書には新田開発に伴って入植者をつのり、新しく村をつくることが謳われている。最初に計画されたのは田沢疏水左岸幹線用水路で、角館の白岩地先玉川の堰堤に端を発し、横手市金沢の出川に至る全長約31・3kmであった（図8－2）。続いて、玉川水系の神代調整池の左岸を取水口とする25・5kmの第二田沢幹線用水路が手掛けられた。これらによって潤される水田は現在の仙北市、大仙市、美郷町にまたがり、広さは2500町歩（約2480ha）に及んでいた。開墾は人力で根を抜き石を排除する

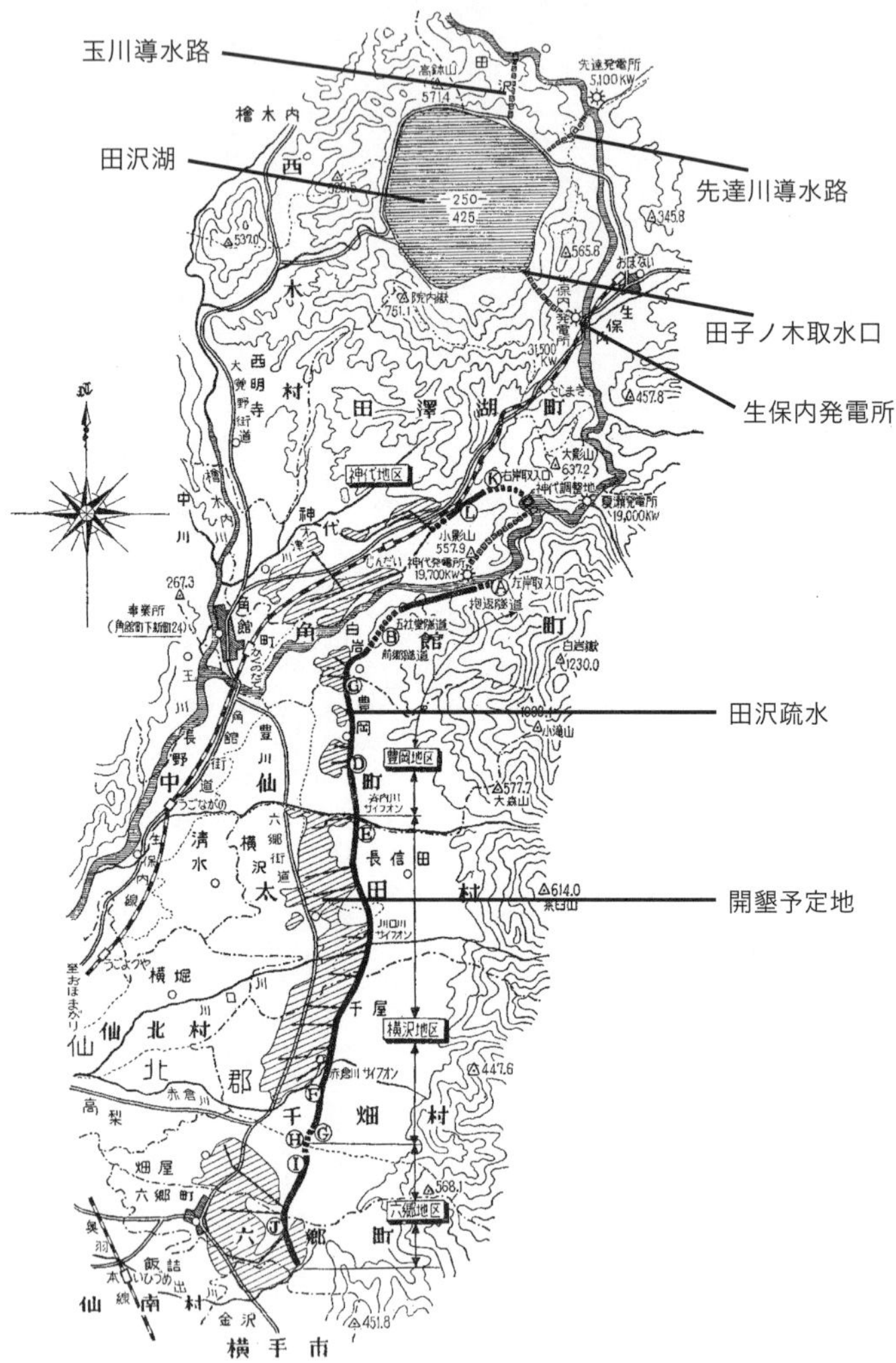

図8-2　田沢疏水開墾国営事業計画平面図（富木友治編『田沢湖』より改変）

といった過酷な作業であり、ブルドーザーが使われるようになったのは昭和30年代に入ってからであった。

1937年度より国営事業として始まった田沢疏水は大戦を挟んで62年度に終了、第二田沢疏水の事業は63年度に始まって70年度に終わった。こまち号の車窓から見える仙北平野の水田地帯はこのような事業によってつくられたのである。

電力源としての田沢湖・玉川水系

田沢湖の総貯水量は約93億8000万㎥、満水面から水深14mまでの水を発電に使うとすると、その水量は約3億5000万㎥、この水が貯電量として想定された。電力量に換算すると約3億kWとなる。発電するのに、玉川と先達（せんだつ）川の水を北東岸の藁田から田沢湖に入れて、南東岸の田子ノ木から取水し落差が49・6m、3本の鉄管から水を落として、まず生保内発電所に送るのである（図8－3）。

東北振興電力株式会社が計画した発電所は生保内、神代（じんだい）、先達、夏瀬（なつせ）の4つであり、1940年に生保内と神代の2つの発電所が運転を開始した。神代発電所の目的は、生保内発電所によって生じる田沢湖の水位変化と玉川の流量変動の調整で、下流への影響を緩和することであった。先達発電所は終戦後の1948年に、夏瀬発電所は53年に運転を開始した。東北振興電力株式会社は日本発送電株式会社を経て東北電力株式会社になっていた。

田沢湖開発に水力発電の話が出てきたのはどうしてか。当時、水力発電と火力発電についてはコストの点でどちらが優位かという議論がされていたが、戦時体制による石炭価格の高騰で水力優位になった。田沢湖開発が農業だけでなく電力と一緒になって進められたことは時代の流れを抜きにしては考えられない。この時代、他のところでも水力発電のダムがつくられていたのである。

玉川河水統制計画

水田に多くの水が必要なのは5月から8月であり、この農繁期を考慮に入れて発電に使用する水量を調節するという「玉川河水統制計画」が内務省と逓信省、農林省で協議されたのは、1939年1月であった。農業と電力が協調した開発が始まったのである。現在も、基本的にこの「玉川河水統制計画」にそって湖水が利用されている。

湖水を農業と発電に利用するにあたって考慮しなければならないのは水位の季節変動である。田沢湖は1月から3月に最低水位となり、6月に基準水位となる。その差は約30cmであった。この水位差を最大14m（1955年に湖面低下14mを実施、通常は最大12m）に拡大し、その水位差分の湖水を発電と農業に使う計画が立てられたのである。

酸性の玉川の水と中和を目的とした先達川の水を田沢湖で希釈して生保内発電所に送り（図8－3）、また田沢疏水によって毎年5月下旬から8月末まで仙北平野の国営開墾地（約2480ha）に毎秒4・98〜13・78tの水を流す計画であった（図8－2）。

しかし、田沢湖の水位が低下すると、玉突き式に問題が生じてくる。水位の低下により湖面が流出河川である潟尻川の流出口より低くなってしまえば、川は干上がってしまう。潟尻川の水を農業用水に利用してきた地域に対する手当をしなければならない。そこで先達川導水路から潟尻川へ湖の北岸に沿って導水路を作り、5月中旬から8月末までの間、毎秒平均2・1tの水を放流することにしたのである。しかし、約10kmにわたって作られた導水路はのちに使用不能になった。現在、この導水路は湖畔の道路沿いにトンネル状の跡として残っている。ちなみに、現在では、「たっこ像」の少し北西の湖岸にある水門からトンネルを通して湖水が潟尻川に流され、桧木内(ひのきない)川との合流点の手前にある水田に利用されている。

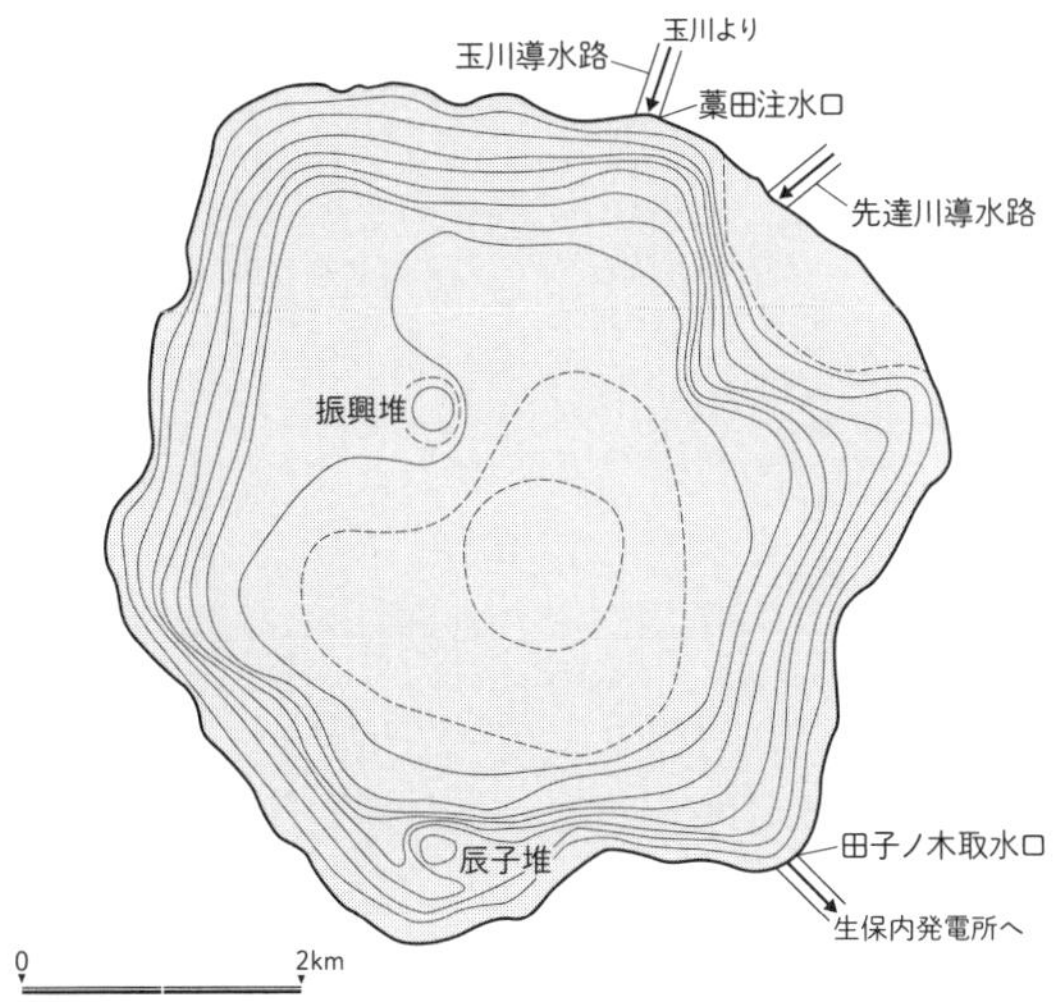

この統制計画の実施についての協定書は1941年10月、農林省農政局長と東北振興電力社長との間で締結された。これには発電設備と玉川毒水の処理設備の工事費用を秋田県と東北振興電力が折半、将来の維持管理費用を前者が1割、後者が9割負担することが記された。このほか、東北振興電力は「玉川と先達川からの取水、田沢湖調整引用、国営開墾灌漑用水の分水、潟尻川用水引用地域に対する導水、発電利用水量及び水位、流用観測などのための諸設備の工事及び費用」(「田沢湖周辺の電源」1959)を分担することが記された。

図8-3　田沢湖、辰子堆と振興堆、藁田注水口と田子ノ木取水口
(『田沢湖』より改変)

玉川毒水と呼ばれる酸性水との新たな闘いが始まったのだ。ここで、毒水との関わりを過去から振り返ってみる。

毒水の功罪

強い酸性水である玉川毒水の存在は仙北地方の宿命とも言える。毒水の流れ込んだ川には魚が棲めないし、水田に入れれば稲が育たない。塩酸を主とした酸性水を水田に入れると、土は凝固して透水性が上がり、水温と地温の上昇が妨げられてしまう。その結果、水田は冷えて発酵の度を減じ、稲の発育を阻害するのだ。さらに、水がどんどん浸透してしまうために肥料分が土に留まらず肥料効果を減じ、さらに酸性はバクテリアの繁殖を抑止する。このため玉川の酸性水は「毒水」と呼ばれて、昔から農業に悪影響を与え続けていたのである。その毒水の源は田沢湖から玉川を遡る上流にある。

玉川温泉は八幡平（はちまんたい）の焼山（やけやま）のふもと、秋田新幹線田沢湖駅からバスで1時間20分、ＪＲ花輪線の鹿角花輪駅からバスで1時間10分のところにあり、全国から湯治客が訪れる有名な温泉である。玉川温泉の源泉は大噴（おおぶけ）と呼ばれ、pH１・０〜１・３という強酸性（塩酸）で98℃の温泉水が毎分８・４ｔ湧き出ている。

大噴の近くに露天風呂、東には噴気があがる地獄谷、そのふもとに岩盤浴小屋がある。噴気は濃淡の差があるが硫化水素が含まれている。地獄谷一帯の南に殺生沢（殺生窪）と呼ばれるところがある。ここはさらに濃い硫化水素や亜硫酸ガスが出ており、鳥やウサギなどの野生動物の死骸がしばしば見られる危険なところで、立ち入り禁止にされている。

この温泉は古くは鹿湯（しかゆ、すかゆ）と呼ばれており、鹿が傷をいやしていたという伝説がある。昔、猟師が矢で射た鹿の血痕をたどっていくと手負いの鹿が湯につかっていた。猟師が近づくと傷が治った鹿が逃げて行ったという。玉川温泉と呼ばれるようになったのは１９３５年ごろからである。

玉川温泉については、よく研究されており、適応症と禁忌症が報告されている。人気のある温泉なので、『秘湯・玉川温泉』（無明舎出版）から紹介しておく。

適応症として、疲労回復、健康増進、体位向上、体質改善、神経系疾患、運動器疾患、消化器疾患、新陳代謝疾患、循環器疾患、皮膚疾患、外科疾患、小児疾患、婦人科疾患が挙げられている。飲泉の適応症としては、消化器疾患、皮膚疾患、血液疾患、新陳代謝病、一般虚弱体質の体質改善、病後の回復期などがある。飲泉の方法としては源泉を10倍に薄めてコップ1杯（約１８０ml）程度とされている。禁忌症としては、急性熱疾患、重症心臓病、急性・重症腎臓病、重症肺結核症、脳出血の危険のある重症高血圧症、悪性腫瘍（癌、肉腫）、各種興奮型神経症、急性湿疹、その他一般急性皮膚疾患、皮膚及び粘膜の過敏な場合が挙げられている。

１９９９年、新玉川地区に新しく温泉保養所が建設され、玉川温泉から給湯を受けている。大噴から出た温泉水は湯川となる。その北岸に湯花採取場があり、浴場と湯治宿がある。大噴の東にある善助堰源泉は善助堰から湯治宿の南で湯川に流れ込む。これらの温泉水は、湯川から渋黒川を経て玉川に入り、毒水となるのである。

毒水との闘いについて江戸時代の2つの事業を述べるが、昔から今に至るまで避けられない宿命とも言える課題であった。

江戸時代の毒水対策事業

毒水を回避するためにつくられた春山堰の話から始めよう。田沢湖の東側にあたる石神(いしがみ)地区は水田に玉川の水を引いていたが、毒水のために収穫が少なく、農民の生活は大変であった。これを何とかしようと、生保内生まれの農民、田口三之助（1771－1830）は田沢湖から石神地区へ導水の隧道(ずいどう)を作り、湖水を引いて灌漑と飲用に供しようと計画した。

田口は近くの山々に上って調査を行い、目測と勘により湖面と石神地区の水田の高低や水路の位置を定めて、田沢湖の白浜を起点として石神まで長さ約1km、幅約1・8mの水路を計画した。そのうちの約370mは隧道（トンネル）であった。工事費を秋田藩に願い出て、1805（文化2）年に藩費で工事を始めた。6年後に藩の補助は打ち切られたが、その後は私費を投じて1814（文化11）年にようやく完成させた。この水路は「春山堰」あるいは「白浜疎水」とも呼ばれ、石神地区の水問題を解決して、水田は約40haに達した。田口三之助は春山堰の功績によって晩年は村の肝煎(きもいり)（世話役）に抜擢された。

1940年、田沢湖から取水が始まると、春山堰は水位低下を考慮して閉鎖された。1991年に下水道工事が施されて、現在は下水道管路として使われている。

次は毒水から毒を除くことを目的に行われた事業である。角館地方の毒水による農業被害に頭を悩ませていた秋田藩は、郡奉行である中村傳五郎を通じて、角館の郡方開発係の田口幸右衛門宗俊に毒の除去を依頼した。春山堰の完成から25年余り後のことであった。

1841（天保12）年、宗俊は角館から現地を詳しく踏査、源泉である大噴のすさまじさに難工事を覚悟した。大噴については先人の失敗がある。この大きな源泉を木枠で囲み大石や小石で噴泉口を塞いだが、一晩で吹き飛ばされたという。彼は大噴を見てこの方法はとれないと思った。

この頃、大噴に流れ込む務沢と善助沢と呼ばれる2つの小さな川があった。その流れを飲み込んだ大噴の温泉水が湯川から渋黒川に入っていた。宗俊は、周囲の地獄谷に毒成分あるいは薬効を含む噴気が噴き出ているのを見て、大噴から出る温泉水を毒成分のある気体と水に分離できるのではないかと考えた。大噴に流れ込む水を遮断すれば、毒成分は空気中に噴出して飛散し、温泉水は毒水とはならないと考えたのである。

まず善助沢と務沢と大噴を遮断、新しく水路をつくってそれぞれの沢の水を湯川の下流に導いた。さらに、雨水が大噴に流れ込まないように、湯川を掘り下げた。このようにして、大噴を涸らして空噴させようとしたのである。しかし、噴気の中での作業がたたり、宗俊は1848（弘化5・嘉永元）年2月に死亡、その子幸右衛門宗則（辰松）が事業を引き継いだ。その後、生保内の桶職人であった平鹿藤五郎が配下に加わり、作業用に細長い桶を作って工事を進め、ようやく1852（嘉永5）年に完了した。湯川は約3m掘り下げられた。善助沢も務沢も大噴に至る水路が止められ、新たな水路（善助堰と田口堰）で湯川の下流に流れ込むようになった。開始から11年が経っていた。

堀口宣治は『玉川除毒を繞る先賢』（1937）で、田口幸右衛門父子の工事完了後に「湯川は総べて一丈余り掘下げられ、各湧噴池は河床より高く独立して空吹となった」と記しているが、三浦彦次郎（後述）は「玉川毒水導入後の田沢湖」で、空噴にはならず源泉はほとんど減少しなかったと述べている。

では、全くの徒労であったか、というとそうではない。幸右衛門親子は湯川掘り下げ工事の際に掘り砕いた土石の処置に困り、水門に水を溜め、それを一気に放流して攪拌しながら土石とともに下方に流した。さらに窪地に沈殿池を設けて、そこに毒水を誘導して、川に流した。そうすると、土石とともに攪拌された毒水の「酸味」が弱くなったのである。これを「流し堀」と呼んでいたが、現在はこの「流し堀」によって、ある程度の除毒効果は得られていたと考えられている。

ところが、1859（安政6）年の大洪水によって堤防が決壊したことで、「流し堀」ができなくなった。復旧工事もされたが、「流し堀」も次第に行われなくなり、除毒施設は打ち捨てられた。残ったのは善助堰（467m）と田口堰（873m）であった。

後の研究で、玉川温泉の源泉には2つの型があることがわかっている。一つは硫酸イオン含有量が多い酸性源泉の噴気型温泉で、地中にあって熱水が空洞に入って沸騰、硫化水素と二酸化硫黄などを含む蒸気が分離し、地表まで上昇する。この温泉は大噴より高いところにある殺生窪や毒ガス沢で噴出している。もう一つは大噴や湯川筋の塩酸卓越の熱水型酸性温泉である。空噴（硫化水素と二酸化硫黄などを含む蒸気）と熱水は別だったのである。

地下溶透法

さて、昭和期の事業に話を戻そう。日本で最深、広さでも19位の田沢湖の水量は膨大である。しかし、いかに水量が多くとも、毒水を入れる前にはある程度の除毒が必要であった。幸右衛門父子の除毒施設は打ち捨てられたが、彼らの「流し堀」が「地下溶透法」に生まれ変わったのである。

地下溶透法は、地質学者で毒水研究所の三浦彦次郎が考案した除毒方法である。粘土や岩石粉末に酸性水を通すと除毒効果があることに着目したものであり、幸右衛門父子の「流し堀」の応用であった。渋黒川に沿ったところに窪地をつくり、そこに湯川から導水管によって、強い酸性水を入れる。そうすると地下に吸い込まれた酸性水は、酸性度を弱めた地下水となって自然に渋黒川に流れ出す。様々な除毒方法の中で効果と経費を考慮して選択されたのがこの地下溶透法であった。工事は1937年に始められ、翌年6月に除毒を開始した。

耐酸セメントで接着した塩焼き土管による導水路を用いて湯川からの酸性水をいくつかの窪地に入れて除毒を行い、その効果が確認された。除毒効果は十数年後でも変わらないという測定結果も得られた。しかし、導水管は雪崩と落石によって毎年のように破損し、修理作業による除毒の中断が続いたため、1940年の毒水導入後も除毒の苦しみが続いたのである。

毒水導入の環境アセスメント

毒水導入に際して行われたのは除毒だけではなかった。毒水導入後の影響を考えるために田沢湖の調査が行われた。今で言う環境アセスメントである。東京文理科大学地理学教室（当時）の吉村信吉（1907－1947）は東北振興電力株式会社の委嘱を受け、1937年から39年にかけて田沢湖の形状や、水温、水質や底質を調べた。この調査の結果は「田沢湖の湖沼学的概観」にまとめられている。また、毒水導入後の1940年5月にも湖水の拡散状況を調査している。

吉村信吉は29歳で『湖沼学』（1937）という体系的な学術書を著した逸材であったが、中央気象台海洋課陸水掛長であった1947年に、冬の諏訪湖で調査中に氷が割れて湖に落ち、世を去っている。39歳であった。47年1月22日の読売新聞には、「去る十八日以来二名の若手の技師と共に諏訪湖の漁業気象と水温分布などの研究を続けていたが廿一日午前九時ごろ観測機をソリにのせて湖畔の霧ヶ峰観測所を出発、片倉館沖約二百メートル氷上にさしかかった際、ガス穴に三人同時に転落。他の二名は這い上がったが、吉村博士はおよそ一時間流氷中に漂流の上引き揚げられたが絶命していた」と書かれている。この新聞記事は、私が古書で入手した『湖沼学』第3版の扉頁に貼り付けられてあった。記事は小さいものだが、湖沼学に関心のある人々にとって驚きの事故だったにちがいない。

　吉村が中心になって進めた調査では、湖盆の形態について新しい発見があった。次にその調査結果を述べるが、一部は以前に行われた秋田県水産試験場の調査による結果も加えてある。言うまでもないことであるが、以下の田沢湖の特性はすべて毒水導入前のものである。

◇振興堆と辰子堆の発見（図8－3）　1938年8月19日から22日に湖面101点で錘測（錘鉛をつけて水深を測ること）した。測深点の位置は六分儀で求め、新型のルーカス式捲上儀を使い、鋼索を用いての錘測であった。調査船には東北振興電力のモーターボート「振興丸」が使われた。

　この調査で湖の中心のやや北西部の湖底に堆が見つかった。堆とは底から盛り上がったところで、日本海の大和堆などがよく知られている。この堆は、直径約400m、高さは約80m、周囲の湖底が灰色の砂質泥であるのに比べて赤色の泥で被われており、頂部の薄い泥の下から岩塊を採取して調べると輝石安山岩であった。新しく見つかった堆は調査船の名前にちなみ「振興堆」

と名付けられた。

さらに、1926年に行われた田中館秀三の調査（第10章）で知られていた田沢湖南岸の大沢沖にある半島状の堆を改めて詳しく錘測した。すると上が平坦で水深約30m、長さ600m、幅400mの台地であり、田沢湖南岸とは水深165mで隔たり、東方の靄森山（もやもりやま）方面とは水深108mで連なっていた。この堆は湖底から約150mの高さで、湖神にちなみ「辰子堆」と命名された。

現在では振興堆と辰子堆は溶岩ドームであることがわかっており、振興堆の頂は水深252・2m、辰子堆の頂は水深28・8mである。辰子堆の頂上にはクニマス漁のホリがあった。

◇**水位**　毒水導入前の水位は1911年4月から13年3月までの記録しか残っていない。これによると、水位は雪解け時の4月に高くなり始めて、梅雨時の7月に基準水位（標高249m）より約20㎝高くなる。そして、10月から翌年の3月までは約10㎝低くなる。最高水位と最低水位の差は約30㎝であった。排水路は潟尻川と灌漑用に作られた春山堰だけであり、雪解け水が少ないので、田沢湖は水位が安定していた。

◇**水色と透明度**　湖の水色はⅢ～Ⅳ（フォーレル）と青く、摩周湖、支笏湖、屈斜路湖と同じ程度。海では相模湾の湾口付近と同等であった。一年を通してあまり変化がなく、春の透明なときにⅢ、秋の濁っているときにⅣだが、湖の場所によって大きな違いはない。フォーレルとは水色を表す標準色階であり、ⅠからⅪまでの数値で示され、数字が小さいほど青い。浮遊物が少ない透明な湖の水は青く、田沢湖の水の色はプランクトンが少ない貧栄養であることを示している。

透明度は1931年4月に測定された値の33mが最大と言われている。ちなみに世界一は1931年8月の摩周湖で測られた41・6mである。日本の大きなカルデラ湖のほとんどは最大透明度が25m以下であるのに対して、田沢湖や摩周湖の透明度は高い。湖の周囲は森林が発達して土砂の流入が少ない。つまり、土砂とともに河川の栄養分が流れ込まないので、湖水が貧栄養となっている。これにより植物プランクトンや動物プランクトンが少なく透明度が高いのである。透明度は季節によって変化し、田沢湖では冬の終わり、雪解け水が入る前が最も透明で約30m、春は雪解け水と雨で約20m、秋には最も悪く約15mかそれ以下になる。

◇水温　冬には気温の低下と周辺の沢から雪解け水が流れ込むことにより表層水温が低下するが、4℃をわずかに下回るのみで凍ることはない。1938年3月に風当たりの強い西岸から中央部にかけて薄い氷が張ったことがあったが、舟が通ると直ちに割れる程度であった。田沢湖は湖面が凍らない湖である。

夏には水深5mで水温約24℃、水深30mでは約6℃と、この間に著しい水温躍層がある。水深30~80mは緩やかに水温が低下して、水深50mで約5℃、水深100mになると約4℃となり、水深420mでは3・7℃であった（1938年8月）。支笏湖の底層は夏で約3・6℃であり、田沢湖の深層水温は日本で2番目に冷たかった。なお、最大密度の水の温度は4℃であるが、田沢湖の深層水温はこれより低い。4℃は1気圧（通常の大気圧）下の最大密度であり、これより高い気圧になると最大密度の温度が下がる。深さが10m増すごとに1気圧が加わるので、水深10

0mともなると10気圧が加わることになる。したがって深くなるほど水温は4℃より低くなる。

◇**水質**　溶けている成分が極めて少なく、食塩が1ℓ中約25㎎で全体の半分を占め、他の湖に多いケイ酸は1㎎程度であった。植物の栄養素になる窒素化合物は0・002㎎と著しく少なく、植物プランクトンが少ない原因であった。吉村は「田沢湖の湖沼学的概観」で「田沢湖の水は蒸留水の不純なものに等しい位溶解物が少ない」とし、組成も日本の湖としては特異であると記している。湖水の水素イオン濃度はpH6・7と微酸性で、深層水はpH6・3であり、他の湖と大差がなかった。

水中に溶けている酸素の濃度は高く、1931年の調査によると水深400m層までは飽和量の90％近くの酸素が溶けていた。もし水中に有機物が多ければ、それを分解するのに酸素が必要である。湖底まで、これだけの酸素が溶けているということは湖水全体に有機物が著しく少ないということを意味していた。

◇**底質**　湖岸から続く湖棚（こほう）（傾斜のゆるい棚状の部分）が狭く、土砂の堆積物が少ない。北東部の春山地区付近の遠浅の湖岸は石英砂が広がっているが、湖底の大部分は砂質の灰色珪藻骸泥（けいそうがいでい）で被われている。底が砂質ということは珪藻のような有機物からできる泥が少ないことを示しているが、振興堆の上だけは輝石安山岩を赤色の泥土が被っていた。

◇**動物プランクトンとベントス**　吉村は湖中の生物調査を、京都帝国大学大津臨湖実験所講師の上野益三（1900－1989）に依頼した。動物プランクトンとベントス（底生小動物）は魚類の餌生物となる。上野は1939年7月27日から29日にかけて玉川の水生動物を調査して、田沢湖の動物プランクトンとベントスの調査も行った。強酸性水が流れる玉川の生物と、その水が入れられる前の田沢湖の生物を比較したのである。結果は1940年の2編の論文と「田沢湖とその生物」に書かれている。

元々、田沢湖の水生動物を採集して研究していたのは川村多實二の京都帝国大学動物生態学教室であった。上野益三も川村門下の淡水生物学者であり、昭和の初めごろは同じ川村研究室の宮地伝三郎（1901－1988）と大津臨湖実験所を基地にして研究に打ち込んでいた。上野と田沢湖との関わりは1925年7月が最初であった。川村と春山地区の「湖心亭」（現在のホテル湖心亭）でクニマス料理を食べたあと、モーターボートで湖を横断して潟尻地区に上陸して生物を採集したという。

いっぽう、田沢湖で初めてベントスの採集を行ったのは宮地伝三郎であった。宮地は1928年6月4～5日に採集を行い、31年11月15～16日に再び採集して、夏と冬のベントスの違いを調べている。研究対象は、上野がプランクトン、宮地がベントスである。すでに第5章で述べたが、上野も宮地も田沢湖のプランクトンとベントスの量は貧しいという結論だった。

吉村は生物を含めた湖沼学で、宮地や上野、そして田中阿歌麿とも親交があった。

なお、昭和初期の水力発電関連の環境アセスメントの例を挙げておく。日本発送電の木曾の三浦平にダムをつくる計画に対して、川村研究室の可児藤吉（1908－1944）が1938年から41年にかけて王滝川で水生昆虫の研究を行っている。当時、水力発電は国策であり、田沢湖もこれに関連した事業であった。可児は今西錦司とともに「棲み分け」で知られる生態学者であったが、1944年7月サイパン島で戦死、36歳であった。

玉川水の導入

玉川と先達川から田沢湖への導水が始まったのは1940年1月20日、地下溶透法による除毒効果が安定しない中での導入であった。除毒の良好なときはpH4・8の水を入れることができたが、不十分なときはpH3・2前後の水が入ってしまった。このために田沢湖の水は予想以上に酸性化が進んだ。

玉川水導入前の田沢湖水は水深400mまでpH6・2〜6・8と微酸性であった。毒水は田沢湖で希釈されて酸性度の低い水にならないと、生保内発電所の諸設備を酸で腐食させるだけでなく、水田にダメージを与える。しかも、注入した酸性水が湖水と混じらず、表層を移動するだけでは意味がない。注水口である蘭田は田沢湖の東寄りの北岸、取水口の田子ノ木は東寄りの南岸である（図8－3）。最も意を配ったのは酸性水の混合と移動であった。吉村信吉は導入後にも水の動きを調べているが、田沢湖のアセスメントの目的のひとつはこれだったと思われる。

田沢湖は大きい。毒水を入れてもすぐに全体が酸性化したわけではない。注入された水のpHも一定していたわけではなく、湖水は徐々に酸性化していった。蘭田の注水口近くの玉川田沢測水所で、導入直前の1940年1月8日と導入後の同年4月2日から56年12月6日までに計52回の観測（随時）がなされたが、その記録から湖水の酸性化を時間と共に追ってみる。

導入から約4か月後の1940年5月28日には玉川導水路（蘭田注水口）内の湖岸に近いところ

ではpH４・３が記録されたが、注水口の岸から２００ｍ沖までの湖水（表層～水深30ｍ層）はpH６・１～６・65、岸から５００ｍ沖（表層～水深50ｍ層）はpH６・65であった。このときにはまだ田沢湖全体に毒が回っていなかった。

１９４２年４月20日と21日の調査では、田沢湖に注入された玉川水はpH５・１、注水口から２００～６００ｍ沖の湖水（表層～水深３４０ｍ層）はpH６・２～６・３、田子ノ木取水口の水はpH６・２であった。このときは玉川水と湖水はよく混合して、高い酸性度の玉川水の層を作っていなかったと推測された。しかし、同年９月には田子ノ木取水口の水はpH４・78となっていた。

１９４３年は、田子ノ木取水口の水は６月にpH６・45であったが、８月にpH５・40、９月にpH５・20と値が揺れており、玉川水と湖水の混合が悪く、高い酸性度の水が取水口まで来たことがしばしばあったことを示している。

１９４６年７月以降は、除毒が長期にわたって中断されたので、pH３・２の玉川水が長い間、湖に流れ込むことになった。田子ノ木取水口の水は46年９月にpH５・０になった。

１９４７年の７月８日から８月15日にかけて、田沢湖を碁盤の目に分けて１１２か所で表層、水深10ｍ、30ｍ、50ｍ、１００ｍ、２００ｍの各層から採水された。この調査の結果、湖水のpHは５・１～５・７であった。

１９４８年８月の湖水はpH４・１、52年は６月まではpH４・４～４・７、９月にはpH約４・０と強い酸性値を示した。その後、１９５６年の12月まで湖水はpH４台を示すことが多かった。除毒中断によって強い酸性水が長期にわたって流れ込んだことにより、急な水質の悪化を招いてしまった。

酸性水の中和の一助として酸性ではない先達川の水を田沢湖に入れることが「玉川河水統制計画」に盛り込まれ、1940年1月に玉川水導入と同時に実行された（図8－3）。全長約2・6km（うち隧道2・2km）の水路で、先達川の水が毎秒10t田沢湖に入れられていたにもかかわらず、毒は田沢湖全体に回ってしまったのである。

魚たちはどうなったのか

毒水導入後に田沢湖の魚類は想定以上の影響を受けた。結局はウグイが生息するだけの湖になってしまったのだ。クニマスを始め、魚類はどのようにして消えたのか。

1941年頃に玉川の下流灌漑用水路には衰弱した「ヒメマス」が多数流れてきたと言われているが、これは湖の沖合が酸性化したことによると思われる。

ニホンウナギ、ギバチ、アカザ、トミヨ属雄物型、オオヨシノボリやコイなど湖岸の浅いところに生息していた魚は、冬には湖の水位低下に伴って生息場所を移動しなければならなくなった。ヨシ原などに生息していたトミヨ属雄物型はこれとともに消えたであろう。岩や礫の間隙に生息していたギバチやアカザなどは、水位が低下しても適当な場所があれば冬の間はそこに移動したであろう。

イワナやカジカは湖に流入する沢と湖岸の浅いところに生息していた。これらは湖の水位が戻る夏は湖岸の浅いところにいたが、水位が下がる季節には沢にいたはずだ。第10章で述べる佐藤隆平の1948年8月の調査で採集された魚はウグイ、ギバチ、イワナであった。ニホンウナギは湖に滝のように流れ込む沢をのぼっていたという。しかし、1948年の時点で田沢湖の酸性化はかなり進んでいた。1951年ごろまではウグイやニホンウナギ、コイなどが釣れたというが、52年には釣れるのはウグイだけになったという。

消えたクニマス

毒水注入後、ほどなくしてクニマスは獲れなくなったという。獲れなくなったのと、いなくなったのとは意味がちがう。当時の漁師の証言によれば、産卵後に湖面に浮いてくる浮き魚(うよ)が全く見られなくなり、1940年の秋に漁を行ったら、クニマスの骨がかかっていたという。

毒水導入直後の表層付近の湖水はpH6・1~6・65で酸性度はそれほど強いとは言えず、すぐに田沢湖全体のクニマスが影響を受けたとは考え難い。しかし、クニマスの漁場であるホリは田沢湖の湖岸のすぐ沖にまんべんなくあったので、漁そのものはたちまち影響を受けた。

クニマス漁の丸木舟は湖岸に作られた萱葺(かやぶき)屋根の舟小屋に入れられ、岸から湖に漕ぎ出て漁をしていた。田沢湖の地形は急に深くなり、浅いところが狭いため、水位の低下が著しければ漁に出ることができないのである。少なくとも、1940年1月の玉川水導入から4月ごろまでは漁に出られなかったと思う。それでも、可能なときは刺網漁が行われたが、水位の低下によってクニマスの漁場であるホリの位置が決められなくなったという。クニマス漁でホリに沈められた重石(おもし)と湖面に浮かべた目印であるタドリは縄で結ばれている(口絵13)。水位低下により縄がたるんでタドリの位置がずれてしまったので、ホリの場所が決められなくなったのである。

その結果、1940年の春には漁をあきらめる人が出始め、やがて槎湖(さこ)漁業組合(第10章)の全員が漁をやめた。毒水導入直後にクニマス漁に大きな影響を与えたのは水位の低下であった。しかし、クニマスは獲れなくなっただけではなく、いなくなったのである。

灌漑用水路に流れてきた「ヒメマス」はすべてがヒメマスだったのか。山梨県西湖での研究で、クニマスはヒメマスと同じように湖の中層を遊泳して成長することが明らかになっている。成長期のクニマスとヒメマスは外見で区別することは難しい。流れてきた「ヒメマス」にも、クニマスの若魚が混じっていたはずである。もしかしたらクニマスの若魚の方が多かったかもしれない。当時は、クニマスの若魚はクニマスとして認識されていなかったのである。

水産資源である魚は未成熟の状態で漁獲されすぎると、漁獲量は減少の道をたどる。流れてきた「ヒメマス」がクニマスの若魚だったとすれば、クニマスは毒水によって若魚が大量にいなくなったことになる。やがて親魚になって産卵するはずのクニマスが大量に消えた。深い湖底の産卵場がそのままでも、親魚が来ることがなくなったのである。こうなれば、クニマスという種は存続できない。このとき、田沢湖のクニマスは消えたのだ。

滅びゆくクニマスへの挽歌

大島正満（1884-1965）は、クニマスが一年を通して産卵する周年産卵という特性に強い興味をもち、それを確かめるために1938年8月2~6日に田沢湖に来た。最初の採集が8月の初めだったのは、夏産卵を確かめることから始めたからであろう。その後、秋そして冬から初夏のクニマスを調べ、周年にわたって産卵していることを確認した。田沢湖開発によって周年産卵という世界でも珍しい特異な性質がクニマスと一緒に消えてしまう。そう考えて、クニマスの周年産卵について論文「鮭鱒族の稀種田澤湖の國鱒に就て」を書いて残した。発表は1941

図8-4　「口碑にまつはる田澤湖の國鱒」

年、毒水導入の後であった。大島は、また『少年科學物語』（1941）の中の「口碑にまつはる田澤湖の國鱒」（図8－4）でクニマスの絶滅に対して哀悼の意を表した。

大島は米国のデイヴィッド・スタア・ジョルダンと一緒に台湾固有の鱒を新種として記載した魚類学者であり、戦後はイワナやヤマメ、アマゴの研究で知られている。札幌生まれで、東京帝国大学動物学科では川村多實二と同期、植物学教室の中野治房（第10章）も同期であった。1906（明治39）年入学の東京帝大生は不思議と田沢湖に縁があった。大島は当時の魚類学者としては珍しく、形態だけではなく生態にも興味をもっていたが、これは内村鑑三（1861－1930）の薫陶によるものと思われる。

内村は思想家として知られているが、札幌農学校の2期生で、水産学の論文を書いている。日本で初めての水産学の講義は札幌農学校においてジョン・クラレンス・カッター（1878年、米国より招聘）によって行われた。2期生の内村は半年間、その講義を受けたのだ。内村は『日本魚類圖説』（1904）に推薦文を寄せている。この日本最初の彩色魚類図鑑に掲載された魚は漁業対象種であり、漁法、漁具や生態について詳しく書かれている。当時、内村は水産学者として世に知られていたのだ。水産学の基礎は漁獲対象である魚の生態を知ることである。大島正満は父の正健が札幌農学校1期生で内村と親交があり、年少のころから内村を「内村の小父（おじ）さん」と呼び、親しく接していたという。

ちなみに、内村は日本で最初のリンネ式分類体系による『日本魚類目録』を編んでいる。原稿は1883年11月ごろから翌年11月に原型が仕上げられ、89年に追補されたと推定されている。日本産の魚類を類似と相違によって、目、科、属といったリンネ式分類体系によって配列するのである。現在なら魚類図鑑が普及しているので、魚類目録の編纂はあまり苦労しない。しかし、内村の時代は日本産魚類の種を西洋の博物誌に掲載されている種と合わせていく必要があった。魚類の各種の形のもっている意味が頭に入っていないとできる仕事ではなかったのである。この『日本魚類目録』を見ると、内村は魚類分類学に深い学識をもっていたことがわかる。なお、未公刊だった稿本の存在は1956年、ざっとした内容が64年に明らかになった。いずれも大島によるものである。

奥山潤の「田澤湖の生成、變遷及び陸封された生物に就いて」はすでに少し触れた。この論文は秋田鉱山専門学校（現秋田大学工学資源学部）校友会の『北光』47号（1939年）に掲載されたものだ。クニマス雌雄の写真と形の違う雌雄の吻のスケッチを載せ、体色、深い湖底での産卵、周年産卵について記し、地質学的な田沢湖の形成と関連させて祖先種の由来を論じている。論は粗く、うなずけないところが多々あるが、クニマスがこのような観点で論じられたのは初めてであった。

奥山の論文の末尾に近いところに、面白い記述がある。玉川毒水を田沢湖に導入することに対して、「遂にクニマスを放棄するに至つた。大島博士は大いに痛嘆せられ、和井内氏の協力の下に十和田其外（そのほか）に移殖（ママ）することとなつた」と書いている。大島博士とはもちろん大島正満である。

和井内氏は十和田湖ヒメマスで知られる和井内貞行の子息、貞時であろうか。

大島がクニマスの研究で田沢湖を訪れた同じ年、東京高等師範学校（現筑波大学）教授で淡水魚の研究者として知られていた岡田弥一郎（1892-1976）が田沢湖に来た。1938年6月22日付の秋田魁新報に「世界一を誇る田澤湖の〝國鱒〟絶滅に瀕す　岡田博士の警告」という記事がある。岡田は仙台の斎藤報恩会の依頼で、東北地方の淡水魚類の調査と採集のために秋田県の大曲や田沢湖を訪れていた。記事はそのときのインタビューである。彼は絶滅を防ぐ緊急手段として、田沢湖より奥地にある所へクニマスを移植したらどうか、と語っている。

田沢湖からクニマス、そしてゆったりと流れていた時間が消えた。次章では江戸時代から昭和初期までを辿って、田沢湖の過去の世界を見てみよう。何が消えたのか。

第9章　田沢湖の昔

辰子伝説

私が初めて田沢湖を訪れたのは、西湖でのクニマス発見の発表から8か月後の2011年7月29日だった。翌日に講演を頼まれており、秋田空港で仙北市役所の職員に迎えてもらった。空港から田沢湖は遠く、山また山の連続で、こんなところまで「ベニザケ」がきたのか、と思ったものである。

田沢湖に到着して、すぐに北東部湖畔の春山地区にある「田沢湖郷土史料館」に案内された。2階の展示室には、クニマス漁に使っていた丸木舟と底刺網があり、その周囲に模型のクニマスが添えられていた。また、明治45（1912）年3月25日付の『槎(さ)湖(こ)漁業組合總會決議録』とともに、田沢湖産クニマスの標本が瓶に入れられて展示されていた。槎湖漁業組合は田沢湖でクニマス漁を行っていた漁師の組合である。クニマスと人々の日常を垣間見せてくれる展示であった。この史料館は2017年3月末で閉館され、現在は展示物とともに「田沢湖クニマス未来館」（第14章）に引き継がれている。

田沢湖はかつて土地の人から「潟」と呼ばれていた。これに「槎湖」という名前をつけたのは江戸期の文人で秋田藩士の益戸滄洲である。滄洲は１７６９（明和６）年に湖の南西岸である潟尻から丸木舟に乗り、湖中に水中林を見た。湖底には巨大な古木が林立している所があり、そこから樹幹の周囲が５ｍに達する古木が湖面に浮いてきて顔を出すことがあった。浮いてきた古木を漁師は「浮き木」あるいは「浮木明神」と呼んでいた。「浮き木」は「槎木」とも書かれ、これにちなんで滄洲は「潟」を「槎湖（さこ、うききのみずうみ）」と名付けたという。水中林はもともと火山の山麓に繁茂していた樹林で、カルデラが形成される際に陥没し、さらに水没したものと考えられており、「槎湖」は田沢湖の成り立ちの一端を表している。

田沢湖の成り立ちとクニマスの誕生について、美女・辰子の伝説が湖畔の人々に伝わっている。千葉治平の『山の湖の物語』（１９７８）に、辰子伝説は次のように書かれている。

むかし、むかし、神成沢の百姓三之丞の家にタツコというひなには稀な美しい娘が生まれた。

………

年ごろになったタツコは、或る日ふと水鏡に映ったおのれの顔に見とれて、いつまでも変わらぬ若さと美貌を保ちたいと思いつめ、大蔵山観音に百日百夜の願をかけた。雨の日も風の日も、乙女の懸命なお参りが続いた。

満願の日、友だちとわらび折りに山深く入ったタツコは、岩魚を焼いて昼餉をたべたところ、はげしく喉がかわき、沢べりに腹這いになって水を飲んだ。

呑めども呑めどもタツコの渇きはやまず、ついに雷雨を呼び、山津波を起こして湖水をつくり、みるも恐しい蛇体に化身して水の底へ沈んだ。永遠の姿の変わらぬみずうみのヌシとなったのだという。

友だちから一部始終を聞いたタツコの母は、おどろきと悲しみのあまり、炉に燃えさかる焚き木をたいまつがわりに振りかざし、声かぎり娘の名を呼びながら夜の山道を越えていった。みずうみの岸へ辿りついた母は、タツコオッ……とタツコオッ……と叫び続ける。突然湖水に激しい渦巻きが起こり、恐ろしい大蛇が現れた。それを見たタツコの母は、もとの姿に返ってくれと叫ぶ。いったん水の底へ沈んだ大蛇は、こんどは姿を変えてもとの美しい乙女になって現れ、人間界に帰られぬ身となったことを涙ながらに語った。タツコの母はあまりの口惜しさに、燃えさかる木の尻を湖水に投げつけて慟哭した。その投げた木の尻は忽ち(たちま)にして一ぴきの鱒となって泳いだという。

雷雨による山津波でできたのが田沢湖、燃えさかる焚き木の尻が水中で変わった魚が黒いキノシリマスであった。クニマスという、もうひとつの名前について、千葉は同書で次のように書いている。

伝説は木の尻ますを神秘的な翳(かげ)りに包んでいた。伝説に登場することによって、木の尻ますは〝田沢湖の精〟に昇華したのである。そして江戸時代に田沢湖を訪れた佐竹藩主が木の尻ますを賞味して、お国産のますということから国鱒(くにます)と名づけたという。それ以来二通りの名を持つことになった。

辰子伝説にはいくつかのバリエーションがある。例えば、堀口宣治『秋田三湖物語』（１９３７）の辰子伝説は千葉の話と大差ないが、神のお告げがあったことと、イワナを食べた話がないことが違っている。武藤鐵城の『秋田郡邑魚譚』（１９４０）によると、辰子は常光坊の娘で亀鶴、金鶴、神鶴、神鶴子（かんつるこ）とも言う。また、鉄道省の『十和田　田澤　男鹿半島案内』（１９２４）では辰子は田鶴子と書かれ、イワナが出てこないが千葉の話とほぼ同じである。ところが、この案内書には田鶴子の話は「木の尻鱒」でとどまり、「国鱒」については別の伝説が書かれている。湖畔に御国（おくに）という美人がいた。ある日のどが渇いたので、近くの渓谷に行き水を飲むと、一大鳴動と共に大湖が出現し、「御国」が「国鱒」になったという。口伝えであるから、いろいろなバリエーションができたのであろう。それだけ、田沢湖とクニマスは人々の生活に溶け込んでいたのである。

田沢湖は「タッコ潟」とも呼ばれていた。武藤鐵城の「田沢湖と民俗」によると、湖畔の集落である田子ノ木は古来「タッコフ」と言い、水辺に円錐形の小山のある所を意味する石器時代の言葉から出たものという。同じような地形のところで、岩手県や宮城県の田子、福島県の立子山、静岡県の田子ノ浦、台湾の打狗港（タアコウ）もそうだという。もしかしたら、辰子伝説の「辰子」の語源は地形かもしれない。

田沢湖の丸木舟には一本の釘も使われていない。千葉源之助・堀川清一の『田澤湖案内』（１９１１）にこの理由が書かれている。十和田湖の湖神である南祖坊は八郎潟の湖神八郎と格闘して、八郎を退けた。このことで、八郎を好いていた辰子は、南祖坊を甚だしく嫌うようになった。南祖坊は金剛の草履を履いて鉄杖をもっていたので、辰子は鉄を湖に入れることを忌み嫌ったという。田沢湖に金気（かなけ）を帯びたものを入れると風雨波濤が起こると言われ、クニマス漁の丸木舟に鉄の釘をまったく使っていないのは、こういう言い伝えによるという。

湖沼学者の田中阿歌麿が初めて田沢湖の水深を測ったとき、調査中に天候が荒れ始めて湖畔に押し戻されたので、これまでのどの湖よりも深いデータを得たのだが十分ではなかった（第10章）。丸木舟が急に風で湖岸に押し戻されたのは辰子の祟りだと言われたと、田中は『湖沼めぐり』（1918）に書いている。地元の人たちによると、南祖坊が大嫌いな辰子が測深に使った金属の錘（おもり）が湖に入るのを嫌ったのだ、と。

クニマス漁

伝説に包まれた湖で、田沢湖の漁師たちは昔ながらの小さな丸木舟（長さ8・1m、幅63・6cm、深さ36・4cm）で、ホリと呼ばれる湖底の漁場に刺網を設置してクニマスを獲っていた。刺網は絹糸で編まれ、幅1・5m、長さ9〜11m、上縁に山漆を枯らして作ったアバ（浮きのこと。長さ33cm、幅1・5cm）を等間隔で付け、下縁に小石を布でくるんだ錘を1m間隔で付けた。網目は7・5cm四方であったが、魚体の小型化に伴って1926（大正15）年以後は6cmに変えられた。漁師は丸木舟に刺網を積んでホリに向かう。ホリの位置はタドリと言われる浮標（径33cm、長さ1mの桐の丸太）を目印にしていた。タドリはホリに沈められた重石（おもし）とタドリ縄あるいは石縄と呼ばれる縄で結ばれていた（口絵13）。ホリに着くとタドリに刺し縄を結びつける。刺し縄の一方は刺網に繋がっており、その網を湖底に仕掛けるのだ。山立て（周囲の山や樹木を目印にした二線交差法）で刺網の方向を定め、片手で舟を後退させるように漕ぎ、もう一方の手で刺し縄をおろしピンと張ったところで舟縁にかけたアバを落としながら刺網を湖底におろしていく。翌朝、網を揚げるときクニマスの動きが網と刺し縄を通して伝わってくるので、漁師にはその手ごたえが何とも言えなかった、という。

田沢湖のクニマス漁の動画が残っている。漁師が丸木舟に乗って刺網を揚げている。揚がってきた網にはクニマスがかかっており、舟の縁には6尾が並べられている。「清楚なクニマス」というナレーションが入っているが、6尾はいずれもスラリとした雌であった。文部省が作成した『日本の湖』シリーズのひとつで、撮影は1938（昭和13）年の夏、田沢湖を調査中の吉村信吉が撮影班に同行していた。この貴重な映像は国立映画アーカイブに保管されている。

田沢湖畔は春山、田子ノ木、大沢、潟尻、相内潟という5つの地区に分かれている。クニマス漁をしていた漁家はこれらの地区に分散していた。クニマスの漁場である「ホリ」については、これまでも触れたが、田沢湖の湖岸は浅いところが狭く、その先で急に深くなる。その斜面にホリがあった。湖岸の周囲にくまなくあったホリにはひとつひとつ名前が付けられており、それぞれのホリで漁をする権利は各漁家が保持していた。この権利は各家に代々受け継がれていたのである。

仙北市大沢の三浦久家にはクニマス漁についての貴重な文書が多く残っている。そのなかで1818（文政元）年の『法利加和覺帳』と1912（明治45）年3月の『國鱒ホリ記し』には、ホリの名前とともに、各ホリの目印であるタドリの石縄の長さ、刺し縄の長さが記されている（図9-1）。ホリは場所によって深さが異なり、石縄と刺し縄の長さも違ってくる。こうした情報も後代に伝えられていた。さらにホリの名前には○印がつけられており、『國鱒ホリ記し』の

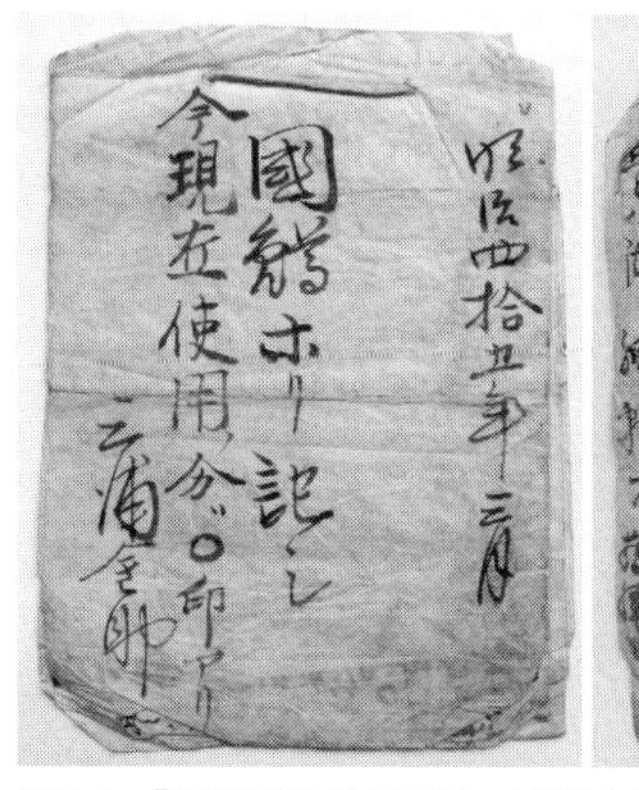

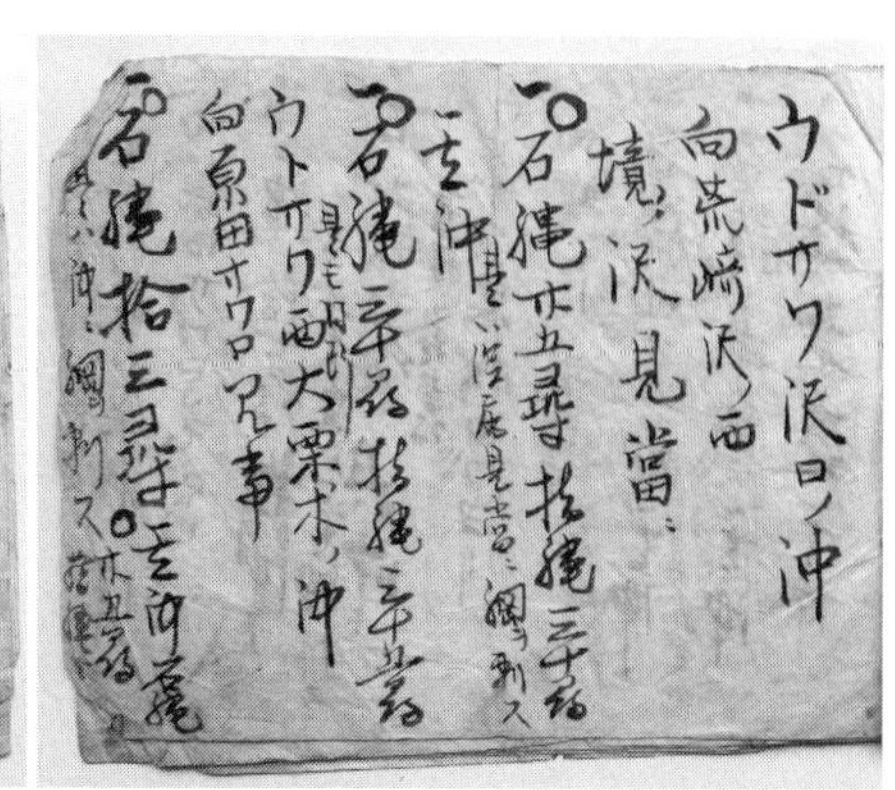

図9-1　『明治四拾五年三月　國鱒ホリ記し』　表紙（左）、内容（右）（三浦久家文書、写真 三浦久）

表紙に「今現在使用ノ分ハ〇印アリ」とあるように、クニマスが獲れているホリを意味していた。例えば「ウドサワ沢口ノ沖　向荒崎沢ノ西　境ノ沢見当ニ一〇石縄廿五尋指（刺し）縄三十尋」とある（図9－1右）。また、〇印のない不使用のホリも同様に記されている。使われないホリがあったことは、年によってクニマスが来ないホリもあったことを示唆していると思う。

1913（大正2）年の『漁獲取調帳』には、3月1日から5月31日までの漁獲尾数が漁家ごとに記されているが、各漁家の数字のばらつきは、クニマスが各ホリに均一に来ていないことを示している。例えば、3月1～10日の三浦金助のホリは23尾、三浦政蔵のホリは47尾だが、三浦留吉のホリは4尾、三浦三郎のホリは0尾となっている。この傾向は5月になるまで変わりがなかったが、翌年も同様だったとは限らない。漁獲数には変動があったと思われる。

明治28年旧10月と記された『捕魚帳』には、1895（明治28）年12月上旬から翌年6月中旬まで（新暦に

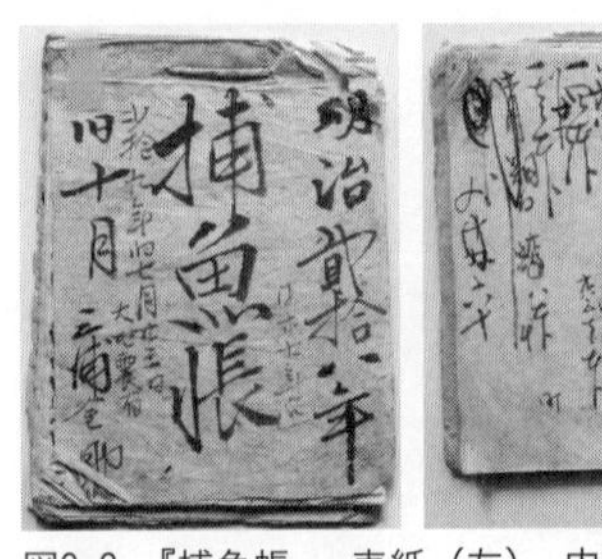
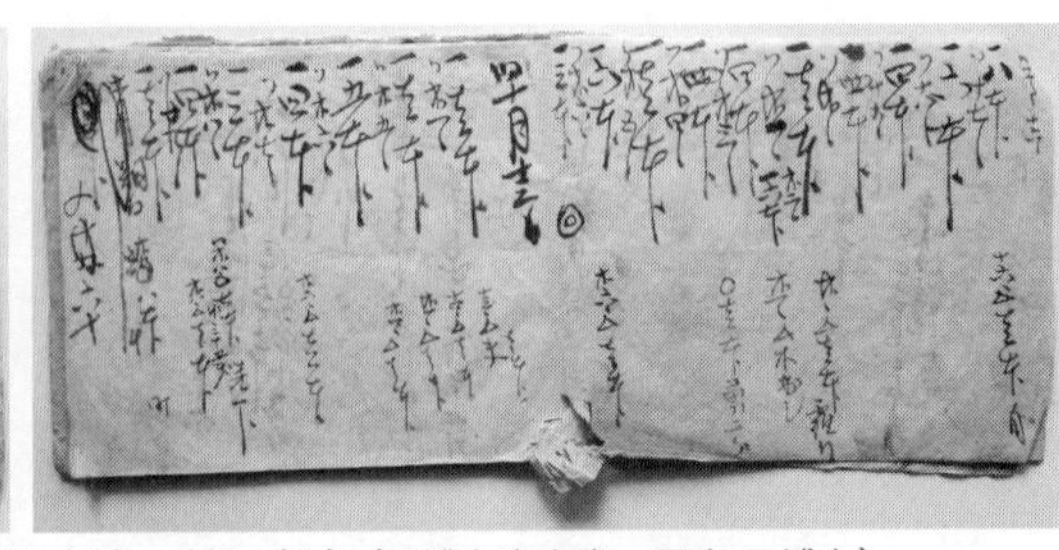
図9-2 『捕魚帳』 表紙（左）、内容（右）（三浦久家文書、写真 三浦久）

変換）のクニマスとウグイ（ザッコ）の漁獲高と販売数、価格が記されている（図9－2）。この文書は「田沢湖のクニマス漁業と孵化・移植事業――三浦家資料の分析――」（植月学他、2013）で読み解かれているが、それによるとクニマスは12月中旬から多く獲れ始め、翌年の5月中旬には終息していた。これと入れ替わるように5月から6月上旬にウグイが多く獲られている。クニマスの漁獲が多かったのは1月から2月であった。日によって販売された数と漁獲数が一致していないことに着目し、クニマスは獲れてすぐに売られたわけではなく、数がまとまったところで売られていたと推測されている。

獲ったクニマスは売るまでどのように保持していたのか。『秋田縣仙北郡田澤湖調査報告』（1915）には、数がまとまるまで湖辺につくった生簀で畜養して、魚商人が来たときに売ったと書かれている。

田中阿歌麿は1909（明治42）年に深さを測量するために田沢湖を訪れたときに大沢の三浦政吉宅に止宿したのだが（第10章）、田中は三浦から田沢湖の漁業についていろいろと話を聞いたようだ。その著書『湖沼めぐり』にこんなことを書いている。

魚は皆鮮魚のまゝで売り、大抵一定の数量を得るまでは、湖辺に

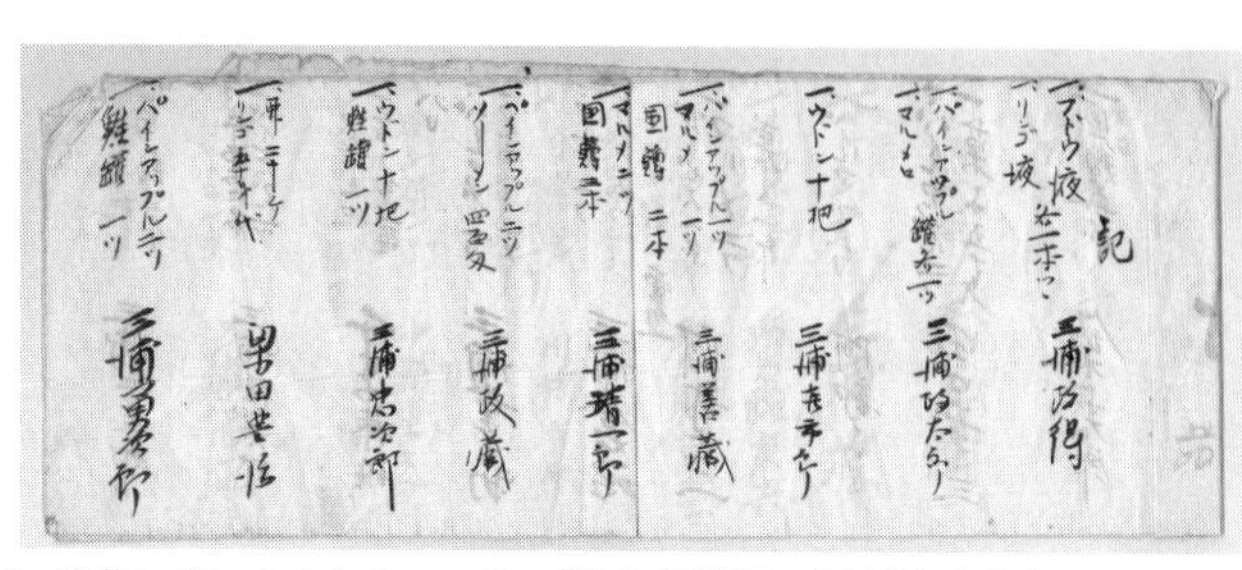

図9-3　進物に用いられたクニマス　『出生祝覚帳』（三浦久家文書、写真 三浦久）

生洲（いけす）を設けてこれに入れて置く、そして魚商人の来るのを待つて、随時現金で売渡すので、魚価は種類を問はず百匁に付き十銭均一である。若し久しく魚商人が来なければ、止むなく自ら箱に入れて近村殊に角館（かくだて）町に担ぎ出して売る。生洲は湖岸の木の根に括し付けて置くが、水温が低いので、余程長い間、死魚となつて居ても、自然の冷蔵庫のやうなもので容易に腐敗せぬ。

日々の暮らしとクニマス

クニマスは出産祝いや病気見舞いの品に用いられていた（図9－3）。大正から昭和初期にかけての記録で、出産祝いに関するものが5点（例えば『出生祝覚帳』）、病気見舞いに関するものが3点（例えば『病気御見舞到来覚』）残っている。地元ではクニマスは産婦や病人に適した食べ物とされた。三浦久兵衛は次のように書いている。

一日の漁は多いときで五六十尾も捕れたものであり、一尾昔は米一升だったそうだが、人工孵化するようになってからやや小型になり、八寸位全部同じ大きさで私たちが売りに歩いたころは一尾五銭であった。どんな病人や産婦が食べてもよいと言うのでよく売れたものである。焼いて食べてもおいしかったし、又輪切りにした味噌かやきの味も忘れがたい思い出である。

（「幻の魚国鱒」より）

『秋田郡邑魚譚』にも、背開きにして味噌に軽く漬ける「味噌押し」は美味しいと書かれている。また、煮物、焼き物でもよい、ともある。その他、干国鱒（粕漬干し）や燻製にしたことも書かれている。ただし、燻製については皮の強靭と肉の柔らかすぎるという欠点は除き得ない、とある。また、ホッサギ国鱒、あるいはウキヨと呼ばれる産卵をすませたクニマスは不味で1尾2銭だった、とある。

産卵をすませていないクニマスは1尾につきいくらしたのだろうか。先の植月他（２０１３）によると、１８９５～96（明治28～29）年では平均すると1尾５・９銭であったが、１９０８（明治41）年では2月から3月にかけて６・35～７・８銭であった。１尾１銭前後のウグイと比べると、クニマスは高価であったと言える。『新田沢湖町史』（１９９７）には大正期の魚価が記されている。クニマス25銭、ヒメマス25銭、クチグロマス25銭、イワナ25銭、オクウグイ（ウグイの大きいものであろう）20銭、ウグイ5銭であった。いずれの時代でも、クニマスは米1升分（『新田沢湖町史』）に相当して、高級魚であった。高価ゆえ、宴席で用いられたり、料亭で出されたりしていた。また、盆や暮れなどのハレの日に食べられ、日常の生活では食べる機会の少ない魚だったようだ。

イワナやアユは獲れる季節があり、ウグイも春の遡上期に多い。海鱒（サクラマス）は春に湖に入ってくるので、いつも獲れるわけではない。コイやニホンウナギも常に入手できるわけではない（『秋田郡邑魚譚』）。クニマスは高いけれども、いつでも入手可能であった。そして、姿が良い。

河魚

鮒、近江鮒（ゲンゴロウブナであろう）、鱒（サクラマス）、鮭（サケ）、鰭（イワナ）、鮎、小海老、雑魚（ウグイ）、黒カラ（不明？）、伊勢鯉（イセゴイ？）、セイゴ（スズキ）、背黒（ウグイの大きいもの）、クキ（ウグイ）、キリキリ（不明？）、イワナ、ヤマベ（ヤマメ）、カジカ、タナゴ（キタノアカヒレタビラ）、サヨリ（？）、似鯉（ニゴイ？）、ハネコ（不明？）、白魚（？）、油ハイ（アブラハヤ？）、カマス（？）

加工もの：塩引（塩鮭）、塩鮎、鮎粕漬、干鮎、鮎味噌引、焼鮎、鮎のウルカ、鮓鮎、鮓鰍、開鱒、干国鱒（粕漬干し）

海魚

カナガシラ、鯇（アラ）、王餘魚（シラウオ）、アンコウ、大鯛、耳鯛（？）、小鯛、鮫（種不明）、鰊（ニシン）、平目（ヒラメ）、烏賊（イカ）、ハタハタ、鯨（クジラ）、イナダ、鰯（マイワシ？）、アヂ（マアジ？）、鯖（マサバ）

加工もの：干鰊、干鯵、干チカ（ワカサギであろう）、鯣（スルメ）、干甘鯛、干鯛、粕漬ハタハタ、糀漬鰯、鮓鰰

表9-1　角館に入ってきた魚　　出典：『秋田郡邑魚譚』より作成

人々に大切にされたのは、こうした理由からであったと思う。周年産卵という特性によって産卵前の形のそろったクニマスが季節を問わず獲れていた。高級魚としての特性を備えていたのである。

田沢湖の漁師はクニマスを湖畔に来た魚商人に売ったが、時に角館まで売りに行った。角館は佐竹北家の殿様がいるので仙北郡の物流の中心だった。日本海沿岸から遠く、また、太平洋沿岸からも遠いにもかかわらず、食用として海の魚がかなり角館に入ってきていた。同じ魚で大きさの違うものも別名にされており、今の魚類名から種名が特定できないものも含まれているが、『秋田郡邑魚譚』で『北家御日記』から拾われた魚類で河魚として24、海魚として17の名前が挙げられている（表9-1）。クニマスは、この表で干国鱒として名前が挙がっているにすぎないが、『北家御日記』にはクニマスはしばしば登場している。

『北家御日記』

江戸時代、角館に居を定めて仙北地方を治めていたのは秋田藩主佐竹家の分家である佐竹北家であった。所預（ところあずかり）とは秋田藩の統治機構で主要地域に族臣などが任命された職分で、佐竹北家は現在の仙北市と花館を含む大仙市の一部を合わせた地域を支配した。佐竹北家は秋田藩主と同族の御苗字衆のひとつであり、他に東家（久保田城下）、南家（湯沢）、西家（大館）があった。久保田は現在の秋田市である。

佐竹北家は、角館へ移った佐竹義隣（よしちか）から明治に至るまで11代にわたって、歴代当主・若君、家臣によって書き続けられた『北家御日記』を残している。この『日記』には佐竹北家の公的な記録、一族の動静、交際、風習、行事などが記されている。『北家御日記』にクニマスが初めて出てくるのは、第2代所預となる佐竹義明（よしあき）の1674（延宝2）年8月16日の御日記である。

終日雨降也今朝馬共血を取候ニ付大殿様ニも被為出御覧被成候関口久左衛門来候て五ツ半比ニ仕廻候御料理なと被下候ニ付大殿様ニも此方ニ而御膳被召上候須江七右衛門も昨夜不被下候ゆへ今朝被下候御茶過候て則御帰被成候今日ハ御小座へも不参候暮過ニ因幡より使来候生保内より今晩帰候も無之手柄不仕候由也久尓未春ノ魚十もらひ候此外相替義無之也

（『北家御日記』一一 AK212-1-2）

現在の湯沢市院内の所預となった大山因幡が「久尓未春ノ魚十（尾）」を届けてきたと記している。これにより、17世紀後半の江戸時代中期には田沢湖でクニマス漁が行われていたことがわかる。「久尓未春ノ魚」という呼び名は、この地方の習慣によるもので、他には「鮭の魚」とか「鱒の魚」がある。

さらに1805（文化2）年8月23日と25日の第7代所預佐竹義文による御日記には、クニマスが将軍に献上された顛末が記されている。

> 廿三日　鷹の巣簗より鮎百上納、右之内三十味噌漬一桶、三十粕漬一桶、外に国鱒塩引五尾箱入ニ致、今昼立ニ飛脚相立、屋形様へ兼而御約束申上候　故献上申候、国鱒は只御覧一通り之由、屋敷番処へ使者勤申述候様申付候
>
> （『北家御日記』五六二　AK212-1-562）
>
> 廿五日　久府より飛脚帰候　屋敷番より膳番方へ用状を以申来候ハ、献上之鮎、国鱒御膳番当番小助川武膳へ掛合指出候処、お約束之鮎被指上御歓被思召候　且国鱒之儀者、何辺御手入被成置、江戸表へ被指登候趣、右武膳を以御挨拶被仰出候由ニ候
>
> （同前）

この御日記には「兼ねてからの約束通り、江戸の将軍に献上するアユの味噌漬と粕漬と共にクニマスの塩引5尾を箱に入れて藩主に納めることを飛脚で知らせ、その返事が藩主からきた」といったことが書かれている。なお、当時の将軍は第11代徳川家斉である。

1811（文化8）年7月29日から8月1日にかけて第9代藩主佐竹義和が角館と田沢湖を訪

れた際に絵を所望したようで、これに応えて北家当主佐竹義文は抱返り渓谷の絵2枚とクニマスの絵1枚を箱に入れて献上した、と8月29日の御日記に記している（『北家御日記』五七八 AK212-1-578）。クニマスは田沢湖の名物であった。

御日記には魚に関することがよく出てくる。例えば、西明寺村で桧木内川の三大淵と言われる宥然淵、釜の淵、明神淵や院内川との合流点である山鼻というところで、家臣と共にサクラマスをとっている。1743（寛保3）年6月8日に佐竹義拠（よしより）は、釜の淵で鱒狩を行い、鱒（サクラマス）を17尾とった。とった鱒は家臣に分け与え、自身は昼食と夕食で食べ、残りを鮓（すし）にして久保田土産とするように申し付けたと記している（『北家御日記』三〇五 AK212-1-305）。鱒を保存可能な鮓にして藩主に拝謁するときの手土産にしたのである。1676（延宝4）年5月26日に佐竹義明は、ハネ網と鵜捕でアユ64尾をとった、そして、この翌々日には鵜崎でアユ92尾をとったと記している（『北家御日記』五 AK212-1-5）。夏になると、角館の殿様は桧木内川へしばしばサクラマスやアユをとりに出かけていたことがよくわかる。

人々をとりまく湖畔の生物風景

湖畔に住む人々はクニマスだけと関わっていたわけではない。田沢湖に注ぐ多くの沢、また、湖の浅いところには様々な生き物がいた。これらの生き物はめぐる季節の中で、人々の生活に溶け込んでいた。

湖岸の水深6mより浅いところには大型草状植物が繁茂しており、多くの魚類が生息していた。水深10m線で浅いところを示すと図9－4のようになる。田沢湖は浅いところが狭く、中には

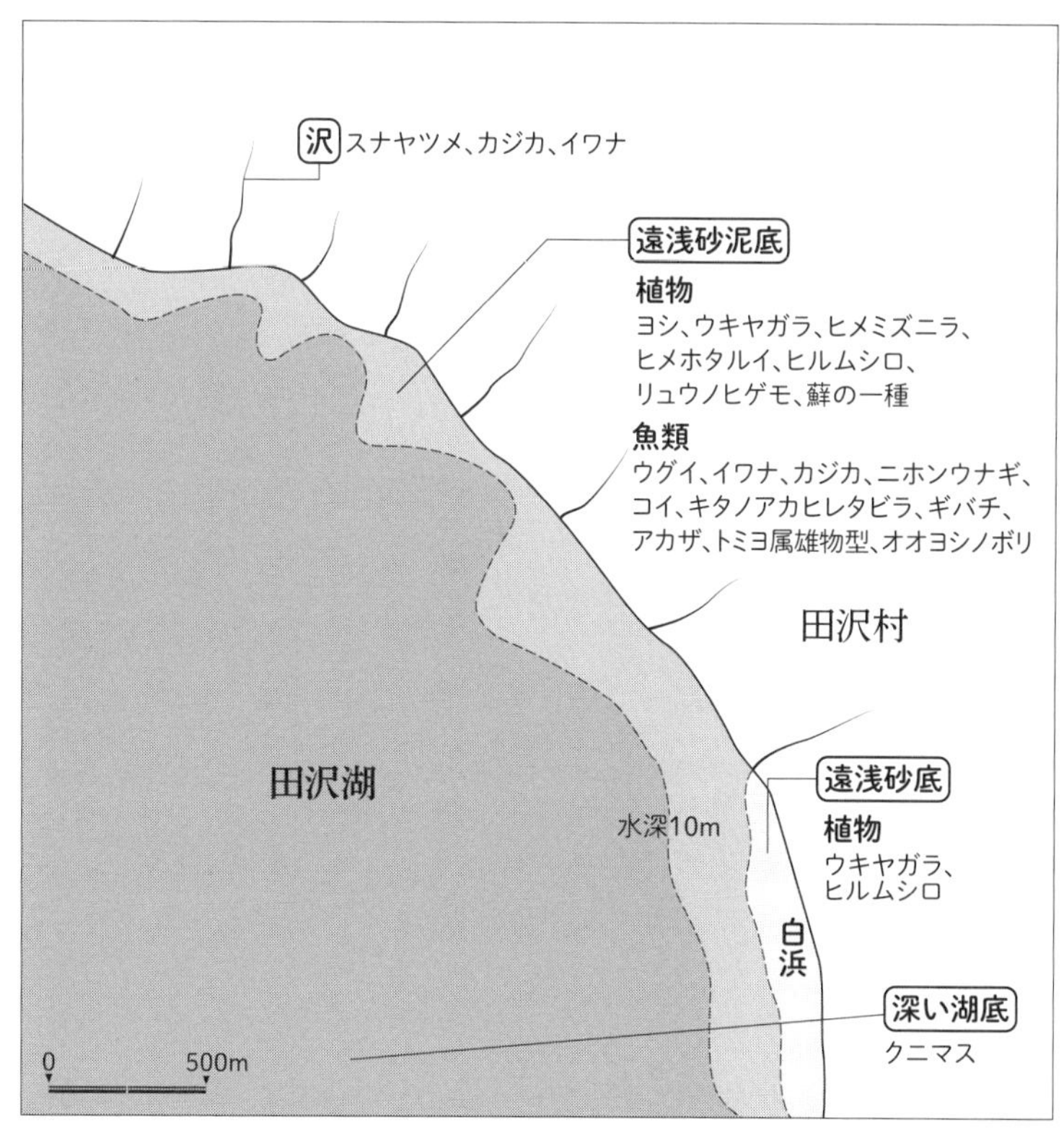

図9-4　田沢湖に生息する植物と魚類
(水生植物名は『秋田縣仙北郡田澤湖調査報告』による。
地図は同報告より改変)

岸から180m沖まで浅いところもあったが、ほとんどが60m程度までであり、魚類が棲んでいるところは限られていた。次に人々の暮らしと関わりが深かったいくつかの魚類について季節を追って記す。湖畔の人々と共にあった生物風景である。なお、魚名の後の括弧内に在来種と外来種の区別、地元での呼称を記した。

春には「ウグイの初漁」があった。沢を遡上してくるウグイを群来雑魚（クキザッコ）と呼んで、共同作業で漁獲し、お神酒を酌み交わしながら、その年の漁の安全と豊漁を祈願した。獲ったウグイは集落で分配され、それぞれの家に持ち帰られた後、囲炉裏で焼いて弁慶と呼ばれた筒状に編まれた藁に刺しておかれた。それを好きなときに食べたのである。余ったウグイは行商人に売られた。ウグイ（在来。鯎、大きいものはセグロ、小さいものはウグイあるいは雑魚・ザッコ）は多くは湖岸の浅いところに生息、稀に水深100m前後のところにも見られ、春に遡上したのは産卵群である。

初夏、6月、岸辺の水草や浮草のところに産卵のためにコイ（移植）が集まってきた。これを数艘の丸木舟で囲み、巻き網で漁獲した。また、丸木舟で火を焚いて夜に泳ぎ出したコイを網で巻き、ヤスで突いた。さらに、釣りでも獲っていた。コイは江戸期に放流され、また近くの水田で飼っていたものが湖に逃げて野生化していた。

同じく初夏、家族総出で田植えなどの農作業をしているとき、昼食のおかずに湖岸の浅瀬や沢でカジカを獲った。遊びにきた子供たちが網や手ぬぐいで獲っていた。カジカ（在来。ゴリ、鰍、サド鰍）は沢や湖岸の浅瀬に多く生息していた。

秋に産卵のために沢を遡上するイワナを、返しのついた筌（ど）を下流の中央付近に設置して獲った。全長60㎝を超えるものが多く、中には1mのものもいた。イワナ（在来。大きいものはアメマスあるいは鱒、鱸）は、普段は沢や湖岸から湖斜面上部に生息した。イワナは10月上旬から沢に入り、11月中・下旬に産卵した。

秋、潟尻川からサクラマス（在来。海鱒、河鱒）が湖に入り、潟尻（南西岸）から相内潟（北西岸）の湖岸で産卵をしていた。

アユ（在来。鮎）は潟尻川から入ってきたものが秋ごろまで潟尻から相内潟の湖岸で産卵したが、孵化には至っていなかった。大島正満が「田沢湖の魚族　亡びゆくうろくずのために」で述べている、春山（北東）の湖岸で採集したものを陸封型だと考えた「コアユ」は、潟尻川から入ったアユだと考えられる。アユには変異が多く、体が小さいものもしばしば見られるので、大島の採集したアユは田沢湖独自の陸封型「コアユ」とは考えられない。

ニホンウナギ（在来。鰻、一部放流）は湖岸で少し深くなった岩のあるところに生息、穴に潜んでいるのをヤスで突くか、夜に丸木舟に乗り、かがり火を灯して長い柄のヤスで突く漁が行われていた。ドジョウを餌にして置き針をしたときには朝に仕掛けを見に行った。

これらの他、キタノアカヒレタビラやギバチ、アカザ、トミヨ属雄物型、オオヨシノボリ、スナヤツメなどがいた。なお、田沢湖のキタノアカヒレタビラは１８９６（明治29）年８月31日の陸羽地震で絶滅した。この種はイシガイなどに産卵するが、地震によってイシガイともども絶滅したと見られる。

田沢湖周辺の河川と魚類

田沢湖の魚類は周辺の河川から切り離されているわけではない。湖から流れ出た潟尻川は西明

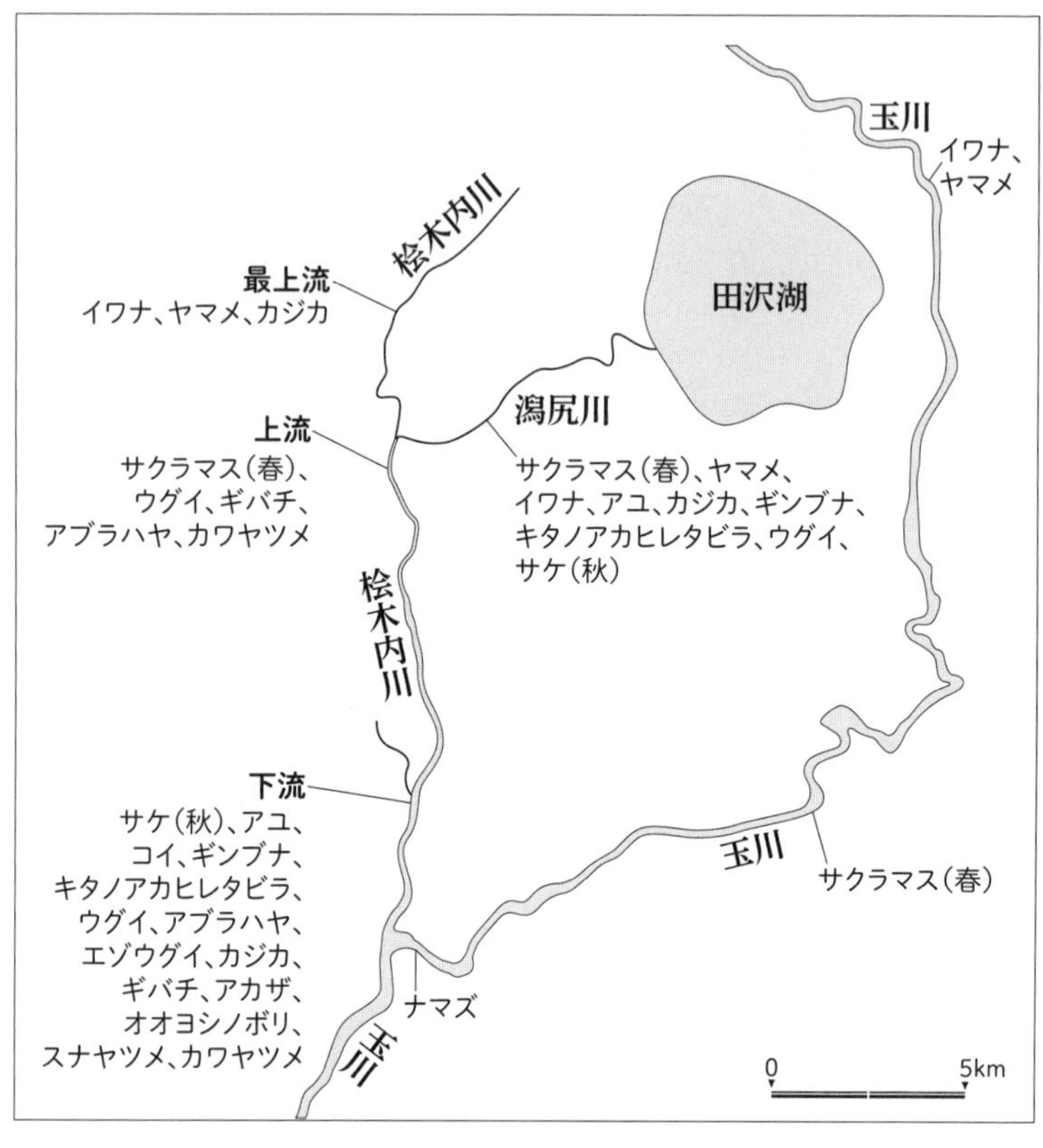

図9-5　田沢湖周辺の河川に生息する魚類
(地図は『秋田縣仙北郡田澤湖調査報告』より改変)

寺村（現仙北市西木町）で西側の桧木内川に合流する。東側を流れる玉川は角館の南西で桧木内川と、さらに大曲で雄物川と合流し、日本海に至る。田沢湖は水系として、外とつながっているのだ。この地域の魚類を河川別に記すと図9－5のようになる。この水系のなかに田沢湖を位置付けて考えてみる。

桧木内川は最上流にはイワナとヤマメ、カジカ、上流にはウグイ、ギバチ、アブラハヤ、カワヤツメが生息する。カワヤツメは滝をのぼらず、生息域は滝壺までであった。角館の殿様が鱒狩を6月や7月（旧暦）に行ったように、春にのぼってきたサクラマスが淵にたくさんいたのである。サクラマスは春に遡上、秋の産卵まで淵で過ごし、潟尻川から田沢湖に入るものもいた。桧木内川下流にはアユがおり、錨釣り、友釣り、ハネ網で獲られたが、淵には真っ黒になるほどいたという。秋になるとサケが産卵のためにのぼってきた。下流の淵にはその他、コイ、ギンブナ、キタノアカヒレタビラ、ウグイ、アブラハヤ、エゾウグイ、カジカ、ギバチ、アカザ、オオヨシノボリ、スナヤツメ、カワヤツメが生息していた。

潟尻川は田沢湖と桧木内川の間を結び、魚の豊富な川であった。ヤマメ、イワナもいた。春にはサクラマスがのぼってきた。また、夏にはアユが釣れ、秋にはサケがのぼってきて産卵をした。他にはカジカ、ギンブナ、ウグイ、キタノアカヒレタビラが獲れ、塩と麴で漬けられた。

玉川は上流に玉川温泉（鹿湯温泉）があり、ここから強酸性の毒水が流下する。田沢村では二百十日がすぎるとイワナは上流を目指し、湧水のある箇所を見つけて産卵した。ヤマメもいた。田沢村の玉川部落の漁獲による収益は年間わずかに70円で、内訳は玉川で獲るイワナだけであった。少し下流に生保内村があり、生保内川に棲むイワナは鰭が目立って赤かった。先達川や生保内川、抱返り渓谷にはサクラマスがのぼってきた。サクラマスがのぼってくる春は雪解け水で川が増水する時期にあたり毒が薄まっているが、秋は水涸れ時で毒が濃く、サケがのぼってくることは稀であった。角館の菅沢にはナマズが多かった。

余談だが、昭和の初期までサクラマスは単に鱒と呼ばれていた。成熟して婚姻色になる前は鱒も鮭も銀色で似ているが、春に遡上するのが「鱒」、秋に遡上するのは「鮭」であった。

田沢湖の成立後、クニマスやウグイはどこからきたのか。このようなことを研究するのが生物地理学であるが、田沢湖と周辺の魚類の来歴を考えてみる。

田沢湖とその周辺の魚類は海となんらかの関わりをもつ種が多い。現在も通し回遊（一生のうちに海と川あるいは湖を行き来すること）をしているか、過去に通し回遊をしており、現在は陸水域のみに生息している種が多く、ウグイ、エゾウグイ、カジカ、トミヨ属雄物型、オオヨシノボリ、ニホンウナギ、サケ、サクラマス、イワナ、アユ、クニマスがこれに相当する。一方、海と関わりをもたないものは純淡水魚あるいは一次性淡水魚と言われるが、ギンブナ、キタノアカヒレタビラ、アブラハヤ、ギバチ、アカザが相当する。コイは外からの移植である。

海と関係のある種はほとんどが冷水起源のものであり、暖水起源はオオヨシノボリとニホンウナギである。純淡水魚はアブラハヤが寒帯起源、他は温帯起源である。西日本の湖沼に比べて、魚類の種数は少なく、すべて太平洋の西側に起源をもつ。しかし、クニマスは古いベニザケから分化しており太平洋の東側に起源があることで異色である。

明治時代の中期まで、ゆっくりと流れていた人々の日常に近代化の波が押し寄せる。田沢湖にいる魚類を獲って売り、食していただけの漁業が変わってゆく。漁業の生産量をあげるために、他の湖から魚類を移植する事業が行われ始めた。秋田県では十和田湖に続いて田沢湖へのヒメマス移植事業が推進されたのである。

この事業には漁業権の取得と漁業組合の結成が伴っていた。田沢湖の各漁家はクニマス漁でゆるやかに結びついていたが、孵化場をつくり、ヒメマスの移植を始めるにあたって、漁業組合としてまとまるようになった。そして、ホリでクニマスを獲る権利は県知事が認める漁業権になったのである。

第10章　漁業組合の結成と終焉

ヒメマス移植事業

１９０１（明治34）年に漁業法が制定され、このころからマス類の養殖漁業が農商務省水産局や水産講習所（現東京海洋大学）の指導により各地で行われ始めた。和井内貞行がヒメマス卵を十和田湖に取り寄せた１９０２年は本州におけるヒメマス移植の幕開けであった。この年、秋田県水産試験場の勧めで田沢湖の漁家は湖畔の潟尻に鱒孵化場を建設した。翌年の秋に支笏湖からヒメマス発眼卵５万粒を購入して、次の年の春に約４万４０００尾の稚魚を田沢湖に放流した。これが田沢湖のヒメマス事業の始まりである。

１９０４年、日露戦争が始まり、この年はヒメマス卵の購入を中止。翌年9月に戦争が終わったので、十和田湖から10万粒を購入した。以後、１９３２（昭和７）年まで十和田湖や支笏湖などからヒメマス卵を購入して、田沢湖に稚魚を放流し続けた。

ヒメマス移植事業は時代の趨勢であった。しかし、かなりの労力と経費をかけたにもかかわらず、田沢湖ではうまくいかなかったのである。そんな中で、次に農業と電力事業という時の流れがやってきた。この大波が田沢湖の漁業を終わらせてしまう。そして、クニマスも消えたのだ。

ところが、ヒメマス人工孵化という技術がクニマスにも及び、奇跡的に移植先で生き残ることになった。少し長くなるが、ヒメマス移植事業と田沢湖の漁業を振り返る。

区画漁業と槎湖漁業組合

日本の漁業は他の産業と同様に明治時代に近代化された。その要諦は漁業者が漁業を行う権利（漁業権）の整備と資源保護のための漁業取締りであった。この実施にあたって、各地に漁業組合を組織させた。

ヒメマス移植事業を行う漁業は区画漁業に該当した。区画漁業とは水産生物の養殖に関する漁業であり、この漁業権を得るには養殖場所の面積を算定して県知事に申請する必要があった。ヒメマスの移植について言えば、稚魚を放流して湖で成長・成熟させるので、養殖場所は湖となる。この場合の区画漁業は第三種に相当した。ちなみに、第一種は一定の区域を竹や木などで区切って行う、海苔や牡蠣などの養殖、第二種は一定の区域内で生簀などを用いるハマチなどの養殖に相当する。第三種はそれ以外のもので、一定の区域内で行う養殖業である。

漁業権は排他的な権利であり、もたないものは漁業ができない。１９０４年頃、県境にある十和田湖では秋田県の和井内貞行と青森県の上北郡法奥沢漁業組合が区画漁業権で揉めていた。田沢湖の漁業をまとめていた三浦政吉は十和田湖の揉め事を知っていたであろう。１９０６年3月13日、田沢湖の三浦政吉他8名で『槎湖區劃漁業免許願』（図10－1左）を作成、この「他８名」には和井内貞行も名前を連ねていた。同年にはヒメマス卵を十和田湖から田沢湖に運搬するのに和井内が同行しており、田沢湖と和井内の関係が密だったことを窺い知ることができる。この免

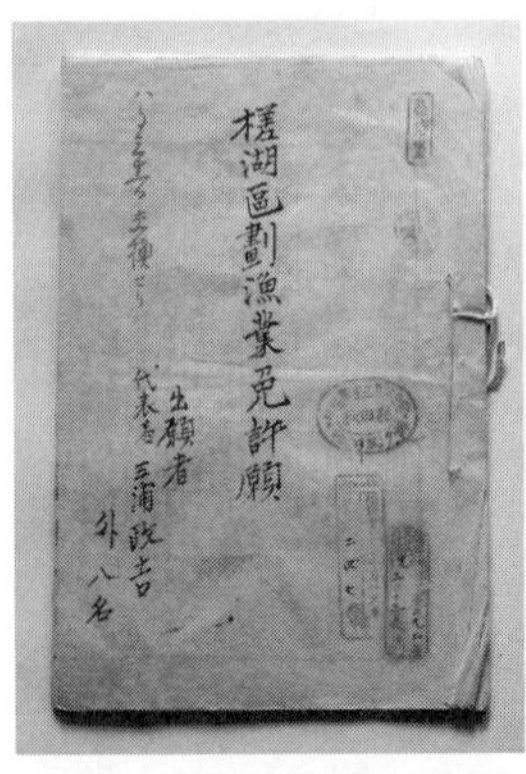

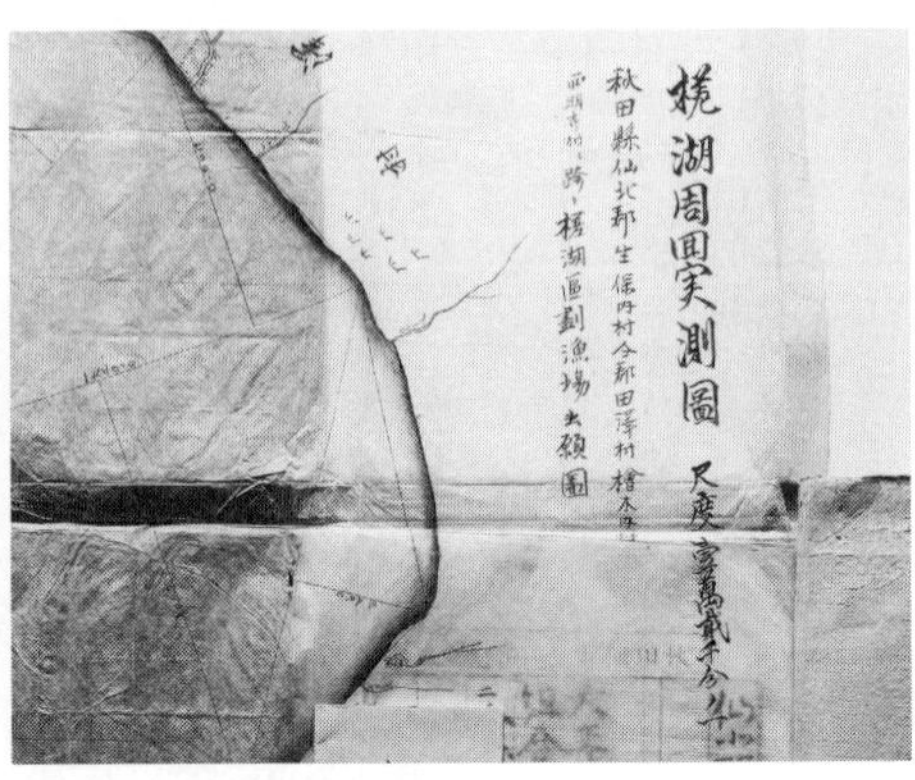

図10-1 『槎湖區劃漁業免許願』（左）、『槎湖周囲実測圖』（右）
（いずれも三浦久家文書、写真 三浦久）

許願は『槎湖魚族養殖方法及将来ノ見込取調』と『事業設計書』を添えて秋田県知事に提出、3月24日に受け付けられた。

　田沢湖での区画漁業の対象魚について、添えられた『将来ノ見込取調』には、それぞれの詳細が記されている。対象とする魚は国鱒（クニマス）、群魚（ウグイ）、セゴロ（ウグイの大型個体）、鯉（コイ）、イワナ、鱒であった。これらの中で鱒が何を指すのか。桧木内川や潟尻川で鱒と言えばサクラマスであり、潟尻川から田沢湖に産卵のために入ってくるものもある。しかし、ここに記された「鱒」は放流したばかりで将来的に産卵回帰と漁獲が見込めるヒメマスだったであろう。クニマスとヒメマスは捕獲採卵して人工孵化により放流養育、ウグイとコイは5月1日から6月15日まで捕獲を禁止して自然繁殖をはかる、イワナは産卵期の9～10月に捕獲を禁止して自然繁殖をはかる、といった内容が記されている。そして末尾に、この区画漁業によって得られる社会的利益について言及されている。

　事業には経費が必要であり、『事業設計書』には19

06年4月より09年3月までの3年間の予算について1年ごとに諸経費が細目別に記され、3年間の合計で1895円であった。そして、孵化場を使うことによる孵化放流で予測される漁獲の利益も記されていた。3年間で2万4480円だった。

区画漁業権の申請には養殖場所の範囲と面積を示さなければならない。放流した魚が成長してゆく場所を意味するので湖全体となる。三浦政吉ら漁家は田沢湖すべてと潟尻川下流1里（4㎞）までとして、『槎湖周囲実測圖』（図10－1右）を作成した。潟尻川を含めたのは、放流した魚が川を下ることも視野に入れたと思われる。この田沢湖地図の作成には1906年の4月11日から21日にかけて、漁家から39人が出て測量を行った。『槎湖孵化事業に関する会計簿』（三浦久家文書）には実測調査の人数と経費が記されている。田沢湖の漁家の力を合わせての測量であった。田沢湖の面積を記した実測図が県に提出されたのは同年8月29日で、そのときの出願者は65名となっていた。

免許が与えられたのは同年10月20日、免許番号は第441号。漁期は1月1日から12月31日まで。漁業権の存続期間は与えられた日から20年間であったが、1926（大正15）年10月20日に更新され、1946（昭和21）年10月21日までさらに20年が延長された。

田沢湖の65戸の漁家はまとまって区画漁業権を得たが、きちんとした漁業組合を成立させていなかった。鱒孵化場の建設に際して1902年に孵化場協議会をつくったときの議事録の表紙には「潟漁業組合」という名称が記されていた。しかし、1906年に区画漁業の免許願を提出したときは「田沢湖養魚組合」と呼ばれており、実質は未だ湖畔漁家の有志の集まりであった。

1912（明治45）年3月25日に「槎湖漁業組合」が正式に成立し、組合長は三浦政吉であった。

『槎湖漁業組合總會決議録』(仙北市文書)によれば、組合員は生保内(大沢、田子ノ木)、西明寺(潟尻)、桧木内(相内潟)、田沢(田沢、春山)で合計65名、田沢湖畔すべての漁家であった。組合経費は各地区で按分した。このときに、クニマス漁の刺網と網目のサイズも決めて記している。こうして槎湖漁業組合の65戸の漁家は、玉川毒水導入の1940年までクニマス漁を行い、区画漁業権をもとに漁業補償の交渉を行ってゆくのである。

初代組合長の三浦政吉(1852-1934)は湖畔の生保内の潟村大沢に生まれ、地元の様々な会の委員をつとめ、晩年は立憲政友会秋田支部員として政治活動を行っている。田沢湖での区画漁業権の取得と槎湖漁業組合の設立に中心的役割を果たした人であった。

回帰してこないヒメマス

漁業権を得て、組合も結成した。しかし、せっかく体制を整えたものの、本来の目的であるヒメマスの産卵回帰がなかったのである。通常、ヒメマスは放流後3年か4年すれば親魚が群れで回帰するが、田沢湖では最初に放流してから3年が経過しても、ヒメマスは帰ってこなかった。そして、翌年もその翌年も姿を見せなかった。稚魚の放流を続けても親魚の産卵回帰がなく、十和田湖のようにヒメマスの採卵ができなかったのである。

ヒメマスの移植放流の費用は、1905年から13年にかけて、田沢湖養魚組合(当時)と秋田県水産試験場が2年ごとに交代で負担していた。ヒメマスが回帰しないことに県も組合も頭を抱えたと思う。ヒメマス卵の価格は1907年に10万粒で40円であった。こういう状況について三浦政吉は和井内貞行に相談したのであろう。1909年10月21日から26日に、十和田湖から和井内が様子を見に来ている。

秋田県は、ゆくゆくは田沢湖もヒメマス卵の供給地にするつもりだった。しかし、田沢湖ではいくら放流してもヒメマスが帰ってこず、孵化場建設や孵化放流にかなりの費用をかけたのに、利益は全く生まれなかった。

どうして、放流したヒメマスは帰ってこないのか。関係者には理解できなかったに違いない。田沢湖に何らかの原因があるのではないか。秋田県水産試験場は湖の特性を調べ始めた。湖盆の形態と水理学的特性の調査には湖沼学、そして植物と動物の調査には生態学が用いられた。当時、これらは最新の研究分野であった。

日本最深を測る

田沢湖が日本最深であることを最初に示したのは湖沼学者の田中阿歌麿（1869－1944）である。田中はスイスの湖沼学の創始者フランソワ＝アルフォンス・フォーレルに学び、1895年に帰国した日本における湖沼学の草分けだ。

秋田県水産試験場は1907年に田沢湖の測量をし、面積を坪数で示した。そのときに測深もして、かなりの深さであることはわかったものの正確な数字は出せなかった。このころ、田中が新聞に中禅寺湖が水深172mで日本では最深と書いた。その記事を読んだ秋田県水産試験場の技師が、日本で一番深い湖は田沢湖であるはずだから来て調査して欲しい、という手紙を田中に送ったのである。

1909年の夏、田中は測深のために田沢湖に行った。8月12日午後9時上野発の列車に乗り込み、翌朝5時に福島で奥羽本線に乗り換え、午後2時半に大曲に着いた。ここで和井内貞時と秋田県水産試験場の技師と落ち合い、馬車で角館まで行き宿泊。翌14日朝、生保内まで人力車、そこから徒歩で湖畔の大沢に向かい、田沢湖漁業のまとめ役である三浦政吉宅に投宿、ここを調査の拠点にした。今なら東京から田沢湖まで新幹線で3時間ほどだが、実に40時間余りの行程であった。和井内貞時が同行したのは、父である貞行が田沢湖の調査を田中に勧めていたからであった。そして、三浦政吉の家を調査拠点にしたのも、ヒメマス移植で三浦と親交があった和井内の勧めだったと思われる。

到着した翌日の8月15日と16日に、田中は田沢湖の測深調査を行った。2艘の丸木舟を横に繋いで測量船にして、そこに機材を持ち込み、同行の2人と湖に漕ぎ出した。湖上の気象は変わりやすく、風が少し出てくると、錘測用ロープに浮標をつけて湖面に放し、急いで湖岸に戻るのであった。このようなことを2、3回繰り返し、2日間で二十数か所の測深を行った結果、ようやく水深397mという数字を見出した。湖面の5分の2程度をカバーした地点での測深で納得のいく調査ではなかったが、これによって田沢湖は日本で最深であることが証明されたのである。

なお、『湖沼の研究』で示した世界で初めてのクニマス雌雄の写真（図3－2、75頁）は、この田中の測深調査のときに撮影された。測深機材とともに写真機を運んだのである。当時の機材を考えると大変だったと思う。

この後、1910年10月に、秋田県水産試験場が湖面の3分の2に相当する地点で測深を行い、水深413mを得た。そして、東北帝国大学で総長を務めた物理学者の本多光太郎（1870－1954）による1914年8月の調査で水深425mとさらに深い値を得た。しかし、この値が最深点なのか。湖の最深点は湖盆（湖底）の形態がわかるとおのずと明らかになるが、この時点で湖盆全体の形態は未だ不明だったので、水深425mが田沢湖の最深点とは言えなかった。

田沢湖の湖盆の大体の形態がわかったのは、1926年の湖沼学・地質学者、田中館秀三（1884－1951）の調査だった。田中館は数人の助手とともに95点で測深を行い、湖心部にかなりの広さの平坦底が広がっていることをつきとめ、最深点が425mで間違いないことを明らかにした。こうしてわかった最深点だったが、実は本多より前の1910年の秋田県水産試験場の調査で見つけられていたのだ。水産試験場の測深は麻縄によるものであったが、鋼索によって得られた本多の数値に補正をかけると同じ値になったのである。

三浦政吉の悩み

ところで、田中阿歌麿は大沢の三浦政吉宅に投宿したときに、ヒメマスの移植放流やクニマス漁について話を聞いたと思われる。三浦久家にはこのときの田中の礼状が残っている。1909年9月7日付の手紙には養魚のことも触れられており、水産試験場によく相談するようにという助言をしている。養魚とはヒメマス移植事業のことである。三浦政吉は田沢湖へのヒメマス移植放流がうまくいかない悩みをかかえていた。

放流しても放流してもヒメマスは帰ってこない。経費が嵩(かさ)むばかりで成果があがらない。事業を中心になって進めている三浦の苦悩は深かったであろう。

中野治房の意見

1915（大正4）年3月に秋田県水産試験場は『秋田縣仙北郡田澤湖調査報告』を刊行した（図10-2）。この報告書には「ひめます移殖試験」という副題がつけられ、湖の面積と形態、位置、起源、水質、生息魚類の生態調査及びその食性、住民、漁業、ヒメマス育養試験といった内容が詳細に記されている。田沢湖についての総合的な学術報告書である。また、水産試験場が行った調査結果の記述の前には、当時の識者、櫻井廣三郎（文部省震災予防調査会嘱託）と大橋良一（秋田鉱山専門学校講師）、田中阿歌麿（理学士）、中野治房（水産講習所嘱託）が田沢湖に関して行った学術研究の結果が書かれている。これらの記述のうち、櫻井、大橋、田中のものは既に発表されていたものに基づいているが、中野のものは秋田県の依頼によって新たに行われた調査研究の結果であった。

中野治房（1883-1973）は、東京帝国大学理科大学植物学教室で三好学の教えを受けて植物生態学の分野で多くの業績を残した。湖沼の水草群落について研究し、田沢湖の前には千葉県の手賀沼と長野県の諏訪湖の調査研究を行っていた。

中野は田沢湖の顕花植物と植物プランクトン、動物プランクトンについて先の報告書に書いているが、彼の記述は、当時の日本では最新であった生態学が基礎になっている。中野は、田沢湖は沿岸帯が狭い上に植物等が少ないので、魚類などの餌となる小動物、さらにプランクトンが極めて少ないと記している。そして、ヒメマスがどうして産卵回帰してこないのか、また、漁獲されないのかについて、次のように書く。

何故ニ姫鱒ハ繁殖セザルヤ浮游生物僅少ナリトモ姫鱒全部ヲ養育セザルノ理ナシ勿論餌料少キヲ以テ他魚ノ生活困難ナルト共ニ更ニ外来ノ新客タル姫鱒ノ餌料制限シ其繁殖率ヲ寡少ナラシムルハ明ナルモ全部死滅スルノ理ナシ全部死滅ノ理由ハ他ニアリ是姫鱒児ヲ貪食スルうぐゐ及ごりノ繁殖ニヨルモノナルヲ注意セザルベカラズ彼ノ放養当日鱒児ノ河口ニ逃亡セリト云フガ如キ全クうぐゐニ追ハレタルヲ指示スルモノニアラズヤ姫鱒ノ河ヲ下ルノ例ハアルモ斯ル幼年ノ鱒児ガ河ヲ下ルハ敵ニ追ハレタルノ外考フル能ハザルナリ（中略）姫鱒児ヲ成ルベク池中ニ長ク養ヒ成長ヲ今ヨリ大ナラシメテ後湖水ニ放流スベク且歩減ヲ大ナリト見做シ放流数ヲ今ヨリ更ニ多数ナラシムベシ少クモ今ノ二倍若クハ五倍ヲ放流スルモ可ナリ

（『秋田縣仙北郡田澤湖調査報告』）

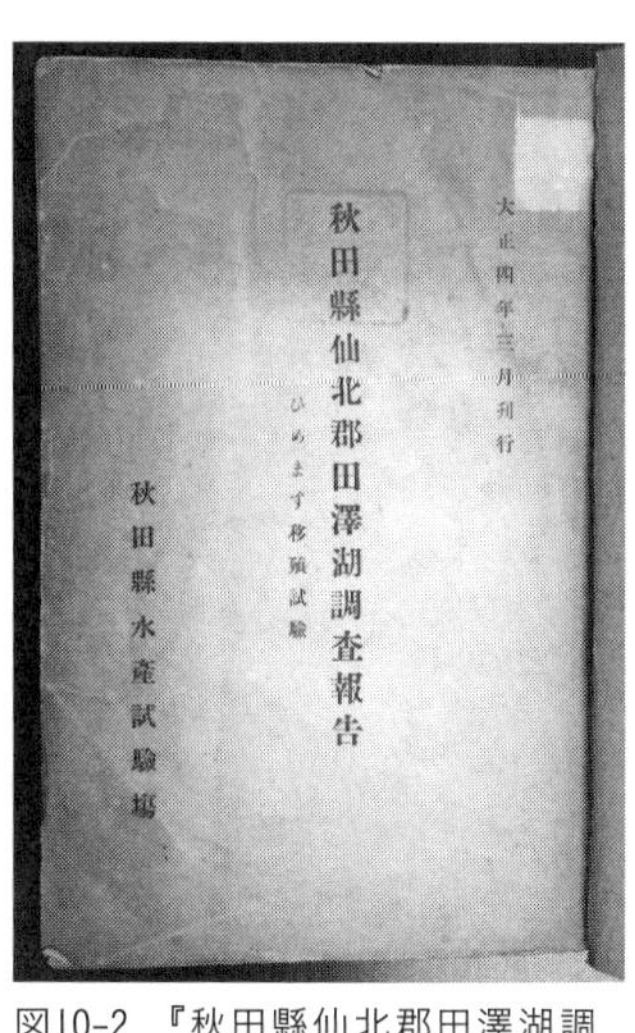

図10-2 『秋田縣仙北郡田澤湖調査報告』（秋田県立図書館蔵、写真 中坊徹次）

田沢湖が貧栄養であっても、それだけで放流したヒメマス稚魚が全滅することはないとして、稚魚が孵化場近くの潟尻川に入り他の魚に捕食されていることが一因である、と述べている。潟尻孵化場の近くには潟尻川がある。中野は放流したヒメマス稚魚は田沢湖の流出河川である潟尻川から湖を出ていき、ウグイなどに食われているのではないかと考えた。そして、ヒメマス稚魚をウグイなどに捕食されない大きさにしてから放流する、といったような提言をしているのである。

中野の意見は、秋田県水産試験場に受け入れられ、採集された魚類の消化管内容物が調べられた。この報告書にある消化管内容物を記した表からはウグイがヒメマスの稚魚を捕食していた形跡は不明だが、日本の生物学が分類学、形態学、発生学が中心だった時代に中野は動物の捕食・被食関係に言及しており、ずっと後の1970年代の栽培漁業の考えを先取りする意見を述べているのは注目に値する。結果、孵化場は中野の意見によって移転することになった。

図10-3　田沢湖春山孵化場（仙北市資料）

孵化場の移転——潟尻から春山へ

潟尻孵化場は1914（大正3）年に廃止され、23年に対岸の春山地区に新しく孵化場が建設された（図10-3）。新しい孵化場は近くに流出河川のないところであった。

春山孵化場が建設されるまでの間も、ヒメマスの孵化放流は続けられていた。1919年から22年にかけて、十和田湖あるいは支笏湖から年6万～20万粒のヒメマス卵を購入して、翌年の春に放流している。孵化の場所はいずれも水尻沢（春山）と記されており、なんらかの臨時施設だったと思われるが、詳しくは不明である。それでも、ヒメマスは帰ってこなかった。

新しい春山孵化場では、1923年に支笏湖からヒメマス卵10万粒を購入、翌24年から28年までの5年間は十和田湖から毎年5万～20万粒を購入したが、孵化場が替わってもヒメマスは帰ってこなかった。

田沢湖へ産卵回帰したヒメマス

ところが、1931（昭和6）年の秋、初めてヒメマスが産卵回帰してきた。11月3日から12月10日までに産卵回帰したヒメマス親魚103尾から9000粒を採卵し、翌年の春に稚魚6190尾が放流された。秋田県水産試験場の試験事業報告に、次のように記されている。

田沢湖ニ移殖セル紅鱒ハ本年ニ到リ初メテ湖岸ニ洄游各沢水ヲ求メテ遡上スルモノアルヲ認メタルヲ以テ十一月三日ヨリ十二月十日迄ニ親魚百三尾ヲ使用シ九千粒ヲ採卵シタリ之ガ詳細ニ関シテハ別記田沢湖紅鱒移殖成績ノ項ニ記スルトコロアルベシ

（『昭和六年度試験事業報告』）

田沢湖に初めてヒメマス稚魚を放流してから27年、まさに突然の産卵回帰であった。翌年も田沢湖産の親魚から4600粒を採卵したことが記されている。この年も産卵回帰したのであろう。しかし、ヒメマスの孵化放流は1932（昭和7）年で幕を閉じた。理由は定かではないが、田沢湖ではヒメマス移植は採算に合わないと判断されたと思われる。およそ30年後の苦渋の決断だった。ヒメマス移植放流は、かけた費用がほとんど回収できずに終わったのである。

武藤鐵城がヒメマスについて「始めての漁獲を見たのは大正4年秋季であって、春山其他の湖岸からであった。それは放流後実に十三年目のことであった」と『秋田郡邑魚譚』で書いている。

1915年から17年は秋田県水産試験場の事業報告書がないので、その頃のヒメマス漁獲については知ることができない。三浦久兵衛の話によると、昭和10年代にはヒメマスはつるし網という浮刺網で獲られていたという。網を仕掛けた水深の記録はないが、水面から下の中層に仕掛けた浮刺網をつるし網と田沢湖では呼んでいた。浮きであり、目印でもあるタドリから、タドリ縄で底に石の錘を落としておく。タドリは刺し縄で網の両端と結んでいる。この仕掛けで、湖の中層を泳いでいるヒメマスを漁獲していた（口絵13）。つるし網がいつごろから使われ、湖のどこに仕掛けられていたのか、詳しいことはわからない。田沢湖のヒメマスにはわからないことが多い。

ヒメマスは岸近くのウグイ漁の刺網にかかることもあり、湖岸で大きな木がせり出しているところでは餌で釣ることができた。樹木から落下する昆虫や木の実を求めてヒメマスが集まってきたのである。初夏に子供たちが湖にせり出した樹木にのぼって「ヒカヒカマス」と言ってヒメマスを釣っていたという。ヒメマスが沿岸を回遊して昆虫などを食べる性質は西湖でも見られているので、湖岸で釣られていたのは間違いなくヒメマスであろう。三浦久兵衛によれば、ヒメマスの卵は橙色でクニマスと区別がついたという。

クニマスの人工孵化

田沢湖ではヒメマス移植放流事業を進める一方で、1908年2月、クニマスの人工孵化が行われた。これが、後の西湖での発見につながってゆくのである。

クニマスの漁場であるホリは湖の沿岸のあちこちに分散しているので、捕獲した親魚を生きたまま孵化場に運ぶのは手間がかかる。最初の人工孵化試験では親魚運搬の設備が不十分で孵化場

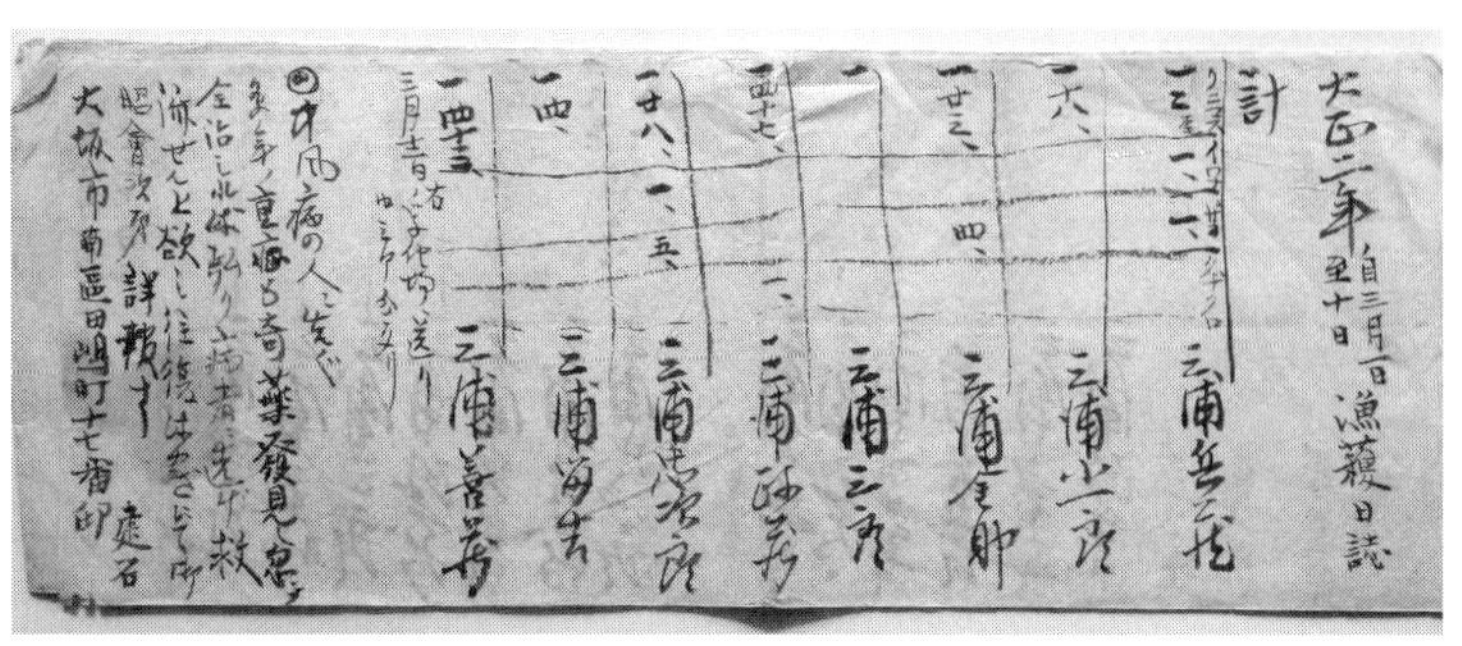
大正二年 自三月一日 至十日 漁獲日誌

図10-4　1913（大正2）年『漁獲取調帳』に記された「孚化場送り」（三浦久家文書、写真 三浦久）

に到着するまでにかなりの個体が死んだ。ようやく、ある程度の数を集めて、約11万5200粒を採卵し、約8万1000尾を孵化させた。しかし、放流できた稚魚は採卵数の10分の1に満たない9631尾であり、クニマスの人工孵化はこの年のみで休止された。効率の悪さが休止の原因だったと思われる。

しかし、クニマスの人工孵化は19年後の1927年に再開されている。このときは5万1700粒の卵から孵化したのが3万4690尾、放流した稚魚はほぼ同数であり、まずまずであった。1913年の『漁獲取調帳』に3月1日から10日にかけて漁獲されたクニマスが「孚化場送り」と記されている（図10－4）。休止から再開までの間、クニマスの人工孵化についての方法が検討されていたと思われる。

以後、この事業は1938年まで毎年続き、年平均55万5000尾が田沢湖に放流された。1908年の稚魚放流数は採卵数のわずかに8・4%であったが、27年は66・6%、28年は83・8%と、稚魚まで育てる技術は確実に上がっていた。

『クニマス百科』には田沢湖に稚魚が放流されたことにより

クニマスが小型化したと述べられ、さらに、ヒメマスが放流されたことも、クニマスの小型化の一因だと書かれている。たしかに支笏湖のヒメマスは餌生物の量に比して数が多くなったときには小型化していた。しかし、クニマスの小型化が稚魚の放流が原因なのか、放流前と放流後の漁獲数の比較がされていないので、なんとも言えない。

また、ヒメマス放流によってクニマスとの間に雑種が生まれているのではとも考えられていた。武藤鐵城の「田沢湖と民俗」に「姫鱒と交配後の国鱒」とする魚拓の写真が出ている。魚拓にとられた「鱒」は背中が張り出し尾柄は細い。これが、そのときまでに写真に撮られていたクニマスと少し違うという理由でヒメマスとクニマスの交配個体（雑種）とみなされたのである。しかし、この魚拓の個体が雑種であることを示す根拠は何もない。

小型化や雑種が話題になっていたのは、田沢湖でのクニマスの稚魚放流に様々な意見があったことによると思う。クニマス採卵のもうひとつの目的は発眼卵の各地への分譲であった。これについては次章で詳しく述べる。

クニマスの採卵はヒメマスに比べて、極めて効率が悪かった。ヒメマスは親魚が産卵場を目指して大きな群れで押し寄せるので、採卵するにはこの群れを捕獲すればよい。しかし、クニマスの親魚は深い湖底の産卵場（ホリ）にやってくる。ひとつのホリの面積は限られており、そこに集まってくる親魚の数は一日に多くて2桁、湖の沿岸に点在しているホリから親魚を集める手間と労力は相当なものであった。

クニマスとヒメマスの親魚の生態にはもうひとつ違いがある。ヒメマスは回帰してくる親魚の雌雄比に大差がないが、ホリで捕獲されるクニマスは雌より雄の方が多かった。これは、クニマス親魚の雌雄の行動の相違によるものであった（第3章）。この相違によって、クニマスの雌を数多く集めるのは大変であった。その労力を三浦久兵衛は「幻の魚国鱒」で次のように記している。

槎湖漁業組合には槎湖丸という発動汽船（ママ）があり、国鱒の産卵最盛期の一ヶ月間位ポンポンと心よいひびきを立てながら潟尻、大沢、春山の三部落を採卵にまわったものであった。その頃祖父が組合の理事をして居ったので、祖父あての昭和九年度国鱒採卵報告書によれば昭和十年一月三十一日より三月一日まで三十三日間に大沢九人、千八百三十九尾潟尻六人、七百二十八尾春山五人他共同で六百六十九尾計三千二百三十四尾〔計数については原文ママ〕であり、個人別の数量も書いてある。大沢では一人で五百尾採卵した人も居った様である。これは雌魚だけの数で、雄や採卵もれもあったりして実際の漁獲量は二倍以上であったことは間違いない数字である。この年の採卵数は百万二千粒でこの内、県水産試験場のあっせんで、山梨県の本栖湖に十万粒西湖に十万粒を発眼卵として分譲したが後は全部稚魚にして田沢湖に放流したのであった。

これによると約3200尾の雌を集めるのに1935（昭和10）年1月31日より3月1日までに大沢9名、潟尻6名、春山5名他の漁師が漁を行った。クニマスの雌雄の行動の違いから見て、この間に捕獲された雄は雌の数倍に達していたであろう。次章で述べる西湖と本栖湖それぞれに送られた10万粒のクニマス卵はこのようにして採られていたのである。

昭和初期は毎年のように多くのクニマス卵が採卵されていたが、その裏には漁師の懸命の努力とおびただしい数のクニマスの捕獲があったのだ。

ヒメマスと入れ替わるようにクニマスの採卵と人工授精、稚魚放流、そして各地への発眼卵の分譲がなされるようになってきた。この転換は苦渋の選択だったはずである。

梺湖漁業組合の終焉

ヒメマスの孵化放流事業がクニマスの人工孵化と発眼卵の分譲事業に替わったのが昭和の初めごろ、ほどなく大きな時代の波が押し寄せた。田沢湖への玉川酸性水、通称毒水の導入である。湖水の酸性化は田沢湖の魚類を始めとする水生生物に強い影響を及ぼすことが予測された。漁業への悪影響は避けられず、導入前に漁業補償の交渉が行われた。

梺湖漁業組合と東北振興電力株式会社は1938年9月4日付で契約書を交わした。契約書の第二条に記されたのは、田沢湖の漁業と漁業施設（おそらく孵化場）に対して発電施設の稼働が及ぼす損害に対しての補償額についてであった。その金額として組合へ6万8500円の支払いが明記されている。湖水の酸性化と水位低下によって漁業が被る損害の予測に基づく補償であった。そして、第三条には「前条ト同一原因に依リ大ナル損害ノ生ジタル場合ニ於テハ甲乙共ニ誠意ヲ以テ協議の上善処スルモノトスル」と記された。甲は梺湖漁業組合、乙は東北振興電力株式会社だが、導入後にさらに大きな被害が出たときには再び補償の交渉を行うという内容である。この条文は、東北振興電力も梺湖漁業組合も田沢湖の魚類が完全に消滅するとは考えていなかったことを示している。

酸性化が魚類に悪影響を与えるのは明らかであった。しかし、地下溶透法による玉川水の除毒がある程度は機能すると考えていたのだろう。クニマスは個体数が減るだろうが、完全にいなくなるとは思わなかったのかもしれない。漁業者も同じように考えていたと思う。

湖水の水位低下はどうだろうか。湖の浅いところに生息している魚類にとっては生息場所を奪われるので、生存できなくなることは十分に予測できた。また、クニマス漁についても、田沢湖は湖岸の浅いところが狭く、急に深くなっており、冬季に水面が低下すると丸木舟を出せなくなる。クニマスが最も多く獲れる冬季に丸木舟が出せず、漁ができなくなるであろう。とはいえ、数は減っても、夏には漁ができるだろう。このことが補償の際に考慮されたのではないだろうか。漁業補償に関する契約書の第三条にはこのような考えが反映していると思う。

毒水導入後、大戦を挟んで8年が経ち、玉川毒水の処理法と漁業に関連する諸問題が話し合われた。当時すでに、クニマス漁は行われていなかった。

1948年8月23日から29日にかけて、田沢湖畔と玉川温泉で「玉川及び田沢湖毒水問題研究協議会」が開かれた。この協議会は日本発送電株式会社（東北振興電力の事業を引き継いだ）と田沢湖漁業会の共催であり、参加者は学識経験者、官庁関係者、漁業会関係者、玉川温泉関係者の22名であった。

毒水処理に関しては地下溶透法を継続するが、さらに他の方法の必要性が検討された。魚類の減少については湖水の酸性化だけでなく、湖面の水位低下により、産卵床が打撃を受け稚魚の発生量が減少したという点も考慮され、対策の必要が検討された。また、これとは別に玉川温泉の地熱発電も検討されたが、困難との結論が出された。

協議会の開催に伴い、同年8月25日から28日に田沢湖の湖水と生物相の調査が行われた。調査を行ったのは協議会の委員である東北大学農学部水産学教室の佐藤隆平で、生物相調査の結果は

1951年の論文（実際の発行は1952年）で報告されている。その概略を紹介する。

佐藤の調査によると、動物プランクトンは表層に多いが、ほとんどがミジンコ科のアオムキミジンコであり、1㎥あたり4636個、水深200m層までは確実に分布していた。この値は玉川水導入前より多いが、水質の酸性化に伴う爆発的現象かもしれず、その持続性を吟味する必要がある、と書かれている。

魚類では「ウグイ、ギギ、アメマス」が採集されたと記されている。ほとんどがウグイであり、他の2種は稀にとれたという程度であった。アメマスはイワナであり、「ギギ」はギバチの誤同定である。東日本にはギギは生息していない。

さらに、クニマスを捕獲するために8月21～25日の4日間、潟尻の近くで水深120mのところに底刺網5枚を仕掛けた。かつてこの季節にクニマス漁が行われていたホリに網を下ろしたのだ。時期は夏、湖水は調査のために舟が出せる水位であった。しかし、クニマスはとれなかった。玉川水導入後、クニマスは絶滅したと漁師たちは言っていたが、このときの調査の結果でついに明らかになったのだ。「クニマスは著しく減少したか或は絶滅に近い状態にあるものと推察される」と述べて、佐藤は論文を締めくくっている。毒水導入の8年後、公式にクニマスは姿を消したのである。

この報告を受けて、再び玉川毒水導入後の漁業補償の話し合いがもたれた。1938年に交わされた漁業補償に関する契約書の第三条が、ここで生きてきた。

1949年8月16日付で田沢湖漁業会と日本発送電株式会社の間で漁業補償に関する覚書が交わされた。すでに槎湖漁業組合は解散していたが、田沢湖漁業会として各漁家が持つ区画漁業権を日本発送電に譲渡するという内容であった。この譲渡に対して日本発送電は田沢湖漁業会に195万円を支払い、以後は前契約書の第三条を無効とした。覚書は漁業会の組合員が田沢湖で漁業をすることを妨げないが、その損害について、この後は何らの請求も受け付けないとされた。

こうして田沢湖の漁業は幕を閉じた。ずっと昔からクニマスと共にあった人々の生活は消えたのである。

第11章　見えない魚の行方

絶滅回避という誤解

西湖で生存しているクニマスは田沢湖からの移植放流に由来する。

田沢湖では1940（昭和15）年の毒水導入によって絶滅しているので、この移植が絶滅回避のためだったと思い込んでいる人が多い。西湖での発見当時、絶滅回避のために田沢湖から別の湖に移したと書かれた記事をよく見かけたが、これは誤解である。

田沢湖から各地へクニマス発眼卵が分譲、つまり販売は1920年代の末に始まっていた。1935年に田沢湖から西湖へクニマスの発眼卵が送られたのはすでに述べた通りだが、農業と発電のために田沢湖水を玉川毒水の希釈に使うという開発計画が出されたのは翌36年であった。

農林省水産局が1931年に発行した『水産増殖調査書　第五冊　鮭鱒増殖奨勵事業ノ現況』によると、本州の鱒孵化場は30年の時点で141もあった。この調査書の冒頭には、1926年以来、奨励金を交付してサケ・マスの孵化放流事業の普及に努めている、と書かれている。農林省水産局の勧めによって、1930年ごろ本州には多くの孵化場が設けられており、マスの卵はあちこちに移植されていたのである。クニマス発眼卵が各地へ分散した背景にはこのような時代の動きがあった。ちなみに、戦後の１９６２年には鱒孵化場は79と少なくなっている。

クニマス卵の各地への分譲

クニマス卵の分譲先として山梨県の西湖と本栖湖はよく知られている。これについては秋田県水産試験場の１９３４年度の事業報告に書かれているが、分譲先は他にもあった。

水産試験場事業報告の１９２９年度と31年度のものには分譲先が〈他県〉とあるだけで、詳しくは記されていないが、30年度には〈長野県・山梨県・富山県〉とあった。先に述べた『水産増殖調査書　第五冊』にも記録がある。これによると、クニマス卵は長野県に１９２８年度に15万、29年度に30万、神奈川県には28年度と29年度にそれぞれ10万粒の卵が分譲された。これらのうち、28年度のクニマス卵分譲の記録は秋田県水産試験場の事業報告に記されておらず、秋田県の記録にないクニマス卵の分譲もあったのだろう。おそらく槎湖漁業組合が直接に分譲したと思われる。

なお、クニマス卵の採卵は1～2月に行われるので、分譲の事業年度表記とは異なる。例えば、29年度であれば、実際の採卵と送付は30年となる。以下、このことを頭に入れて読んでいただきたい。

クニマス卵の価格はどれぐらいだったのだろう。残っている資料はひとつ。１９３５年４月８日の日付の請求書の写しである（図11－1）。宛先がないが、日付から見て山梨県西湖か本栖湖のどちら

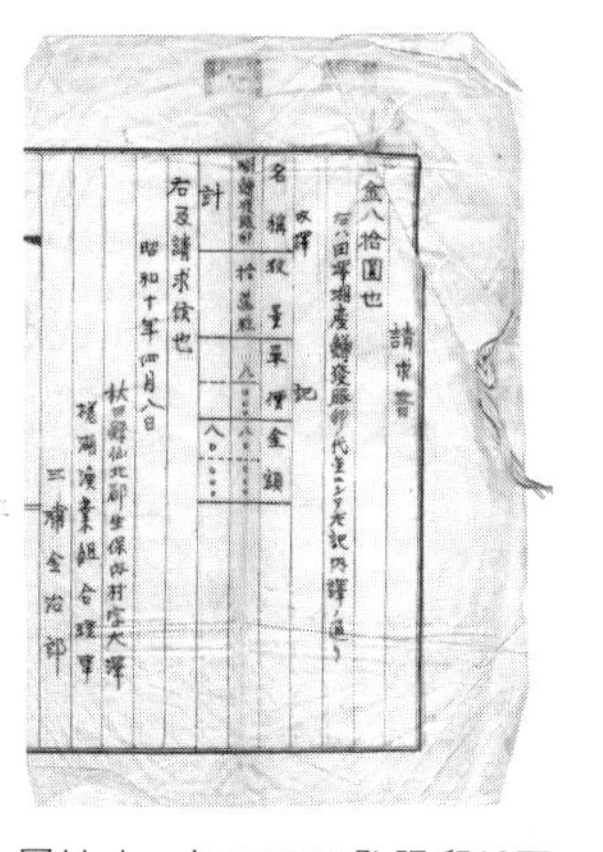
請求書
一金八拾圓也
記
名稱　数量　單價　金額
計
右及請求候也
昭和十年四月八日
秋田縣仙北郡生保内村字大澤
槎湖漁業組合理事
三浦金治郎

図11-1　クニマス発眼卵10万粒の代金として西湖・本栖湖への請求書（三浦久家文書、写真 三浦久）

かであろう。国鱒発眼卵が数量10万粒、単価8円、金額80円とある。1万粒を単位として8円で売られており、10万粒だから80円であった。請求元が槎湖漁業組合になっていることからわかるように、組合はクニマス卵の販売を行っていた。

現在、分譲先で湖名がわかっているのは長野県の野尻湖と青木湖、山梨県の西湖と本栖湖である。青木湖には1929年に8万9000尾のクニマス稚魚が畜養されていた記録がある。これは『水産増殖調査書　第五冊』に記された1928年度の購入記録とも一致する。青木湖でわかっているのはこれだけである。野尻湖、西湖、本栖湖はより詳しい記録がある。

長野県野尻湖

野尻湖の池田辰夫家に野尻湖孵化場の『日誌』(図11－2)が残っている。ここには1930年に5万粒、翌31年に3万粒の記録があり、これらは29、30年度の秋田県の分譲記録と一致する。『日誌』は1930年と31年のクニマスの孵化記録である。このうち、30年の記録(図11－2右)が特に詳しい。4月19日から7月9日まで、毎日の死亡した仔魚数が記され、6月28、29日と7月2、3日の余白に「育遊終り」とあり、その後に4万7331尾の稚魚が放流されたとある。毎日の天気、室内外の最高気温と最低気温、孵化水槽と湖の水温の最高値と最低値が詳細に記されており、クニマスの孵化記録として残っている貴重な資料である。

1931年は4月26日に3万粒のクニマス卵が着いたと記され、翌日の27日から孵化日誌が始まり、7月13日の記録で終わるが、この年の稚魚放流数は書かれていない。

野尻湖ではヒメマスの移植事業も行われており、それを進めたのが池田万作である。池田がもつ区画漁業権は、1902年に森田斐雄が長野県から得たものを、2年後に譲り受けたものだ。森田は上田の出身で県会議長や上水内（かみみのち）郡長を務め、その漁業権は長野県の区画漁業権第1号免許であった。池田は最初にコイの養殖に取り組んだがうまくいかず、1911年に鱒孵化場を設置して十和田湖から10万粒のヒメマス卵を購入、翌年に稚魚を放流した。その後も十和田湖からヒメマス卵を購入して孵化放流を続けた。1915年には野尻湖で産卵回帰した親魚から15万7000粒を採卵している。田沢湖からのクニマス卵の購入には、このような背景があった。

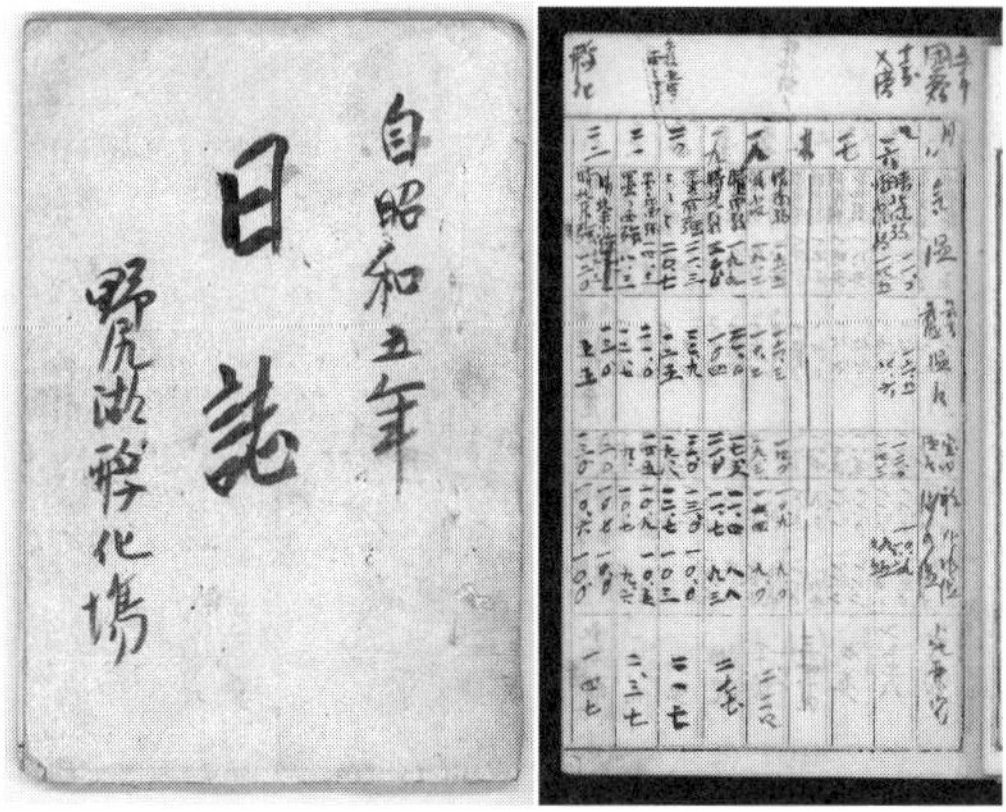

図11-2　野尻湖孵化場『日誌』
表紙（左）、内容（右）（池田辰夫家文書、写真 中坊徹次）

山梨県西湖と本栖湖

西湖と本栖湖については、多くの関連資料が田沢湖の三浦久家に保存されている。その中に1935年4月1日付で、田沢湖孵化場・鬼川三右エ門から槎湖漁業組合理事・三浦金治郎に宛てた「國鱒卵分譲ノ件」という報告書（図11－3）があり、西湖に同年3月29日に10万粒、本栖湖に同年3月31日に10万粒を送ったことが書かれている。この他、田沢湖町生保内駅から鉄道で送ったときの荷物受領証も残っている。

当時、田沢湖周辺の物資は生保内駅（現田沢湖駅）から大曲駅を経由して奥羽本線で東京に向かった。クニマス発眼卵がほとんど死卵がなく、無事に本栖湖と西湖に届いたという受領報告の葉書（図1－2、20頁）については第1章で述べた。

しかし、西湖には1935年より前にクニマス卵が来ていた。遠藤朝三「五湖の魚類増殖事業」（『五湖文化』第2年第1号、1941年）には1930年、西湖が山梨県の費用で田沢湖からクニマス卵を17万粒購入し、西湖孵化場で孵化させて16万4900尾を西湖に放流したことが書かれている（孵化率は97％）。このクニマスは、秋田県水産試験場の昭和4年度（実際は1930年）の記録で譲渡先が他県とされているものか、それとも昭和5年度（実際は1931年）の記録で譲渡先が長野県・山梨県・富山県と記されているものか、はっきりとは断定できない。だが、いずれにせよ、西湖に1935年より前にクニマス卵が来ていたことは間違いない。ちなみに、97％の孵化率は極めて高い。

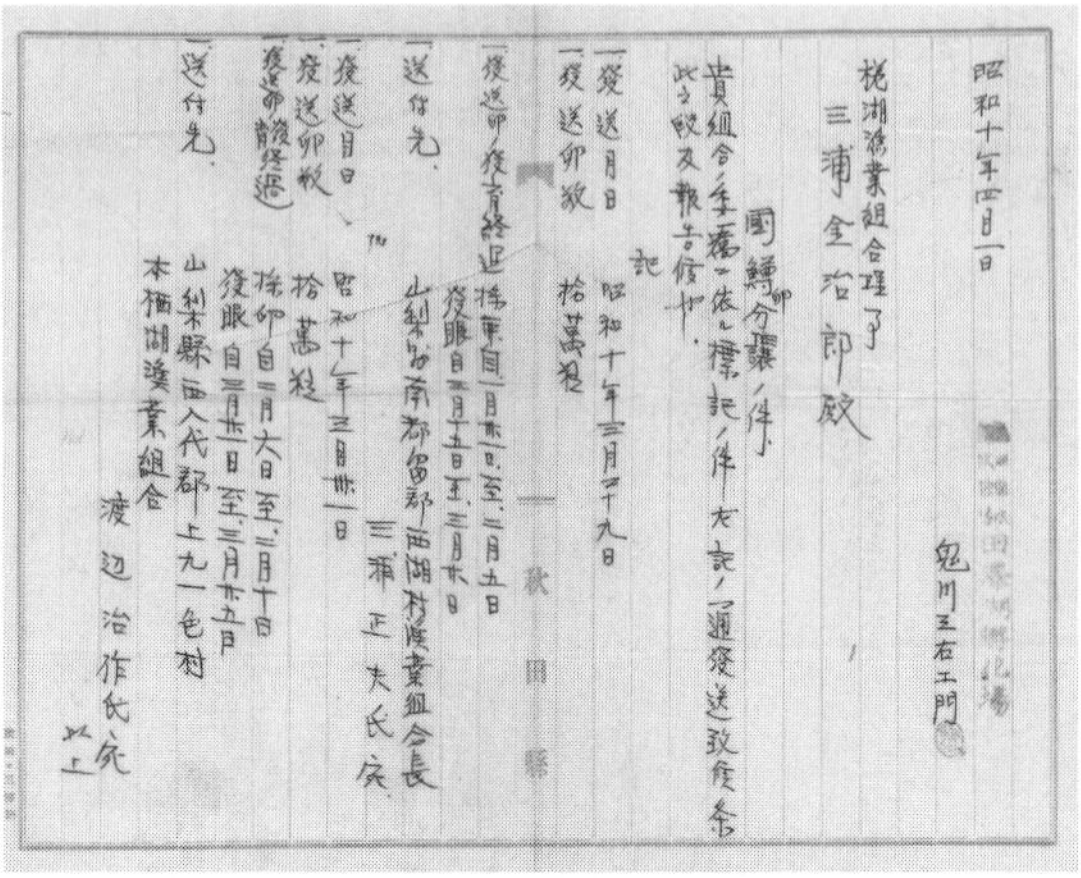
昭和十年四月一日
鬼川三右エ門
三浦金治郎殿
國鱒卵分譲ノ件
貴組合ノ希望ニ依リ標記ノ件左記ノ通発送致候条
此ニ段及報告候也
記
一 発送月日　昭和十年三月二十九日
一 発送卵数　拾萬粒
一 発送卵ノ発育経過　採卵自一月廿一日至二月五日　発眼自二月十五日至三月廿日
一 送付先　山梨県南都留郡西湖村漁業組合長　三浦正夫氏宛
一 発送月日　昭和十年三月卅一日
一 発送卵数　拾萬粒
一 発送卵ノ発育経過　採卵自二月六日至二月十日　発眼自三月廿日至三月廿五日
一 送付先　山梨県西八代郡上九一色村　本栖湖漁業組合　渡辺治作氏宛
以上

図II-3　クニマス卵の西湖・本栖湖への送付文書（三浦久家文書、写真 中坊徹次）

西湖と本栖湖におけるヒメマス移植の歴史

徳井利信の「ヒメマスの研究（V）日本におけるヒメマスの移植」（1964）には、西湖における１９１０年代から30年代のヒメマス移植のことが詳しく書かれていない。１９１２年に西湖が十和田湖からヒメマス卵を購入したことだけが記されているが、粒数も示されていない。この期間は西湖のヒメマス孵化放流の歴史が空白なのである。２０１０年のクニマス発見の発表後に、この空白の期間に「西湖のクロマス」は田沢湖から来たものではなく、他のところ、例えば北米から来た「マス」ではないか、という疑いをもたれたことがあった。

しかし、この間の富士五湖の状況については、先述の遠藤の「五湖の魚類増殖事業」に詳しく書かれている。１９１２（大正元）年に西湖漁業組合が発足し、山梨県で初めて鱒孵化場が設置された。翌年、十和田湖・和井内孵化場からヒメマス卵5万粒を取り寄せて孵化場で孵化させ、稚魚を西湖に放流した。１９１６年には、その西湖で捕獲したヒメマス親魚１０４０尾から37万２０００粒を採卵、このときの親魚で最も大きいものは全長48・５㎝であったという。同年に西湖孵化場は水槽を増設する一方、精進本栖湖漁業組合ができた。１９１７年、精進本栖湖漁業組合は十和田湖よりヒメマス卵1万粒を購入、精進湖孵化場で孵化させ、精進湖と本栖湖に放流。１９２３年、福島県沼沢沼から「紅鮭」卵を1万粒購入して西湖に放流。１９２５年、北海道産「紅鱒」卵5万粒を購入して本栖湖に放流。１９２８年、農林省の斡旋により米国から「河鱒」卵9万７０００粒と「白鱒」卵40万粒を交付され、西湖孵化場で孵化、それぞれ約4万尾と約1万尾を西湖に放流。１９３０年のクニマス卵購入については、前述の通りである。

戦後、西湖では十和田湖より１９５４年に5万粒、56年と57年に各8万粒の卵を購入した。１９５８年には支笏湖より20万粒を購入し、孵化させて西湖に放流した。しかし１９５９年8月14日、駿河湾沿岸の富士川河口付近に上陸した台風7号によって鱒孵化場の一部が崩壊したので、孵化放流ができなくなった。この年以降はヒメマスの人工孵化事業は行わず、山梨県の斡旋で若魚の放流を行った。また、本栖湖では十和田湖より1956年に5万粒、57年に3万粒、62年に支笏湖から10万粒のヒメマス卵を購入した。

北米から西湖に来た河鱒はイワナ属、白鱒はコレゴヌス属であり、どちらもサケ属ではない。西湖のクニマスはサケ属であり、河鱒や白鱒の子孫ではない。また、本栖湖には河鱒も白鱒も放流されていない。西湖と本栖湖には、北米のサケ属の「マス」は来ていなかったのである。

現在は南側の湖岸に西湖漁業協同組合があり、ヒメマス稚魚が飼育されているが、かつては北側の湖岸の東寄りの山の中腹に鱒孵化場があった（図11－4）。この孵化場で田沢湖から来たクニマスを孵化させて、西湖に放流した。ここが西湖のクニマスの原点なのだ。

西湖でヒメマスの孵化放流を手掛けたのは三浦堯春（たかはる）（1937－1966）。山梨県嘱託として西湖漁業会（現西湖漁業協同組合）の鱒孵化事業を担い、寒い季節になると北海道や東北地方にヒメマス卵を買い付けに行った。

孵化場は三浦堯春の自宅裏、山の中腹の沢沿いの湧水のところにあった。毎朝、三浦は小屋までのぼり、水温を測り12℃を超えないように注意を怠らなかった。彼の子供たちが水温を測りに行くことも少なくなかったという。また、子供たちは学校から帰ると、鶏卵の黄身を裏ごしして稚魚の餌をつくり、山の中腹にある孵化場まで運んだ。地元では、三浦は「ヒメマスのおじさん」、孵化場は「マス小屋」と呼ばれて親しまれていた。しかし、1966年、台風26号による土石流で「マス小屋」は流失し、西湖北岸の2つの集落は壊滅、三浦は妻とともに亡くなった。94人の犠牲者を出した足和田災害であった。

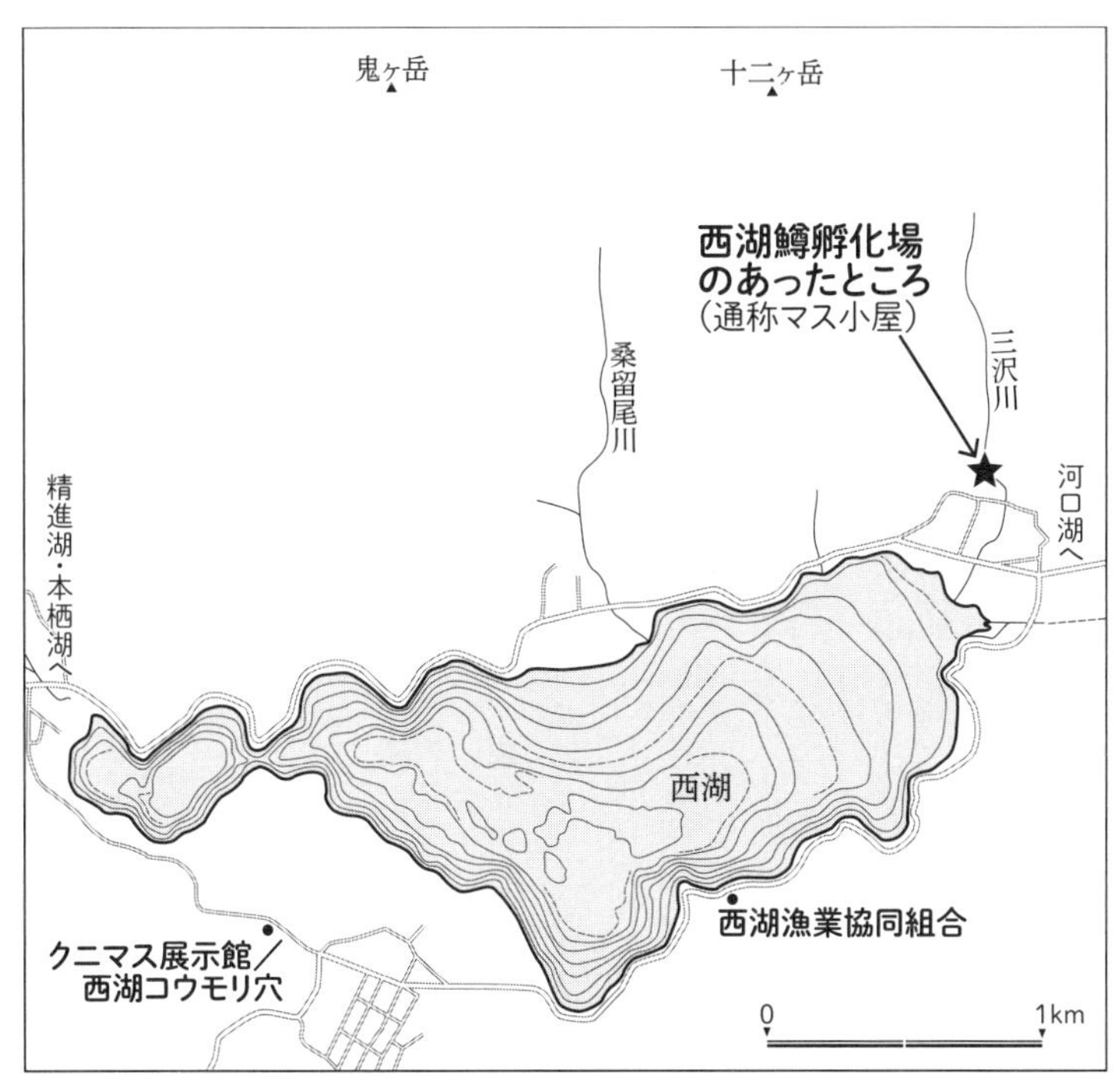

図11-4　西湖周辺の地図

見えない魚

クニマスが移植放流された記録は、これまで触れた湖以外にも、湖名は不明だが神奈川県と富山県にも残っている。だがいずれも、ヒメマスとは違い、クニマス放流後の親魚の回帰についての報告は何も残されていない。ヒメマスは放流された湖で親魚の回帰が見られ、いろいろなところで定着が確認されていた。しかし、クニマスについては西湖での生存が発見されるまで、誰も放流後の姿を見なかった。ヒメマスは産卵回帰が「見える魚」なのに対して、クニマスは産卵回帰が「見えない魚」であった。

西湖では1930年にクニマス卵を購入したが、親魚が回帰したという記録がない。5年後の1935年に再び卵を購入し移植放流されたが、やはり、クニマスは帰ってこなかった。というのも、クニマスは深い湖底で産卵するので、仮に3年後に親魚になったとしても、回帰した産卵群の姿が「見えなかった」のである。卵を購入した各地の漁業者はクニマスが深い湖底で産卵するということを知らなかったのだ。

クニマス発眼卵の田沢湖から他県への分譲は、1929年に始まって35年に終わっている。わずかに7年の歴史しかない。

このように考えると、クニマスが完全に絶滅することなく西湖に残ったのは、奇跡とも言える。深い湖底で産卵するのでクニマスは見えない。西湖では、目にしていても、それをクロマスと呼んで誰もクニマスだと思わなかった。クニマスが見つからなかったのは「見えない魚」だったからである。

もうひとつ、クニマスとヒメマスを意識して厳密に区別されることがなかったのもあるだろう。湖中を遊泳する「銀色のクニマス」はヒメマスと区別がつかないのである。

絶滅回避の移植放流はあったのか

西湖へのクニマスの移植は、田沢湖の毒水導入前から始まっており、絶滅回避のためではなかった。しかし、毒水によってクニマスが絶滅することを防ごうという考えをもった人たちがいた。当時、ヒメマスの孵化場があるところにクニマス卵を運び、人工孵化をして移植放流することは技術的にも十分に可能であった。

奥山潤は「田澤湖の生成、變遷及び陸封された生物に就いて」に、大島正満が和井内氏と協力してクニマスを十和田湖他に移植することになったと書いている。

十和田湖に移植する話はどうなったか不明だが、大島は１９４１年の論文「鮭鱒族の稀種田澤湖の國鱒に就て」の中で、「琵琶湖への移殖（ママ）等の事業にもたづさはつて」とし、１９３９年２月18日から5月２日までクニマスの雌親魚１０７２尾から20万粒を採卵し、滋賀県醒井養鱒場に移したが、約６００尾しか残らず、稚魚をうまく生育させられなかった、と書いている。この移植は大島がクニマス絶滅回避の目的をもって行ったのではないか。

秋田県水産試験場のクニマス採卵事業は１９３８年で終わっている。その翌年に滋賀県醒井に20万粒というのは大島論文に書かれているだけで、他に記録がない。おそらく、槎湖漁業組合が独自に行った分譲で、それに大島が関係していたのではなかろうか。

醒井養鱒場は、孵化後のクニマス稚魚あるいはヒメマス稚魚の飼育に十分な経験がなかったと思われる。醒井養鱒場のクニマス孵化の結果は移植放流とは程遠いものであった。当時の田沢湖孵化場であれば、採卵数の8割ほどの稚魚を放流できていた。いずれにしても、大島が関係した琵琶湖へのクニマス移植は失敗したのである。

行方不明の魚を探す

ところで、秋田にはこんな話がある。１９９１年9月7日付の秋田魁新報に「記憶の海を泳ぐ魚」という記事が掲載された。三浦久兵衛がクニマスを探して行脚を始めてから3年が経ち、玉川酸性水中和処理施設（第14章）が本格的に稼働を始めた年であった。この記事には、岩手県雫石の住民の祖父が近くの沼にクニマス稚魚を放流したという話と、地元の青年団が平ヶ倉（たいらがくら）沼にクニマス稚魚を放流したことが書かれている。この記事を書いた記者によると、どちらも平ヶ倉沼であった。記事が書かれたころ、雫石側から千沼ヶ原（せんしょうがはら）湿原に至る登山道の中腹にあるこの沼には、イワナでもなくマスでもない魚がいるらしい、と噂になっていた。

雫石と田沢湖は近いとは言え、間には奥羽山脈の仙岩峠がある。田沢湖の生保内から雫石まで鉄道が通ったのが１９６６年、自動車が通れる国道ができたのは１９６３年、クニマスが生きていたときに田沢湖から雫石まで行くためには徒歩でこの峠を越えなければならなかった。クニマスは浮上して稚魚として泳ぎ出すのが6月か7月、夏なので徒歩で稚魚を運んだと思われる。田沢湖の春山孵化場から雫石まで稚魚を運ぶのは大変だっただろう。１９３９年前後、田沢湖からクニマスが消えるのを惜しんだ青年団のボランティアだったのではないか。

この記事が出た後、田沢湖町の関係者が平ヶ倉沼にクニマスを探しに行ったが見つからなかったという。平ヶ倉沼は水深8ｍと浅く、放流された稚魚が親魚になり産卵をして生き続けているとは思えない。ただ、西湖でのクニマス生存も誰も予測しなかった。クニマスは見てもわからない魚であるし、たとえ、平ヶ倉沼でそれらしい魚を手にしてもわからなかっただろう。この話からはクニマスがどこかに生きていて欲しいという地元の思いが伝わってくる。こうした思いが「クニマス探しキャンペーン」となり、西湖での発見につながってゆくのである。

移植先の野尻湖や青木湖、神奈川県や富山県のどこかの湖にも片鱗が残っているかもしれない。あるいは純粋なクニマスがいるかもしれない。神奈川県で放流された湖はどこだったのだろう。もしかしたら、芦ノ湖だったかもしれない。

第12章　発見から保全へ

クニマス発見の発表前

西湖クロマスの形態分析とＤＮＡ分析が終わり、クニマス発見論文の原稿を仕上げてから、私はこの魚の保全をどうすればよいか、ずっと考え続けていた。

絶滅から復活した魚の保全をどうするか、発見の公表後にこのことが問題になるのは目に見えていた。クニマスは人跡未踏の山奥の湖ではなく、人々が暮らしている湖に生きていたのだ。西湖では食用のためにクニマスを移植したのだから、考えてみれば何の不思議もない。それゆえ一歩間違えば、西湖で暮らしている人々に迷惑をかけてしまう。保全に関して答えを準備しておかなければならない。難問であった。発見公表の１週間ほど前に過労で３日間寝込み、大学の研究室に行けなかった。しんどい日々であった。

公表の数日前、山梨県水産技術センターや西湖漁業協同組合などには事前に手紙やメールでクニマスのことを知らせた。信用できる人に事情を話し、今後関係すると思われる人の名前と連絡先を教えてもらった。保全などでできる限り混乱を避けるためだった。

西湖と田沢湖からの訪問

大騒ぎの発見報道の日から1週間が経った2010年12月22日、クニマスについて詳しい話を聞きたいと、西湖の関係者が京都大学総合博物館を訪れた。絶滅したと思われていたクニマスが目の前の湖にいる。保護をかけられたらヒメマス遊漁が制限され、湖から得ている日々の糧に影響が出るかもしれない。関係者にはそのような戸惑いがあったと思う。

そして、その3日後の12月25日に田沢湖の関係者の訪問があった。田沢湖の人たちには期待があった。しかし、喜びと共に焦りもあったと思う。移植の記録から始まったクニマス探しである。その移植先のひとつである西湖からクニマスが見つかったのは田沢湖の人々にとって朗報であったが、湖の水は未だ完全に中性化されておらず、クニマスを放しても生きられない。目の前の湖を思うと、ため息をついていたと思う。絶滅魚発見の騒ぎが収まらず、私にとって落ち着かない日が続いていた。

こうした人たちとの話が終わると、そのたびに会議室の外で待っていた多くの報道関係者からコメントを求められた。案の定、保全についても聞かれたが、これについてはヒメマス釣りを現状のまま行い、「特に何もしない」であった。発表前に考え抜いた末の答えだった。このことについては後に詳しく述べるが、今も最適解だと思っている。

報道の喧騒が少し収まったころ、クニマス保全が西湖での遊漁に影響を与えるのではないかという視点でのテレビ番組が放送された。一方、秋田では、農業を営んでいる人々の視点からクニマスを捉えるという放送番組もあった。玉川の酸性水導入が原因でクニマスは田沢湖で絶滅したが、それには水田の灌漑用水の確保という問題が深く関係しているからである。現在は田沢湖で希釈された水で「あきたこまち」がつくられている。クニマス発見によって、電力と農業のための玉川―田沢湖の水システムが旧に復し、水を農業に使えなくなったらどうなるのか。クニマス発見は西湖でも田沢湖そして仙北平野でも、人々に不安を与えていた。

クニマスは田沢湖で人々と生きていたし、西湖でも人々のなかに生きている。クニマスがいない状態で流れていた時間がわずかに揺らぎを見せ始めていた。

発見後の歩み

クニマス発見の発表から1か月後、京都大学総合博物館で「クニマス―70年ぶりの生存確認―」として緊急の特別展を行った。簡単な説明を書いた手作りのパネル、発見された西湖クニマス9個体と、博物館が所蔵している田沢湖産クニマス9個体の標本を並べただけの展示であった。2011年1月14日から23日までの短い期間であったが、かなり多くの人が来場した。館内にミューズラボという30人ほどの小さなセミナーをできるところがあり、ここで最終日に私が講演を行った。大盛況であった。会場から多くの人があふれ、1階のフロアが見渡せる2階の通路にも人があふれていた。話し終わって質問を受ける時間になったが、時間制限を設けず可能な限りの質問を受け付けた。サケ属について詳しい知識をもっている人もいて、かなり鋭い質問もあった。

この後、借用の要請があって、西湖クニマスの標本は京都大学総合博物館の外に出ていくことになった。秋田県仙北市の「クニマス発見記念フォーラム」（2011年7月30日、第14章）での展示に始まり、山梨県立富士湧水の里水族館と西湖コウモリ穴特設ギャラリー（現在、奇跡の魚クニマス展示館が隣接）での夏休み企画、そして夏休みのイベントが一段落すると、11月中旬に山梨県水産技術センターから研究の参考にしたいと借用の依頼があった。こうして、西湖クニマスの標本はあちこちに出かけていった。

同時に、クニマス研究の相談も受けた。採捕した「マス類」の識別についての相談であった。2011年の8月と10月に山梨県水産技術センターから2人の研究員が私の研究室を訪れた。10月には山梨県立博物館の学芸員が訪れ、翌年に開催予定のクニマスに関する特別展の相談を受けた。可能であれば生きたクニマスを展示したい、というのである。当時、生きたクニマスの展示は未だ夢の段階であった。DNA分析によって識別された親魚から人工授精して誕生したものなら生態展示が可能なのだが、当時、西湖で見つかったクニマスの人工授精は未だ行われていなかった。

そんな頃、クニマスについて様々な問題がもちあがってきた。絶滅から復活したクニマスを守るために何らかの法規制が必要なのではないか。西湖での密漁を防ぐにはどうすればいいか。クニマスを商標登録するという問題まで出てきた。ある魚類学者は生物種の標準和名を商標として登録することに対して猛反発したのだが、こういう問題がすべて私のところに持ち込まれてきた。このようなことは単独で解決できるものではなく、いろいろな機関と関係するものばかりであった。私だけの判断ではどうしようもなく、クニマスについて関心をもつ諸機関が話し合い、調整する場が必要であった。

様々な問題が生じる背景には、派手に知れ渡ったにもかかわらず、クニマスがどのような魚なのか理解されていないことがあった。これを解決するために富士河口湖町の関係者と相談し、2012年の春にクニマスに関するシンポジウムを開くことにした。そして、シンポジウムの前にクニマスの保全や里帰り、公開、研究について、関心をもっている諸機関が話し合える場として運営委員会を開くことにした。

シンポジウム運営委員会は2011年11月7日に富士河口湖町役場のコンベンションホールで開かれた。話し合われたクニマスについての議題は、京都大学は研究の状況、山梨県水産技術センターと秋田県水産振興センターはクニマス調査の状況、その他に「天然記念物」や「種の保存法」を適用したときの問題点、学術研究以外での西湖での潜水と撮影についての制限や密猟監視体制、生態展示と特別展、田沢湖の水質改善、西湖及び周辺域の水循環と産卵場の保全、商標登録の問題点、採捕した標本の公開と管理、シンポジウムの開催日という、計12の項目で、午後1時に始まり5時半の終了予定が1時間ほど超過した。運営委員会のあと記者会見を行った。

そして翌年の3月25日、富士河口湖町中央公民館ホールで、特別シンポジウム「クニマスと共に生きる」が開催された。演題は11題で、「クニマスの正体」(中坊徹次/京都大学)、「戦前のクニマス漁と戦後の探索キャンペーン」(三浦久/田沢湖に生命を育む会)、「西湖にクニマスが移植されたころ他」(三浦保明/前西湖漁協組合長)、「戦前のマス漁におけるクロマス」(渡辺大介/富士河口湖町)、「西湖におけるクニマス調査」(青柳敏裕他/山梨県水産技術センター)、「秋田県が行った西湖におけるクニマス生態調査」(渋谷和治他/秋田県水産振興センター)、「クニマスとヒメマスの遺伝的差異」(中山耕至・武藤望生/京都大学)、「西湖におけるヒメマス漁の管理とクニマス保全」(渡辺安司/クニマス研究会)、「生殖細胞の凍結保存によるクニマス遺伝子資源の長期保存」(吉崎悟朗/東京海洋大学)、「西湖および周辺域の地下水循環からみたクニマスの保全」(輿水達司/山梨県環境科学研究所)、「文化財保護法と種の保存法の問題点」(瀬能宏/神奈川県立生命の星・地球博物館)であった。

当時のクニマスに関する知見と問題点はおおよそ出尽したのではないかと思う。大勢の人が聞きにきて盛況であった。

しかし、クニマス問題はまだ続いた。2012年3月上旬、山梨県農政部から2人が京都大学を訪れて西湖で採捕したクニマスの標本管理についての相談を受けた。クニマスはまだ騒ぎの渦中にあり、インターネットなどで標本が高く売られる可能性があった。採捕してDNA分析で識別したクニマス標本は外に出さないようにする必要が生じていた。状況を考えると山梨県ですべて管理をして、外に出す際には原則として貸与がいい、というのが私の返答であった。京都大学の魚類標本収蔵庫を見てもらい、標本の保管と管理についての知識を伝えた。このとき、同年秋のクニマス講演会（甲府市）の依頼も受けた。

また、この頃に日本魚類学会自然保護委員会から2012年度の市民公開講座でクニマスの話をしてほしい、という依頼があった。学会が市民公開講座を開く目的は、クニマスをどのように扱うのかという問題について広く意見を集めることにあった。

レッドデータブック

クニマスは2003年のレッドデータブック（環境省編）では「絶滅」とされていた。しかし、西湖で発見されて生存していることが明らかになると、この「絶滅」を見直さなければならなくなった。だが、これが簡単ではなかったのである。

というのも、生存していたのは移植先の西湖であり、もともとの生息地である田沢湖ではなかった。これをどのように扱うかが問題だったのである。発見まもない2011年の新聞報道で、早くも「絶滅」の見直しについての悩ましさが伝えられていた。
レッドデータブックは保全が必要な生物種のレッドリスト（絶滅のおそれがある野生生物種のリスト）に基づいて作成されるのだが、ちょうどこの頃、２００３年のレッドデータブックの基礎となったレッドリストの見直し作業に入っていた。原産地の田沢湖で見つかったのなら問題がない。しかし、移植先では、「野生状態」で生息していても「野生」とはみなせず、簡単には「絶滅」のカテゴリーからはずせない。前例がないのである。

もうひとつ問題があった。当時、クニマスは西湖で見つかった産卵中の9個体だけだった。産卵の季節と場所、鰓耙（さいは）と幽門垂数、ＤＮＡ分析の結果に加えて、移植履歴から見て間違いないのだが、どれも体が小さく、これまで知られていた田沢湖のクニマスの標本や写真と比べて外見からはなんとも言えない。西湖の9個体は本当にクニマスなのか。魚類学者でもクニマスを詳しく知る人はほとんどなく、このような疑問が出てきてもおかしくない状況であった。ところが、クニマス発見の第一報の新聞記事に、西湖の「黒いヒメマス」を持って、私の研究室を〈訪ねたのは今年3月。「どう見てもクニマスじゃないかと思うんです」と保冷箱から2匹を取り出した〉とあった。これにより一般の多くの人たちは記事にある言葉を鵜呑みにしてしまい、クニマスは「見てわかる魚」だと思ってしまった。そのときに私が聞いたのは、もちろん、別の言葉だった。レッドデータブックのカテゴリー判定委員は汽水・淡水魚類を研究している研究者である。かなりの委員が西湖で見つかったのは本当にクニマスなのかという疑問をもち、困惑していたであろう。魚類学者と一般の人々の間にクニマスに対する認識で乖離が起こっていたのだ。

このような中で、西湖の人々、とくに西湖漁協の協力を得て、私たち京都大学チームは多くの標本を入手してクニマスの研究を進めていた。西湖の産卵期のクニマスも標本数を増やした。最初の小さな9個体と違って、新たに入手した個体の中には典型的な風貌のクニマスも含まれていた。遊泳期の銀色のマス、産卵期に至る前の成熟期のマス、これらをDNA分析によってクニマスであると確かめたことは第3章で述べた通りである。2011年の終わりには、クニマスの大体の輪郭を把握することができていた。2012年夏の魚類学会市民公開講座のころには、DNA分析によるクニマスとヒメマスの識別方法も確立していたし、それに基づいた鰓耙数と幽門垂数の範囲もわかっていた。さらに産卵期の西湖クニマスと田沢湖のクニマスの比較もしていた。

しかし、私たちの外の世界は相変わらずであった。発見以後の研究結果は論文にまとめるまで公表するわけにはいかず、それを知らない研究者は疑問をもったままであった。山梨県水産技術センターの中にも、「西湖クロマス」は本当にクニマスなのかという疑問を抱く人がいた。そんな中、山梨県水産技術センターは2012年春に「西湖クロマス」を捕獲して人工授精を行った。人工授精のために捕獲した親魚の識別には京大研究チームが確立したDNA分析による方法を用いたが、この方法については論文が仕上がっていなかったので、詳細を公表しないという条件での利用であった。重苦しくて嫌な空気の日々であった。

このような状況の中、7月14日に日本魚類学会主催の2012年度市民公開講座が開かれた。この公開講座は「クニマス　生物学的実態解明とその保全を考える」と題して笛吹市の山梨県総合教育センターで行われ、かなりの人々が聞きに訪れた。内容は「田沢湖で絶滅したクニマスの生物学的特徴」（杉山秀樹／秋田県立大学）と「クニマスの生物学的特性」（中坊徹次／京都大学）という2つの基調講演で始まり、その後で「米国で観察したクニマスの模式標本について」（細谷和海

／近畿大学）、「ヒメマスを含むベニザケの変異性について」（帰山雅秀／北海道大学）、「ベニザケ・ヒメマスの分子系統」（山本祥一郎／水産総合研究センター）、「西湖におけるクニマスとヒメマスの遺伝的差異」（中山耕至／京都大学）、「西湖のクロマスとヒメマス漁業」（青柳敏裕／山梨県水産技術センター）、「レッドリストにおけるクニマスのカテゴリー問題」（浪花伸和／環境省野生生物課）の6つの話題が提供された。

公開講座には、すでに論文として発表された研究成果を一般に公開して議論をし、普及をはかるという目的がある。魚類学会の会員限定ではなく一般の人々も参加することができた。こういう場で未発表の研究成果を出すことは危険である。研究結果の図や表が写真に撮られてインターネットによって拡散することもある。発表に際して、私は演壇から写真撮影をしないようお願いした。

そして、クニマスに対する魚類学者たちの疑問を解くために、私と中山耕至は未公表の最新研究結果を話したのである。これによってクニマスのデータがより詳細に示され、ほとんどの魚類学会の会員の疑問は解消されたはずだ。また、山梨県水産技術センターの疑問も解け、進行中の人工授精によって生まれた稚魚はクロマスから改めてクニマスとしてマスコミに発表された。このときに発表した私たちの研究結果は、後に日本魚類学会の英文誌『イクチオロジカル・リサーチ』に論文として掲載されたが、異例の公開講座であった。

公開講座の日は山梨県立博物館で開かれた企画展「クニマスは生きていた　山梨おさかな発見物語」の初日であった。前日の7月13日は企画展のオープニングセレモニーと内覧会があり、私も出席して挨拶をした。公開講座が開かれた山梨県総合教育センターと山梨県立博物館は同じ敷地にある。企画展の内覧会は終始穏やかだったが、公開講座は波乱含みであった。クニマス問題で一般の多くの人々と魚類学者の間に生じていた乖離を表す2日間であった。

野生絶滅

さて、レッドリストには絶滅（EX）、野生絶滅（EW）、絶滅危惧ⅠA類（CR）、絶滅危惧ⅠB類（EN）、絶滅危惧Ⅱ類（VU）、準絶滅危惧（NT）、絶滅のおそれのある地域個体群（LP）の7つのカテゴリーがある。汽水・淡水魚レッドリストの改訂版が環境省から発表されたのは2013年2月1日、クニマスは「絶滅（EX）」から「野生絶滅（EW）」に改められた。

野生絶滅について、2003年のレッドデータブックでは「飼育・栽培下でのみ存続している種」を基本概念として、定性的要件は「過去に我が国に生息したことが確認されており、飼育・栽培下では存続しているが、我が国において野生ではすでに絶滅したと考えられる種」と書かれていた。それが2013年の汽水・淡水魚レッドリストの改訂版では、基本概念は「飼育・栽培下、あるいは自然分布域の明らかに外側で野生化した状態でのみ存続している種」に、定性的要件が「過去に我が国に生息したことが確認されており、飼育・栽培下、あるいは自然分布域の明らかに外側で野生化した状態では存続しているが、我が国において本来の自然の生息地ではすでに絶滅したと考えられる種」に書き改められた。明らかにクニマスを念頭に置いたものだ。

はじめ、野生絶滅に区分されたと知ったときは強い違和感を覚えた。しかし、よく考えると、一定の区域内で行う区画漁業によって移植放流されたクニマスが西湖で「野生状態」で生息しているのである。「野生」を「原産地に限る」として厳密に定義すれば、西湖のクニマスは確かに

2013	2014	2015	2016	2017	2018
5400	4400	4200	4100	3500	3100
200000	141000	160000	180000	200000	170000
36000	26000	68500	70000	40000	60000
220000	200000	220000	245000	210000	210000

稚魚：5〜10ｇ、若魚：50ｇ以上　　（西湖漁業協同組合作成）

「野生絶滅」である。いずれにしても、このカテゴリーに入ったということは環境省が「西湖のクニマスを認めた」ということであり、これによってクニマスは保全の対象となったのである。自然科学の論理で間違いのない結論を環境省が認める、というのには科学者として違和感があるが、これで山梨では保全、秋田では里帰りのための予算が組みやすくなった。

改訂されたレッドリストに基づいた『レッドデータブック２０１４』は２０１５年の３月に刊行された。２０１９年７月18日には国際自然保護連合（ＩＵＣＮ）の改訂レッドリストが公開され、ここでもクニマスは「野生絶滅」のカテゴリーに入れられた。

ヒメマス釣りと保全

生物種の保全には正解はない。しかし、最適と考えられる解答はある。最適解は対象となる生物種において時々の条件によって異なるが、現在の西湖におけるクニマスの保全にとって必要なことは、ヒメマス釣りの続行とクニマスの産卵場である湧水礫地を守ることである。まず、ヒメマス釣りについて述べよう。

西湖のヒメマス釣りは毎年３月20日から５月31日と、10月１日から12月31日の年に２期間で行われている。ヒメマス釣りのボートは午前

表12-1　西湖におけるヒメマスの年度別放流量・遊漁者数・購入した発眼卵数（遊漁者数=人、ヒメマス=尾数、発眼卵=粒数）

年	2008	2009	2010	2011	2012
遊漁者数	6200	5200	5800	4700	5500
稚魚ヒメマス	265000	275000	212000	104000	171000
若魚ヒメマス	16000	28500	37000	20500	33400
発眼卵購入	300000	200000	200000	200000	220000

備考　2011年：クニマス発見直後、2014年：雪害

5時から6時半に出て午後3時から5時に戻ってこなければならない（時期によって定められている）。そして、一日の釣果は一人30尾を超えないという決まりがある。解禁期間に西湖に行くと、あちこちに釣りをしているボートが見える（口絵17）。実は、このヒメマス釣りがクニマス保全に大切な役割を果たしているのだ。

山梨県水産技術センターの調査によって、２０１２年から西湖におけるクニマスの資源尾数の推定が行われている。この推定については次章で詳しく述べるが、資源尾数の推定値が２０１２年を起点として15年まで連続して減少した。クニマスはヒメマスに混じって釣れている。このことを知って、このままヒメマス釣りを続ければクニマスが釣られてしまって再び絶滅するのではないか、と思った人がいたのである。しかし、本当にヒメマス釣りは西湖に生息しているクニマスの状態に悪い影響を与えているのだろうか。

ヒメマス釣りの現状を表12－1に示した。まず、ヒメマス遊漁者数の年変化を見てみよう。この遊漁者の数が多ければ西湖にいるヒメマスやクニマスが多く釣られることになる。つまり、遊漁者数をヒメマスとクニマスへの「釣獲圧」として考えてみる。２０１０年末にクニマスが発見されて話題になったが、その前と後で遊漁者数は変化したのか。

遊漁者数の年平均は発見前の2008年から10年までは約5700人で、発見後の11年から18年までは約4400人であった。発見後のほうがむしろ減っているくらいだが、コンスタントに釣り客が訪れていると言えよう。

西湖で毎年放流されるヒメマスの稚魚・若魚の数はどうだろうか。放流数が少なければ、遊漁者数が同じ場合、ヒメマスに混じって釣られるクニマスは多くなる。クニマスの発見前は稚魚・若魚の放流数は年平均で約27万7800尾、発見後は約21万尾であった。

きちんとした統計的な処理が必要であろうが、遊漁者数の減少と考え合わせれば、ヒメマス遊漁に関しては、クニマス発見の前後で大した違いがないことがわかる。また、クニマス推定資源尾数が2015〜17年を底にして上昇に転じていることを考えると、2012〜15年の減少をヒメマス釣りの釣獲圧に結びつけることはできない。

次に、西湖の資源尾数の推定値が再び上昇に転じていることを検討してみる。漁業には豊漁年と凶漁年がある。水産資源学は漁獲の適正化を目指す科学であり、現在の主流は平衡理論である。これは、漁獲しなければ資源量は変化しないという前提で、その変化は漁獲の強さによって生じるという考えである。漁獲努力量と持続生産量との対応関係から漁獲が適正か乱獲かを判断する。山梨県水産技術センターのクニマス資源量の推定は水産資源学の平衡理論が基礎になっている。

漁獲努力量は漁獲の強さであり、持続生産量は漁獲努力量が毎年一定であるときに得られる一定の生産量（漁獲量）である。資源量が漁獲を行わない場合の半分になるときに持続生産量が最大になる。これがＭＳＹ（Maximum Sustainable Yield 最大持続生産量）で、これを超えて漁獲努力量を強めると乱獲になる。ちなみに、平衡理論はＭＳＹ理論とも呼ばれている。

西湖におけるクニマスの資源量はある年に底を打ち、その後には上昇に転じている（第13章）。漁獲努力量はあまり変化していないのに、推定資源量は変動を見せている。どういうことか。

水産資源学には平衡理論に対立するものとしてレジーム・シフト理論がある。この理論は日本産マイワシ、カリフォルニア産マイワシ、チリ産マイワシの漁獲量の変動リズムの一致から考え出された理論であり、変動の要因を海洋の水温の寒冷期と温暖期の交替に求めている。漁獲努力とは別に、水産資源である魚の数が変動するのである。この理論は完成しているとは言えないが、水産資源の変動を考えるにあたって無視できない。

北太平洋のサケ属3種、サケ、カラフトマス、ベニザケの資源変動はレジーム・シフト理論で解釈されている。クニマスはサケ属である。資源変動は気候変動の影響を受けていてもおかしくはない。クニマス資源量の増減はヒメマス釣りの釣獲圧以外の要因があると思われる。

西湖では一人一日に30尾までという制限がある。秋田県水産振興センターが2011年から西湖で行っているヒメマス釣りによる釣獲実態調査から、この30尾の制限を検討してみよう。調査は春と秋〜冬のヒメマス釣りの解禁期間において西湖漁協の協力を得て、釣り宿ごとに一日の遊漁者数、総釣獲尾数、そして平均釣獲尾数（尾／人）を記録する。解禁期間中、一日の遊漁者数と釣果総数の日ごとの変化がグラフにして示され、貴重なデータとなっている。

2011年秋から17年秋までの報告では、一人当たりの一日の平均釣果は8尾から15・8尾であった。そして、これらのうち釣り人が一日に釣った最大数は13・6〜30尾であった。このデータから一日30尾までという西湖のヒメマス釣りの制限が無理なく守られていることがわかる。報告書は2018年度までで計7冊になっており、秋田県水産振興センターのクニマス調査はヒメマス遊漁の実態の提示と資源量変化の推定（第13章）に資している。これは重要な調査であり、今後も継続が必要である。

西湖におけるヒメマスの孵化放流は1913年が最初であることはすでに述べたが、59年の台風7号で孵化場の一部が崩壊して中止されるまで断続的に続けられていた。以後、ヒメマスの孵化事業は行わずに山梨県の斡旋で若魚の放流を行い、1963年からヒメマス釣り（遊漁）が開始された。これが現在まで続いている。底刺網によるマス漁は戦前から行われていたが、1983年に禁止された。底刺網は釣りに比べて漁獲の圧力が強い。だが、この漁が行われていてもクニマスは生存していた。かなりの期間の底刺網漁による漁獲圧力に耐えるだけの力がクニマスにあったのである。現在では底刺網はワカサギなどを獲るのに使われ、それも3月の短い期間だけに限られている。最初のクニマス9個体はこのワカサギ漁の網にかかったものであった。

ヒメマス釣りの話に戻る。遊漁の期間や一日の釣獲数についての規制はクニマスのためのものではない。クニマスを特別視して、ヒメマス釣りを中止するとどうなるのか。西湖の水面を管理する人々がいなくなるのだ。また、ヒメマス釣りのために、毎年、西湖漁協はヒメマスの稚魚や若魚を放流している。これによって、クニマスの釣られる率は下がっていると思われる。ヒメマス釣りのためにしていることが期せずしてクニマスを守っていると言ってもよい。今のところ、ヒメマス釣りとクニマス保全はバランスが保たれていると言えるだろう。ヒメマス釣りは西湖の人々の生活の一部でもあって、クニマスとの共存とはこういうことを意味しているのである。

クニマス産卵場の保全

現在、クニマスの産卵場の上の水面はロープで囲われて釣りをしてはいけない禁漁区となっている。第3章で述べたように、湖中を遊泳しているクニマスは成熟してくると湖底の産卵場に向かうことが知られている。成熟しても湖中を遊泳している間は餌を食べるので釣られることがあり、成熟個体が集まってくる場所の禁漁区設定は保全に重要な役割を果たしているのである。

産卵場は水深30m前後の湧水礫地である。この湧水は富士山側から流れてくる地下水ではなく、西湖の北側にある御坂（みさか）山地、鬼ヶ岳と十二ヶ岳の尾根に囲まれた扇状地（図11－4、249頁）に降った雨の伏流水である。この水脈がある西湖北岸における開発は注意を要する。もし、地下水脈を断ってしまえば、クニマスの産卵場である湧水礫地が消えてしまう。クニマスは産卵するところを失ってしまうのである。湖底での湧水礫地はクニマス保全にとって最も重要であり、これを守らなければ、いくら個体数云々を言ったところで意味がなくなってしまう。地下水脈は守らなければならない。

西湖の水質、これも注意を配る必要がある。湖岸の宿泊施設や住宅などからの排水は富士河口湖町によって管理されているので、現在のところは心配がない。排水はクニマスだけでなくヒメマスや西湖の他の魚類の保全にも関わってくる。

奇跡の魚 クニマス展示館

西湖にクニマスの小さな博物館ができたのは2016年4月27日であった。南岸にある「西湖コウモリ穴」に併設される形で開設された「奇跡の魚 クニマス展示館」（以下、展示館。口絵15）は山梨県立の施設だが、運営は富士河口湖町が行っている。

図12-1 「奇跡の魚 クニマス展示館」の展示水槽（左）と丸木舟（右）
（写真 左=中坊徹次、右=渡辺勝保）

私が開館時に講演したのだが、そのときに何人かの新聞記者から質問を受けた。驚いたことに質問の内容は発見時のものと大して変わりなかった。保全と言っても知識がなければできない。展示館によってクニマスを一般の人により詳しく知ってもらわなければならない。

展示館は、生きたクニマスの生態展示（図12－1左）を主にして展示が組み立てられている。西湖で生存しているクニマスは移植起源であることを理解するために、日本におけるヒメマス移植事業の歴史、田沢湖での絶滅、1995年に始まったクニマス探しから発見に至る過程も展示されている。西湖のクニマス産卵場である湧水礫地、山梨県水産技術センターのクニマス人工増殖試験、クニマスとはどんな魚か、そして西湖とはどんな湖かというパネルがヴィジュアルに示されている。また、クニマス発見論文、西湖クニマスの標本があり、田沢湖でクニマス漁に使われていた丸木舟が数年前から展示されるようになった（図12－1右）。現存するオリジナル2艘のうちの1艘であり、仙北市から譲り受けたものである。これらの他にクニマス発見の過程や西湖の自然についての映像が絶えず放映されている。この映像は英語版もあり、海外からの来館者にも配慮されている。

この小さなクニマス博物館をつくるにあたり、監修を依頼された。ほぼ1年にわたって西湖、山梨県、富士河口湖町、展示制作会社や映像制作会社の関係者と相談しながら進めていったが、この過程で面白いことがわかってきた。展示内容も煮詰まった2016年の2月ごろであった。これまで、ほとんど知られていなかった西湖におけるヒメマス放流の歴史が判明したのである。前章に書いたが、山梨県でのヒメマス移植放流は西湖が原点だったのだ。西湖北岸の山の中腹にあった通称「マス小屋」が出発点であることがわかり、中心人物だった「ヒメマスのおじさん」こと三浦堯春は現在の西湖漁協組合長である三浦久（三浦久兵衛の子息で仙北市在住の三浦久とは別人）の祖父だった。現在、「マス小屋」の位置を示す写真を掲載したパネルが展示されているが、ここで田沢湖から来たクニマス発眼卵も孵化、そして西湖に放流されたのだ。さらに、1935年より前、1930年に田沢湖から17万粒のクニマス卵が来ていたこともわかった。こういう新しい事柄に出会い、展示館の仕事を楽しくやることができた。「奇跡の魚 クニマス展示館」を訪れてクニマスを学び、クニマス保全について考えていただきたい。

第13章　保全と里帰りのための研究

保全と里帰りの基礎

保全や里帰りといっても、基礎としてのクニマスの生物学的研究が必要である。山梨県水産技術センターは２０１１年にクニマス調査研究の一歩を踏み出し、その年の3月に捕獲したクニマス親魚を生きている状態で報道陣や近隣の関係者に公開した。頭部は黒ではなく濃い緑（口絵3）、あるいは濃いオリーブ色と言った方がいいかもしれないが、初めて生きているクニマスが人の目に触れた（口絵2）。この調査研究のうち、生態に関することは第3章で紹介したが、ここでは保全と里帰りの基礎となる研究を紹介する。

２０１１年9月から山梨県水産技術センターは本格的に西湖マス類の捕獲調査を開始した。この調査は翌年3月まで継続され、捕獲した親魚を使って人工授精し、孵化させた稚魚を飼育して様々なことが研究された。この年に人工孵化させて泳ぎ始めた稚魚は２４１７尾、これらのうち、２０１３年4月時点で７０５尾が生き残り、これを用いて人工増殖試験、飼育下の成長、ヒメマスとの交雑実験、代理親魚試験が進められた。フィールドではヒメマス釣りの実態調査を基礎にクニマスの生息数の推定、遺伝的多様性の研究が行われた。そして、第3章で紹介した水中カメラによる産卵生態の観察からクニマス卵の食害が判明し、その実態調査が実施された。

人工増殖試験

西湖のクニマスを人の手によって増殖しようという人工増殖試験が始まっている。田沢湖で行われていたのは人工孵化試験であり、人工増殖試験ではなかった。どちらも採捕した産卵期クニマスの人工授精から始まるが、人工孵化試験は稚魚まで育てて放流するのが目的である。いっぽう、人工増殖試験は放流しないで稚魚を飼育池で親魚になるまで育て、その親魚から次の世代の魚を得ることを目的にする。つまり、山梨県で試みられているのは人の手だけでクニマスを増やす研究なのである。クニマスの人工増殖ができれば、野生状態で生息しているクニマスから採卵しなくても里帰りのための発眼卵を確保できるようになる。また、食用とすることも可能になる。

魚類は生まれてから親魚になるまでに幾つかの異なった過程を経る。産み出された卵の受精、孵化、遊泳力のない仔魚、鰭ができて遊泳力がついた稚魚、成長期の若魚、成熟した親魚となり産卵に至る。これらの過程で、自らの形の変化に伴って生息環境も変わる。魚の人工増殖は、成長に伴う自然の中での変化を人の手の中で行うことであり、簡単なことではない。

２０１１年10月27日～翌年1月25日に採捕したクニマス親魚から採卵し、人工授精が行われた。卵発生から稚魚として泳ぎ出すまで、４℃、８℃、12℃の水温が設定され、どの水温が最適であるか検討された。田沢湖では産卵場の周囲の水温は４℃、西湖でも2月に測定された水温は約４℃であった。しかし、産卵は湧水礫地で行われ、湧水の水温で卵発生が進む。第３章で述べたように湖底層と湧水礫地の湧水の水温は違う。このことを考えて先ほどの実験水温が設定された。

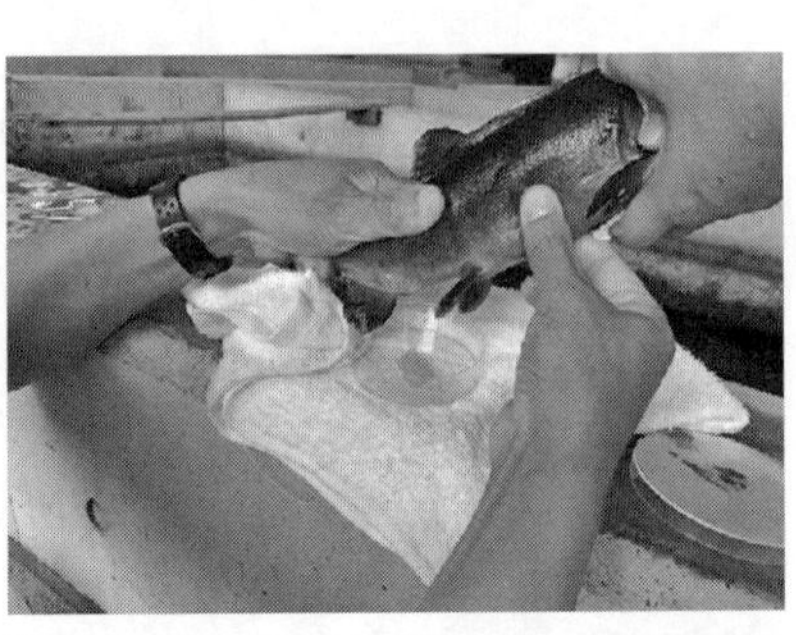

図13-1　クニマス人工増殖試験　親魚まで育った雌の採卵試験（写真 山梨県水産技術センター）

これら3つのうち、水温8℃では発眼率90・9%、孵化率87・6%、そして鰭ができて泳ぎ始める浮上率が84・0%で、他の水温よりも成績がよかった。水温8℃は北岸の西の越扇状地の地下水に近い水温である。この実験で受精から孵化までと、受精から浮上までの積算温度（水温×日数）が算出された。サケ属の魚は基本的に受精してから発眼卵の状態で冬を越して孵化、卵黄消費後に浮上して泳ぎ出す。発生が低水温で進めば孵化までの日数が多くかかるし、高水温であれば少なくて済む。積算温度は受精から孵化までが530〜710℃、受精から浮上までが880〜1030℃であった。

さて、2012年に人工孵化によって生まれて飼育水槽で育った稚魚のうち、14年の年明けで400尾以上が2歳魚になった。これらのうち、雌1尾（全長33・6㎝）と雄20尾（平均全長25・8㎝）が成熟したので、1月20日にこれらのクニマス親魚から採卵と採精をして人工授精を行った（図13-1）。

採卵数は407で発眼率は10・1%、孵化は3月13日に始まって19日で終わった。孵化率は6・9%であった。孵化率が低いとはいえ、人の手によるクニマス人工増殖の第一歩である。飼育下で親魚になった雌雄から次の世代が生まれたのだ。

しかし、次の年に3歳となった成熟雌と成熟雄を人工授精させたところ、得られた受精卵のうち発眼卵数は2であり、孵化には至らなかった。同じ年の少し違った時期に成熟雌1尾から成熟卵をとり出して凍結保存の精子で授精させたが、こちらも発眼卵は得られなかった。人工増殖への道は簡単ではないのだ。

飼育下での成長

飼育中のクニマスの成長状態がヒメマスと比較して調べられた。ただし、同時に飼育されたヒメマスは西湖産ではない。

2013年7月に始められた成長試験によると、クニマスとヒメマスは試験開始時には平均全長約20㎝、平均体重69・9gでほぼ同じであった。ところが、試験終了時の2014年9月にはクニマスは平均全長29・3㎝、平均体重287・5gだったのに対して、ヒメマスは32・6㎝、417・6gであった。クニマスはヒメマスに比べて成長が悪かったのである。この違いはクニマスとヒメマスの摂餌方法の違いによると考えられた。クニマスは中・底層付近でゆっくりとした動きで餌を食べたのに対して、ヒメマスは水面付近で活発に摂餌したという。時間単位で見れば、ヒメマスの摂餌量の方が多かったのであろう。第5章で述べたクニマスの摂餌行動はこのときの観察による。

クニマスとヒメマスの交雑実験

本栖湖にクニマスとヒメマスの雑種群が生息していることは第6章で述べた。この雑種とクニマスの戻し交雑が西湖で起きたらどうなるのか。そのことが実験で調べられた。戻し交雑とは雑種と純粋個体の交配である。

まず、飼育下で2014年の10月から11月に、成熟した2歳のクニマスと同じころに成熟したヒメマス（西湖産ではない）の交雑実験が行われた。この実験によって、クニマス雌×ヒメマス雄の雑種（以下、クニヒメという）とヒメマス雌×クニマス雄の雑種（以下、ヒメクニという）がつくられた。

3年後の2017年10月から12月の初めに、クニヒメは70尾のうち雄1尾が排精して雌16尾が排卵、ヒメクニの方は111尾のうち雄2尾が排精し雌5尾が排卵し、交配実験に用いられた。同時に飼育された純粋個体のヒメマスも、34尾のうち雄6尾が排精し雌9尾が排卵して、戻し交雑の実験に用いられた。

クニヒメとヒメクニの生殖能力の有無を確かめるための交配実験として、クニヒメ×クニヒメ、ヒメクニ×ヒメクニ、クニヒメ×ヒメクニ（雌雄をかえた2通り）、戻し交雑としてクニヒメ×ヒメマス（雌雄をかえた2通り）、ヒメクニ（雄）×ヒメマス（雌）の計7通りの交配実験が行われた。孵化後に浮上（泳ぎ出す）したところで生殖成功とみなすことにし、比較としてヒメマス（雄）×ヒメマス（雌）の交配実験も行われた。

実験の結果、ヒメクニ（雄）×クニヒメ（雌）だけ受精率がゼロだったが、ほかの6つの組み合わせでは孵化して浮上する稚魚が生まれた。クニヒメとヒメクニのどちらにも生殖能力があることが実験的にも確認されたのだ。なかでも、クニヒメ（雄）×クニヒメ（雌）の組み合わせのひとつから生まれた稚魚の浮上率は、ヒメマス（雄）×ヒメマス（雌）の組み合わせのひとつから生まれた稚魚の浮上率と大差なかった。

さらに、クニヒメとヒメマス、そしてヒメクニとヒメマスの戻し交雑によって生じた雑種の生殖能力も確認された。このことから、クニヒメあるいはヒメクニの相手がクニマスであっても、その雑種に生殖能力があることが確実に予測される。

本栖湖ではクニヒメあるいはヒメクニが野生状態で生息している。これを西湖に入れたら、何が起こるか。純粋なヒメマスは湖底の低水温層では産卵しない。しかし、雑種はクニマスとヒメマスの中間的な特性をもっており、低水温層でも産卵するかもしれない。そうなれば、純粋なクニマスが交雑によって雑種に置き換わってしまう。つまり、西湖のクニマスは実質的に絶滅してしまうのである。絶対にクニヒメあるいはヒメクニを西湖に入れてはいけない。

代理親魚試験

クニマスの生殖細胞を凍結保存して、それを別の魚に移植して「クニマスを作り出す」実験が行われている。クニマスの卵あるいは精子によって、サケ科魚類の他の種にクニマスを生ませる実験である。移植されて別の魚を生む親は代理親魚と呼ばれているが、これができれば西湖のクニマスが何らかの理由で再び絶滅の危機に瀕したときの「保険」になる。

２０１３年の10月に実験が始められ、16年2月にクニマス卵と代理親魚（サクラマス）によるクニマス精子での受精によって生まれたクニマス稚魚が、3尾ではあるが泳ぎ出したのである。実験は続けられ、代理親魚ヒメマス雌と代理親魚ヒメマス雄、代理親魚ヒメマス雌と代理親魚サクラマス雄の組み合わせで、２０１７年10月に受精させたところ、30尾のクニマス稚魚が泳ぎ出した。数は少ないが、代理親魚の雌雄によるクニマスの誕生であった。

脊椎動物では発生の極めて早い初期に、免疫機能が未熟であり異物が体内に侵入しても排除する能力をもっていない時期がある。サケ科魚類では孵化前後の仔魚の免疫機能が未熟であることがわかっている。ここに着眼してクニマスについて代理親魚の研究が行われているが、これは東京海洋大学教授・吉崎悟朗チームの指導によって進められている。

代理親魚とは異種の個体、あるいは同種の異なる個体に由来する卵あるいは精子を生産する宿主のことを言う。サケ科魚類のある種（ドナー）の生殖細胞を、サケ科魚類の別の種の孵化前後の仔魚（宿主）に移植する。そうすると、その仔魚が成長して成熟したときにドナー種の卵や精子をつくるのである。つまり、姿は宿主の種であるが、生殖から見ればドナー種として機能する。このことから宿主に代理親魚という名称が付された。

どうして、このようなことが可能なのか。ドナーの始原生殖細胞（卵原細胞あるいは精原細胞になる前の生殖細胞）を宿主である孵化前後の仔魚の腹腔に移植する。そうすると、ドナーの始原生殖細胞は、宿主の生殖腺原基（後に卵巣あるいは精巣になる）に移動して、宿主の性分化に伴い、精巣中では精原細胞に、卵巣中では卵原細胞になる。宿主が成熟すると、ドナー由来の生殖細胞は雄では精巣内で精子になり、雌では卵巣内で卵になるのだ。

絶滅危惧種や養殖用の有用品種を遺伝子資源として凍結保存することを考えると、卵は大きいうえに卵黄や脂肪分を含むので不適であり、精巣を用いるのがよいことがわかっている。ドナーの精巣細胞に含まれている精原細胞を宿主の孵化仔魚へ移植すればよい。そうすると、宿主の性によって卵にもなれば精子にもなる。

精巣は緩慢凍結（マイナス1～5℃でゆっくり凍結する）して液体窒素内で保存し、6年後の解凍でも生殖細胞の生残率が低下しなかった。このことからマイナス80℃の超低温庫か液体窒素があれば精巣の凍結保存は半永久的に可能とみなされ、代理親魚の実験には凍結保存した精巣が用いられている。代理親魚となる個体はドナー由来の配偶子（精子や卵）だけでなく、代理親魚自身の配偶子も生産する。これを排除するために、代理親魚として不妊化した三倍体（3組の染色体をもったもの）のものが使われている。

２０１７年に代理親魚の雌雄からクニマス稚魚ができたが、不妊化した三倍体の代理親魚はその特性として成熟する個体が少ない。そして、卵の生残率が低い。まだまだ課題は多い。

西湖にクニマスはどれだけいるのか

西湖におけるクニマスの生息数として資源尾数が推定されている。推定にあたっては、水産資源学で、「努力当たり漁獲量」を用いる方法がとられた。この方法の骨子は「漁獲尾数（C）＝漁獲係数（F）×資源尾数（N）」である。実際はこのようにシンプルにはならないのだが、この式を頭に置いてほしい。このうち、Cについては年齢別の漁獲尾数（釣られた数）の時間的変化、Fについては魚の年齢ごとの漁獲係数（釣りによる減少の割合）の年変化、Nについては漁獲死亡と自然死亡による資源量の減少を考慮しなければいけない。

資源尾数を推定するには見落としてはならない問題がある。西湖で釣れる「マス類」にはクニマスとヒメマスが混じっており、釣っても見分けがつかない。クニマスだけを分離して資源量を分析することができないのである。ひとまず、「マス類」として扱って、ＤＮＡ分析によって識別し、どのくらいの割合でクニマスが混じっているかという混獲率を出すしか方法がないのである。

さて、まず漁獲尾数の推定である。秋田県水産振興センターは２０１１年から西湖のヒメマスの放流状況とヒメマス遊漁による釣獲実態調査を行っており、西湖漁協の協力によって年ごとに遊漁期間の「マス類」の総数を把握している。ヒメマス釣りの船宿（8軒）に日々の釣り人（遊漁者）数とそれぞれの釣果を記録してもらい、それを集計して一年の「マス類」の総数を出す。この総数が、「マス類＝ヒメマス＋クニマス」の総漁獲尾数である。

山梨県水産技術センターは秋田県水産振興センターと共同で、秋のヒメマス解禁直後の２日間に釣り客の「びく覗き調査」を行っている。これは釣った人の漁獲物を調べるもので、山梨県水産技術センターによると、５００尾（約20名相当の釣果）を目途に数を数え、そのうち10～20尾を選んで、年齢査定のために鱗を採取するとともに、ＤＮＡ分析用に鰭の一部を切り取った。また、その約５００尾すべての全長を測定した。

採取した鱗から年齢組成を調べ、全長のデータと合わせて、年齢を考慮した漁獲係数を求めた。そして、ＤＮＡ分析を行い、それによって得られたクニマスとヒメマスの個体数の比によって「マス類」の総漁獲尾数からクニマスの漁獲尾数を導いた。

２０１２年から18年にかけてのクニマス資源尾数は、「漁獲尾数（C）＝漁獲係数（F）×資源尾数（N）」を元に、詳細ははぶくが、C、F、Nの変化について異なった2つの方法によって算出された。ただし、いずれも寿命が6歳と仮定しての推定である。

まず、２０１６年の『日本水産学会誌』第82巻で発表された論文に使われている方法だ。これによると、クニマスの資源尾数は２０１２年が約７８００尾で、その後下がり続け、15年に約２７００尾で底を打ち、18年には約４８００尾まで戻した。

もう一つはＶＰＡ（Virtual population analysis）という方法による資源尾数の推定であり、『山梨県水産技術センター事業報告書』第47号で結果が報告されている。それによると、２０１２年は約８８００尾で、その後、大きく下がり続けて17年の約２４００尾で底を打ち、18年には約３７００尾となっている。

いずれにしても、クニマス資源尾数は２０１３年から下がり始めて15〜17年に底を打ち、その後、上昇に転じている。

さて、以上の研究結果に対して私見を述べておく。山梨県の資源量推定の方法は、どちらにしてもクニマスとヒメマスの「釣られ易さ」が同じという前提に立っている。だが、すでに述べたように摂餌についてはヒメマスの方がクニマスより動きが活発であることが飼育水槽で観察されている。この動きから見て、クニマスはヒメマスより釣られにくいと思われる。このことを考えると、クニマスの「釣られ易さ」は実際より少し高く見積もられていると思う。「釣られ易さ」は資源尾数推定で漁獲係数に相当し、この数値は分母に影響する。この数値が過大であれば、推定された資源尾数は過小になる。つまり、推定されたクニマスの資源尾数はやや過少になっているのではないかと思う。

クニマスの資源量推定には、「マス類」が釣ったときにどちらかわからないことによる何らかのバイアスがかかっていることを頭に置いておかなければならない。西湖にどれだけのクニマスがいるのか、正確な数値を把握するのは難しい。しかし、数値の年変化の傾向を把握することは可能なので、調査の継続が必要であろう。

西湖クニマスの遺伝的多様性

１９３０年に17万粒、35年に10万粒、計27万粒が孵化放流され、その結果として湖に定着したのが西湖クニマスの出発点である。生態学では個体群という用語を使うが、西湖のクニマス個体群はただ一つの産卵場に依存している。

定着して約90年が経過しているが、たった一つの小さな個体群が環境の変化や病気などによって絶滅する危険性はないのか。京都大学の中山耕至によって西湖のクニマス個体群の遺伝的多様性が調べられた。第４章のヒメマスのところでも述べたが、遺伝的多様性は個体群が病気や環境変化に対応して生き残るための重要な特性であり、また長期的には適応進化の原動力ともなるものである。西湖のクニマスは田沢湖の個体群のほんの一部の移植から始まっている。こういう場合、もともとの個体群がもっていた遺伝的変異の一部のみが移植先に受け継がれるため、遺伝的多様性が低くなってしまうことがある（びん首効果と呼ばれる）。移植後に個体数が増加して大きな個体群となっても、一度失われてしまった遺伝的多様性の回復には極めて長い時間がかかる。遺伝的多様性は通常、ＤＮＡの一部における個体群内での遺伝的変異の量を調べることで推定される。ミトコンドリアＤＮＡおよびマイクロサテライトＤＮＡと呼ばれる領域を調べたところ、西湖におけるクニマスの遺伝的多様性は北米のベニザケやコカニーで調べられている数値と大差がないことがわかった。現在のところ、西湖のクニマスには遺伝的多様性が認められたのである。

しかし、移植後90年以上が経過している西湖におけるクニマスの保全には、遺伝的多様性の他、産卵場の環境と産卵親魚数を今後も長期的にモニタリングしていくことが必要だと考えられる。

クニマス卵の食害

西湖の湖底では、クニマス卵をウナギ類が捕食している。水中に設置されたカメラでウナギ類がクニマス卵を食べる行動が撮影された。

一日のうちでウナギ類が食卵している時間は9～13時に多かった。ちょうど、クニマスの掘り行動の一日のリズムと重なっていたのである。観察結果から、ウナギ類はクニマスが産み出した直後の卵を食べ、産み付けられて時間が経過した卵は食べていないことがわかった。

クニマスの卵を食害から守るために、２０１７年10月から18年3月にかけて、西湖内の8か所に延縄(はえなわ)を仕掛け、14個体のウナギ類が捕獲された。翌年度は２０１８年10月から19年3月に産卵場である湧水礫地、礫地の付近、西湖漁協の施設の沖に底刺網を仕掛けて、6尾のウナギ類が捕獲された。

捕獲したウナギ類を調べると、ニホンウナギとヨーロッパウナギであった。そして、クニマス卵を食べていたのはニホンウナギではなくヨーロッパウナギであることがわかった。クニマスの産卵場付近は低水温であり、ヨーロッパウナギは水温が4～6℃でも摂餌可能であったのに対して、ニホンウナギは11～13℃が摂餌の限界であり、産み出されたクニマス卵を食べることができなかったのである。

基礎的な研究の大切さ

クニマスについて、生態と保全を合わせて、着実に研究が進められている。山梨県を中心とした研究チームの努力によって、クニマスの姿が明らかになってきた。限られた人数と予算で、ここまで結果を出していることは驚きである。これらの研究成果によってクニマスをより深く考えることができるようになったと思う。秋田県の魚であったものを山梨県がなぜ研究しなければならないのか、という声が風の便りに聞こえてくることもある。しかし、そのような狭い考えにとらわれず、大きく広い視野で誇りをもって西湖のクニマスについて研究を続けていってほしい。クニマスは世界的に珍しい生物学的特性をもった魚であることを考えれば、このチームの研究の重要性は理解できるであろう。

人工増殖については、まずクニマスの基礎的な生物学的研究を積んでゆくことが大切である。応用研究はすべて基礎研究の土台の上にある。これらの研究が継続されて、将来、田沢湖に戻せる卵が豊富に得られ、私たちがクニマスを食する日が来ることを願っている。

第14章　里帰り——現在から未来へ

田沢湖の今

2010年、初夏、田沢湖では新しく造られた丸木舟が湖に漕ぎ出した。かつてクニマス漁に使われた舟である。造ったのは「田沢湖丸木舟の会」と「田沢湖に生命を育む会」の三浦久他、およそ30人の人たちであった。

2007年の1月に樹齢150年の杉から直径80㎝長さ7mの丸太を切り出して、丸木舟の製作を始めた。そのために小屋をつくり、みんなで鑿(のみ)をふるい、鉋(かんな)をかけ、2010年の4月に完成した。進水したのは6月12日で、地元のみんなでお祝いをしたという。田沢湖西岸の西木地区出身の直木賞作家、西木正明もかけつけた。進水後に体験乗船会が開かれ、地元の子供たちが新造丸木舟に乗り込み、櫂(かい)をもって湖水に漕ぎ出した（図14－1）。

図14-1　完成した新造丸木舟の体験乗船（2010年6月）（写真 三浦久）

新しい丸木舟が完成したころ、私たちは西湖で見つかったクニマスの論文を書いていた。もちろん、田沢湖の人たちは西湖でのことや我々の研究を知る由もなかったが、偶然とはいえ、クニマスによる奇妙な縁でつながっていたと思う。

田沢湖の潟尻の湖岸から湖に張り出した御堂がある。益戸滄洲が「漢槎宮（かんさぐう）」と名付けた御堂である。その漢槎宮のすぐ近くに金色の「たっこ像」がある。高さ2mのアフリカ産ブラックストーンの台座にのった2・3mのブロンズ像「たっこ」は田沢湖の主である伝説の美女、辰子。除幕は1968（昭和43）年5月12日であった。東京藝術大学教授だった舟越保武の制作である。作者は除幕時に配布された写真付きのパンフレットに「モデルは一切使いませんでした」と書いているが、「田沢湖クニマス未来館」の館内映像の担当者が、あの像のモデルは私の母です、と言っていた。

たっこ像の台座の足元にはウグイが群がっている。伝説では、辰子の母が投げ込んだ燃えさかる焚き木の木の尻が水中で変身した魚が黒いキノシリマス、つまりクニマスである。だが今、たっこ像の足元にいるのは餌をまくと集まってくるウグイである。

夏には満々と水を湛（たた）える湖は、見ただけではどのように変わったのかわからない。しかし、昔とは違う。何より、あんなにたくさんいたクニマスはいない。ウグイも1966年に、青森県恐山の宇曽利湖（うそりこ）（水質は酸性）産の20万粒の卵から孵化させた稚魚が放流されている。湖水の質、生物、湖岸の人々の暮らしはすべて変わってしまった。

田沢湖北岸の相内潟にある「御座石（ござのいし）」は第2代藩主佐竹義隆が来遊したときに休憩をしたことから、その名で呼ばれるようになったという。文化8（1811）年の夏に第9代藩主の佐竹義

図14-2　御座石の現状　御座石神社鳥居の前（左）、水面低下時の御座石（右）（写真 左=中坊徹次、右=三浦久）

和が地方巡遊で田沢湖を訪れた際、角館所預の佐竹義文は湖中第一の名勝「御座石」に休所を設けて接待した。このあと、義和は丸木舟2、3艘をつなぎ合わせた即席の遊覧船で湖上を白浜に向かった。折から雷雨にあい、家老の疋田松塘（ひきたしょうとう）が「田沢潟龍神殿」に宛てて「申渡し」を書いて白浜に至ったが、義和は田沢村千葉重蔵宅に宿泊し、そこで詠んだ一首「ふく風になびく草木のすゑまでも　花さく御代をあふくことのは」を扇面に書いた。その扇面は御座石神社に納められ、今も神社に伝わっている。

名勝「御座石」は広さが20畳もあったが、毒水導入後の水位変化によって姿を変えてしまった。現在は小さな岩がふたこぶ状で湖面に顔を出した状態（図14－2）であり、水位変動による影響を象徴的に表している。

毒水導入後、水位の低下によって湖岸の景観は変貌した。かつては水面下にあって見えなかった湖岸の断崖絶壁が出現し、湖畔の沢は滝になって湖に流れ落ちることになった。これによって湖岸のあちこちで崩落が起こり、その音で夜中に目が覚めた人もいたという。次第に、岸近くに住む人のなかには安全な場所に引っ越す人が出てくるようになった。想定外の変化であった。田沢湖は岸から急深の湖である。水があることで形を保っていた湖岸が、水位が下がり、流れ込む沢の水と共にバランスを崩していったのだ。当初、最大で14ｍの水位の変動が許容されていたのが、現在は湖岸の崩落を考慮して３ｍまでということになっている。しかし、今もなお湖岸の形は微妙に変化しており、悩ましい問題は続いている。

１９６５年の田沢湖調査

秋田県水産試験場は１９６５年の６月と９月、さらに11月に田沢湖の調査を行った。クニマスが消えて四半世紀がすぎていた。目的は魚類の養殖が可能かどうか基礎的な水質を調べることであり、毒水導入後の水質や生物の調査は１９４８年の東北大学の佐藤隆平以来（第10章）であった。

まず、水質である。湖心に１点、岸にそって満遍なく９点を選び、６月は水深２００ｍまで、９月は２００〜４００ｍでの測定を行った。結果、湖水はpH４・５〜４・６と均一に酸性であった。そして、９月には玉川からの取水路にある藁田の県営田沢湖発電所のダムの水も調べられたが、こちらはpH３・２〜３・４とさらに強い酸性であった。

プランクトンは６月に水深50ｍより浅いところから採集されたが、魚類の餌となりうる量ではないと判断された。９月の調査ではプランクトンネットの切断流失という事故のために採集ができず、かわりに魚群探知機を使ったところ水深１２０〜１２５ｍにプランクトン層と考えられるＤＳＬ（deep scattering layer 超音波散乱層）が観測された。これらのデータは少し不十分であるが、採集と観測の結果はプランクトンが毒水導入前に比べてはるかに少ないことを示していた。

さらに、魚類と酸性水との関係が野外と水槽で調べられた。まず、野外においては、９月29日に湖心付近の水深４２０ｍ地点に縦延縄（たてはえなわ）を設置し、翌日の30日に揚げて、魚類の採集が試みられた。餌はミミズであったが、何もかからなかった。次に湖心付近で、主に上層の魚を捕える浮き延縄を11月１日から10日に設置したが、このときも何もかからなかった。南の辰子堆に近い湖岸の水深１２５ｍのところに、９月28日に養殖用粉末餌料（じりょう）を入れた魚籠を設置して翌日の29日に揚げたが、何も入っていなかった。９月27日から30日に北部・相内潟の水深２ｍ程の湖岸で釣りの調査をしたときには、体長10～18㎝のウグイ15尾が釣れただけであった。多くの調査結果から、魚類はウグイしか確認できなかった。

続いて、先達川からの注水口付近の湖水を秋田県水産試験場に運び、サケ属のニジマスを用いて生存試験が行われた。ニジマスの25個体をpH４・５の酸性水に入れると、翌日にすべてが死んだ。次に６個体をpH４・８の水に入れると２日間で３個体が死に、次の日に残った３個体をpH６・８の中性の水に移したが２日後にすべてが死んだ。今度は、pH７・０の水にニジマス５個体を入れて、途中でpH７・４とpH６・９に変化させたが、10日後にも生きていた。予測通り、酸性水ではニジマスは生存できなかったのである。

１９６５年の試験結果は、水質やプランクトンの状態から見て、田沢湖はウグイを除いて魚類の棲める状態ではないことを示していた。

玉川酸性水中和処理施設

現在も田沢湖における水質改善の努力は続けられている。アルカリ性の石灰石が酸性水と接触すると、酸性を弱める働きをする。この働きに着目して、1972年から地下溶透法に加えて、「簡易石灰中和法」が用いられるようになった。この方法は、野外に積んだ石灰石に酸性水をパイプで散水して中和させ、渋黒川に流すというシンプルなものであった。

1975年10月、秋田県に玉川毒水対策技術検討委員会が設置され、78年1月に玉川水の水質改善、除害方法、対策施設の建設についての答申が知事に対してなされた。水質改善の目標は上流の玉川ダム（当時は着工前）においてpH4、下流にある農業用水取水地点の神代ではpH6、田沢湖でもpH6であった。それに伴って、建設省は岩手大学教授の後藤達夫に現地における実験を委託した。

結果、石灰石による酸性水の中和を本格的に行うべく、建設省は玉川ダム事業の一環として、玉川源流の渋黒川の右岸に「玉川酸性水中和処理施設」をつくることになった。施設は1988年3月に着工され、翌年10月に試験運転を開始、91年4月に本格運転が開始された。現在の運営と管理は国土交通省東北地方整備局の玉川ダム管理所が行っている。酸性水に石灰石を使うのは「簡易石灰中和法」と同じであるが、この施設では「粒状石灰中和方式」と呼ばれる方法が採用された。

まず、玉川温泉からの温泉水を希釈混合槽に入れ、そこに酸性水ではない渋黒川上流（湯川との合流点より上流）の水を加えて希釈する。この希釈水をコーン型中和反応槽（径5～20㎜の粒状石灰石が詰まっている）で中和、処理された水が渋黒川の下流に放流されている。加えて、野積石灰石ヤードというものが作られており、非常時に湯川からの強い酸性水を中和して、渋黒川に放流している。非常時とは源泉からの水が多すぎるときとか、中和反応槽に故障が生じたときが想定されている。このような中和処理が行われているものの、現状では地表に湧出する酸性水の約5％が未処理となっている。

施設の稼働前は強酸性水がそのまま渋黒川に流れ込んでいたが、一日で約40tの石灰石を使用することで、稼働後には源泉の大噴でpH1・0〜1・3あった強酸性水を、pH3・5以上にして放流できるようになった。1990年、施設とほぼ同時に玉川ダムが竣工。渋黒川から流れ込む酸性水は、宝仙湖と呼ばれるダム湖でさらに希釈されて、1989〜2002年の値ではpH5・4となった。田沢湖ではpH5・3、神代ダムではpH6・2、仙北平野の農地への取水口である玉川頭首工（とうしゅこう）ではpH6・3となり、農業用水として使用可能な状態になった。

田沢湖では1996〜2000年に一時期表層がpH5・7までになったが、その後、大噴の活動が活発になり、現在ではpH5・3である。まだクニマスが棲める状態ではなく、玉川導水前の生態系を回復するのには十分な環境になっていない。ちなみに、田沢湖に出入りする水は年間約9億㎥である。

里帰りの歩み

クニマス発見後、里帰りプロジェクトが始まり、2011年7月30日、仙北市で「クニマス発見記念フォーラム」が開かれた。基調講演は私で、演題は「クニマスは生きている―伝説から科学へ―」、その後のディスカッションのパネリストは西木正明、矢口高雄（漫画家）、塩野米松（作家）、三浦久、小松嘉和（秋田魁新報）で、コーディネーターが杉山秀樹であった。仙北市民会館で行われたのだが、演壇から見ると約1000席がほぼ満席の状態であり、当時の関心の高さを示していた。地元の人々からも質問が出たが、クニマスをなんとか田沢湖に戻したいという熱い気持ちが伝わってきた。市民会館には、田沢湖と西湖のクニマス標本、そして、過去のクニマスの写真が展示された。記念フォーラム当日の夕方からは祝宴が開かれ、地元は喜びに沸いていた。

同年11月2日、富士河口湖町の町役場で、秋田県田沢湖と山梨県西湖が姉妹湖となる調印式が行われた。仙北市の門脇光浩市長と富士河口湖町の渡辺凱保町長（当時）が提携書に調印し、立会人として私が署名した。

翌年の2月22日付の山梨日日新聞に「探し求めたクニマスと〝対面〟」という記事がある。山梨県水産技術センターが、この前日に西湖で採捕した産卵期のクニマス成魚を水槽に入れて一般公開したのである。三浦久ら「田沢湖に生命を育む会」の5名が山梨県西湖を訪れ、満面の笑みでクニマスを見ている写真が載っている。この記事には「感激だ。言葉にならない」「父（久兵衛）が生きているうちに見つからず残念だが、父の執念が実ったんだと実感した。田沢湖にすむ昔のクニマスを知っている人たちに、泳いでいる姿を見せたい」という三浦久の談話が出ている。田沢湖を訪れた田沢湖の人たちはみな戦後生まれであり、生きたクニマスを見たことはない。このあと、彼らは水産技術センター忍野支所を訪れて飼育中のクニマス稚魚を見た。２０１１年から翌年1月に西湖で採捕した親魚の人工授精から誕生した稚魚であった。この稚魚が翌13年の春に田沢湖へ「里帰り」するのである。

クニマスの里帰りプロジェクトの２０１３年のイベントは、3月10日から24日にかけて、田沢湖の湖畔にあるハートハーブという施設で行われた。山梨県から生きたクニマス若魚が届けられ、田沢湖の人たちにお披露目されたのだ。水槽内とはいえ、クニマスが田沢湖に帰ってきた（図

14－3）。里帰りの第一歩であった。生きたクニマスの他に、西湖クニマスの産卵親魚の雌雄、クニマスの絶滅、発見、正体、保全に関することがパネルで展示された。「田沢湖丸木舟の会」と「田沢湖に生命を育む会」が復元した丸木舟も展示された。前日の3月9日に内覧会とオープニングセレモニーがあった。翌10日には仙北市役所に隣接する田沢湖総合開発センターで講演会が開かれた。秋田県立大曲農業高校の大沼克彦はクニマス発見以来、電気分解による酸性水の中性化の実験を生徒たちと一緒に進めており、その成果を話した。三浦久はクニマス漁に使われていた丸木舟を復元したときの話と、今なお続く田沢湖岸の崩落についての話をした。湖岸の変化は酸性水に隠れてあまり知られていないが、地元では切実な問題なのである。私の話はクニマスの生物学的なことであった。

図14-3　田沢湖に里帰りしたクニマス若魚
クニマス里帰り特別企画展（2013年3月10〜24日）（写真 仙北市）

クニマス発見後、三浦は地元の子供たちにクニマスの話をすることを続けている。県外から話を聞きにくることもあるという。地道であるが、未来へ向かう道だと思う。

田沢湖クニマス未来館

2017年7月1日、田沢湖の南岸、大沢の湖畔に「田沢湖クニマス未来館」（以下、未来館）が開館した（口絵14）。未来館は湖に向かって弧状になっており、展示室を出てエントランスに戻る通路はガラス張りで、目の前に田沢湖を一望できる。館内の床にはホリの位置を示した田沢湖の模式図（口絵16）が貼ってある。「ふたたびクニマスを田沢湖へ」、この悲願が込められた小さなクニマス博物館である。未来館をつくるにあたり、私もアドバイザーとして完成まで約1年間、三浦久と一緒に仕事をした。

田沢湖から消えたクニマスが未来館の水槽の中で泳いでいる。これが未来館の主人公であるが、田沢湖はクニマスのふるさとである。見に来てくれる人たちに何を「見せる」のか。クニマス里帰りの希望は「未来」。未来を正しく指向しようと思えば、過去と現在を正確に知る必要がある。未来館は田沢湖の過去・現在・未来を展示しているのである。

図14-4　田沢湖クニマス未来館に展示された周年産卵の一端を示す田沢湖産クニマス標本（写真 大竹敦）

クニマス絶滅までの歴史について本書では文字で伝えてきたが、未来館ではこの歴史をヴィジュアルにたどることができる。丸木舟や底刺網を始めとして、いまでは使われなくなった漁具が展示されている。これらの背後にはかつての人々の暮らしがある。

田沢湖産クニマスの標本も展示されているが、世界中で残っている17個体のうちの2個体である（図14－4）。1925年4月1日にとられた全長25・3㎝の雄と、30年9月12日にとられた全長26・8㎝の雄で、いずれも吻が尖り、口は湾曲して産卵期の二次性徴を示している。この二次性徴と採集された月日によって、クニマスが冬ではない時期にも産卵していたことがわかる。田沢湖産クニマスの標本で採集年月日の記録があるのは未来館の標本だけであり、周年産卵を確実に示している貴重な証拠である。

水田開発、毒水導入、漁業の消滅、湖岸の崩落――これらの過去は重い。しかし、復活への道となったヒメマス移植放流、クニマス人工孵化、クニマス発眼卵の地方への分譲、クニマス探しキャンペーン、毒水の中性化施設の現状、高校生の電気分解による酸性水の中性化実験、といった未来に向かう地元の努力についても展示されている。また、理解を深めるために、館内では田沢湖にまつわる歴史がテレビ映像として流されている。

未来館のすぐ近くに「蚕魚墳（さんぎょふん）」、通称「クニマス塚」と呼ばれる2つの小さな塚がある（図14－5）。湖の周辺には平地が少なく、人々はクニマスなどの漁業と養蚕や炭焼きで生計を立てていた。大沢集落では漁網や衣類の原料となる絹糸を吐く蚕（かいこ）と、クニマスなど田沢湖でとれる魚を供養するために蚕魚墳を築いた。かつての蚕魚墳は駐車場整備のために取り壊されてしまったが、2000年に古老の記憶をたどって復元された。

図14-5　蚕魚墳（通称クニマス塚）（写真 三浦久）

クニマスは田沢湖を抜きにしては理解できない。未来館で「クニマスの絶滅と里帰り」について考えて欲しい。

生きているクニマスは何を語るのか

クニマスの保全と里帰りはいろいろな問題をかかえている。絶滅魚が生きていた、という事例は珍しい。しかし、クニマスは田沢湖で人々と深く関わりをもって生きていた魚である。この魚が背負っている歴史は重い。

江戸期以来、仙北平野は飢饉のたびごとに新田開発の必要性が指摘された。御堰という用水がいったんは完成したが、結局は酸性水が原因で十分に機能しないまま打ち捨てられた。これを受け継いだのが現在の田沢疏水であり、その恵みで仙北平野は「あきたこまち」の豊かな産地となっている。田沢湖を貯水湖とした水力発電は、不況と戦争に翻弄された１９３０年代という時代の産物であるが、エネルギー問題はいつの時代も最適解を出すのは難しい。酸性水は水田をだめにし、発電関係の施設を腐食させる。

生物がほとんど棲めない世界になっている田沢湖を元に戻すため、農業と発電に関係した現在の水システムを廃棄するべし、という声もあると聞く。しかし、問題はそのように単純ではない。農業とエネルギーは我々の生活にとって欠かせない。時計の針を戻すことはできないし、現在の状態から出発するしかないのだ。田沢湖の漁業を復活させるなら、農業とエネルギーとともにある三者並立の道しかない。

田沢湖の漁業の復活は湖水の中性化、そして植物プランクトンと動物プランクトンの復活を前提として、田沢湖の生態系から復元しなければならない。そうして初めてクニマスは田沢湖で泳げるのだ。だが、現在の玉川―田沢湖の水システムを中和処理で維持するのには、かなりの経費がかかっている。それでも、毒水のすべてを中性化できていないのが現状である。

一度、激変させてしまった環境を復元することは大変である。中性化による田沢湖の復元は、玉川水を電力エネルギーと灌漑用水に使って、生態系を維持してゆく「再生」である。これには考えられないほどの時間と労力が必要だろう。もういい、と思えばそこで終わる。

クニマスは田沢湖で消えた。絶滅してこの世界からいなくなったと思っていたら、70年後に姿を現した。レッドデータブックの「野生絶滅」というカテゴリーに入れられたクニマスは何を語るのか。クニマスの声に耳を傾けて、田沢湖で何が起こっていたのか、その経緯と意味を偏りなく理解する必要がある。その上で、保全や里帰りについて我々はどうしたいのか。しなければならない、ではなく、どうしたいのか、である。

エピローグ

私がクニマスに興味をもったのは2003年、それから17年の歳月が流れた。西湖クロマスがクニマスであることがわかったときには「生きていたのか」という感慨はあったが、「深い湖底での産卵」を知ったときのような感動はなかった。一般にはクニマスは体が黒く点々がない魚として、その見た目が興味をもたれていたが、その特徴は私の心を打たなかった。クニマスが深い湖底で産卵していたことが私を捉えてしまったのだ。

自然科学の研究者が何に興味をもつのか。同じ対象であっても、そこから発している問題の捉え方は様々である。魚類学の世界に入ったときから、フィールドで種に向き合ってきた。種は棲み分けを見せており、その背後に進化を考えた。分類学では類似の種の集まりが属として認識される。私がフィールドで出会った棲み分けは同じ属内の種の間に見られるものであった。同属内の種が見せる棲み分けに対して私がもっていた自然観がクニマスの深い湖底での産卵を知ったときに揺らいだのである。

山梨県西湖での発見からほぼ10年、当時を振り返ると、細い橋を渡ってきたと思う。たった9個体での出発だった。当初は、いろいろと不足しているところを指摘されたが、今では西湖のクニマスについて様々なことがわかってきている。何より周年産卵の片鱗も見られている。本当なら、こういうことがわかってから西湖のクニマスは田沢湖のクニマスの末裔だと言うのが一番いいのだと思う。しかし、初めからすべてがわかるわけではない。自然科学の研究は細い橋を渡っているときこそ、しんどいけれども緊迫感がある。そして、細い橋を渡った後には、それまで知られていなかった世界が展開していく。既知の知識を用いて未知のことを明らかにしてゆくときは楽しい。本書の第I部では、そのような自然科学の世界をクニマスを通して伝えたつもりである。

発見を最初に報じた新聞記事にクニマスは「見てわかる魚」として書かれていたが、本書で繰り返し述べてきたように、クニマスは見てすぐにわかる魚ではない。クニマスは黒いから見ればすぐにわかるはずだ、という幻想が、メディアを始めとし一般にも浸透していたのだと思う。しかし、サケ属の魚はそんなに単純ではないし、魚類学者なら産卵期の「黒い」だけで結論を出さない。私はデータが出ていないのに簡単に断定しないし、そのような発言もしない。私たち魚類学者は検証可能な状態になった結論を論文にしてから発表する。西湖におけるクニマスの保全と、それに関する研究は「見てもわからない魚」として行われているのである。

ここで、「西湖クロマス」が私のところに来たいきさつを述べておこう。2003年の秋から、私が「クニマス病」とも言える状態のときに、CGによる復元を放送関係者に頼んでいたことはすでに述べた。CGが実現しない中で、私が監修していた本のために、イラストレーターの宮澤正之に、京都大学の田沢湖産クニマス標本の絵を描き、田沢湖の古老に聞いて往時の色を再現するよう依頼したのは2010年2月15日だった。そのとき、クニマスとヒメマスは似ているので、どこかでヒメマスを確保して参考にするように言ったのである。そして、彼は3月3日と4日に京都で田沢湖産クニマスの雄の絵を描いた。そのほぼ2週間後、3月18日と19日に雌の絵を描くために再び京都にきた。このとき2尾の「黒いマス」を持参して、保冷箱から取り出して私に見せたのである。見ても黒いマスとしかわからなかったので、私が「何です、これ」と言うと、「ヒメマスです」という答えが返ってきた。尾鰭が破損しており、産卵中に捕獲されたことを示していた。大きさから考えてヒメマスかもしれない2尾の黒いマスは山梨県西湖で3月6日にとれて翌7日に届けられたものであった。もう少し詳しく聞くと、届いた「黒いヒメマス」は4尾で、手元にまだ2尾があるという。これが、私と「西湖クロマス」との出会いである。

発見報道の後で知ったのだが、西湖から黒いマスが宮澤のところに届いた翌日（3月8日）、所用で彼の所に来た水中カメラマンの松沢陽士がこのマスを見た。松沢は西湖産と3月に黒い婚姻色ということでクニマスかもしれないと言い、宮澤と一緒に騒いだという。

そもそも、2月にヒメマスをどこかから確保しなさいという私の指示は無茶であった。遊漁を含めて、この時期にヒメマスを獲っているところはどこにもない。そんなことを何も知らずに指示したのである。宮澤サイドはあちこちに依頼したのだが、応答してくれたのは山梨県の西湖だけだったという。黒いマスは研究の結果、クニマスであることがわかったのだが、たった一本の細い糸を伝って、過去の世界から出てきたのである。

私が黒いマスの「鑑定」を依頼されたと書いた記事もあったが、そんなことは誰からも頼まれていない。西湖で黒いマスをとった三浦保明に、採集場所が深い湖底だということを聞いてから私の発見のストーリーが始まったのだ。クニマスの移植履歴のある西湖、産卵の時期、加えて深い湖底での産卵。ここで、もしかしたら、と思い、かろうじて研究可能な標本がそろったところで研究を始めたのである。

ちなみに、「鑑定」という言葉は分類学にはない。生物分類学では「同定」が正しい。このことは分類学に対する一般の人たちの理解の薄さをよく語っている。クニマスが「見てわかる魚」と思い込まれたのも、同様の理由であろう。本書の第I部には、私たちの学問分野を自然科学として認識してもらいたいという思いも込めた。

絶滅魚クニマスの発見を公表した直後に展開した世界は、私にとって考えてもみないものだった。発見時の報道の周辺には「誤解」が渦を巻いていたが、しばらくして鎮まると、クニマスが絶滅にいたった過程や田沢湖周辺の当時の事情など、秋田のメディア以外は関心をもたなくなった。そして、全国的には絶滅魚発見という形骸化した事柄だけが残ったのである。しかし、表面上の現象はそうであっても、出てきた事実は重い。クニマスが抱えている問題は単なる生物学上の絶滅魚発見ということだけではないのだ。

クニマスをめぐって田沢湖とその周辺に何が起こっていたのか。絶滅に至る過程には、田沢湖の湖畔に住む人々と地域の歴史がある。なぜ、クニマスは田沢湖から消えたのか。どうして、人々がクニマスをふるさと田沢湖に里帰りさせたいと思うのか。

西湖での保全も重い課題である。現在では、クニマスは西湖にしか生息していない。地元では日々の生活を守らなければならず、それと矛盾することなく、クニマスを保護しなければならないのである。外の人たちは自分たちの生活とは関係ないので、クニマスを守るという観点だけで意見を言う。これが地元にいかに重い責任を負わせているか、外の人たちは気が付いていない。

発見報道は私にとって事件であった。しかし、メディアによって新しく掘り起こされたクニマスの資料があった。さらに、関心が高まったことで、田沢湖と西湖に、小さいながらクニマスを見せる博物館もできた。保全と里帰りへの功績は見逃せない。

仙北市の「田沢湖クニマス未来館」では、小本『クニマス―過去は未来への扉―』を購入することができるので、ぜひ訪れて、手に取ってお読みいただきたい。ヴィジュアルで田沢湖とクニマスのことを理解していただけると思う。ご希望の方は、仙北市企画政策課に問い合わせていただければ入手できる。富士河口湖町の「奇跡の魚 クニマス展示館」では、同様にリーフレット『奇跡の魚 クニマスについて』を購入することができるので、ぜひご覧いただきたい。この冊子も富士河口湖町観光課に問い合わせれば入手できる。なお、未来館と展示館の冊子はどちらも英文版がある。観光で田沢湖と富士五湖に行かれたら、未来館と展示館まで足をのばしてほしい。クニマスが背負っているものを少しは理解していただけると思う。

里帰りにしても保全にしても、ひとつの魚種や一地方の話にとどまらず、そこには普遍性がある。そのことを少しでも考えていただければ嬉しい。

謝辞

発見以後の西湖クニマス関係の研究は、西湖関係者の力強いご援助がなければ進めることができなかった。京都大学のクニマス研究チームの成果は、とりわけ西湖漁業協同組合のご協力の賜物である。また「奇跡の魚 クニマス展示館」の開設準備で交流する中、埋もれていた西湖のマス類移植についての知識もいただいたし、ヒメマス遊漁についての資料もいただいた。ヒメマス遊漁をそのまま続けることがクニマス保全の要諦であるというのは、発見公表前からの私の持論であったが、その資料により確信した。

初めての田沢湖は飛行機だったが、次からは秋田新幹線こまち号で行った。ときには秋田市まで足をのばした。盛岡と仙北市の間、仙岩峠の厳しさを車窓から見たし、生保内発電所、仙北平野の水田風景など、田沢湖問題に関係しているところも眺められた。「田沢湖クニマス未来館」をつくるにあたっての地元の方々との交流は私にとって貴重なものであった。玉川毒水との闘いの歴史、田沢疏水の江戸期からの歴史、田沢湖畔での人々の暮らし、こういった事柄は現地で地元の人々から教えていただかなければわからなかった。書物をかじるだけでは実感が伴わない。

本当に多くの方々のお世話になった。なかでも、三浦久氏（田沢湖丸木舟の会）は発見後に京都大学総合博物館にお越しいただいたときに初めてお会いしてから、田沢湖の漁業関連の知見、文書の閲覧と提供など限りなくお世話になった。大竹敦氏（田沢湖クニマス未来館初代館長）には度重なる私の質問に答えていただき、戦前の秋田水産試験場の事業報告や、田沢湖の現状について、多くのことをご教示いただいた。第Ⅱ部の細部については、三浦・大竹の両氏に多くを負っている。

門脇光浩氏（仙北市長）を始め仙北市役所の小田野直光・大山肇浩・斎藤洋・田口真吾・千葉俊成（未来館館長）の諸氏には、いろいろな資料の収集などで殊の外ご面倒をおかけした。冨岡美津子氏（新潮社記念文学館前館長）は本書の企画にあたり、格別のご配慮をいただいた。田沢湖のことについては鬼川浩氏（仙北市在住、令和2年逝去）、大山文穂氏（仙北市在住、令和2年逝去）にご教示いただいた。

渡辺安司氏（西湖クニマス研究会）には、西湖での遊泳期クニマス・ヒメマスの捕獲にご協力いただき、また、私の度重なる質問に応じて下さったばかりでなく、西湖に関していろいろなことをご教示いただいた。渡辺勝保氏（富士河口湖町）は発見報道後に現地で起こったことを知らせていただくと共に、本栖湖でのマス類捕獲に仲介の労をとっていただいた。三浦久氏（西湖漁業協同組合長）を始めとする西湖漁協の諸氏には、ヒメマス遊漁に関する資料を提供していただいた。西湖でのヒメマス漁に関しては渡辺安彦氏（西湖在住）にご教示いただいた。

三浦保明氏（前西湖漁業協同組合長）は発見後に産卵親魚の捕獲にご協力いただいた。本栖湖のマスについては渡辺進組合長（平成29年逝去）を始め本栖湖漁業協同組合の方々にご協力いただいた。

山梨県水産技術センターは大浜秀規所長ほか、研究員の岡崎巧・青柳敏裕・加地弘一・加地奈々の諸氏には研究結果に関する諸資料を快くご提供いただいた。

次の方々には資料の収集や、原稿の作成に関してお知恵をお借りしたり、著作物の利用についての許可をいただいたりした。記して謝意を表したい。藍澤正宏氏（東京大学総合研究博物館）、秋田県公文書館、秋田県立図書館、秋田県立博物館、秋田魁新報社、池田辰夫氏（野尻湖在住、平成31年逝去）、岩切等氏（カメラマン）、植月学氏（帝京大学文化財研究所）、尾嵜豪氏（毎日放送）、小畑茂雄氏（山梨県立博物館）、帰山雅秀氏（北海道大学）、奇跡の魚 クニマス展示館、北誠・鷹田昌純の両氏（NHKエンタープライズ）、京都大学総合博物館、桑原雅之氏（滋賀県立琵琶湖博物館）、煙山英俊氏（秋田県公文書館）、小松嘉和氏（秋田魁新報社）、佐藤崇氏（京都大学総合博物館）、杉山秀樹氏（秋田県立大学）、瀬能宏氏（神奈川県立生命の星・地球博物館）、田川正朋氏（京都大学農学研究科）、田沢湖クニマス未来館、東海正氏（東京海洋大学）、東京大学総合研究博物館、中川毅氏（立命館大学）、日本魚類学会、隼野寛史氏（さけます・内水面水産試験場）、細谷和海氏（近畿大学）、増淵悠氏（NHK）、松沢陽士氏（水中カメラマン）、松田幸子氏（仙北市在住）、水谷寿・高田芳博・八木澤優・渋谷和治・笹尾敬の各氏（秋田県水産振興センター）、光永靖氏（近畿大学）、森田健太郎氏（水産研究・教育機構北海道区水産研究所）、山本祥一郎氏（水産研究・教育機構水産技術研究所）、吉崎悟朗氏（東京海洋大学）。

藤岡康弘氏（前滋賀県水産試験場長）には、クニマス発見を発表する際に連絡すべき方について適切なご助言をいただいた。

一緒にクニマス研究を進めてくれた「京都大学クニマス研究チーム」の中山耕至・武藤望生・東海林明・吉川茜・甲斐嘉晃の諸氏には深甚の謝意を表したい。彼らなしにはクニマス研究を進めることはできなかった。

本書は、これらの方々からいただいた知識の成果をまとめたものである。本書によってクニマスという魚、その絶滅と発見の歴史、そして保全の意味を知っていただければ、著者の喜びはこれにまさるものはない。

最後に、新潮社の竹中宏氏には、原稿作成にあたっていろいろとご面倒をおかけした。適切な助言をいただき、本書をまとめることができた。田沢湖へ玉川酸性水が導入されてから80年、その節目の年に本書を書き終えることができたのは氏のお蔭である。心から感謝したい。

2020年12月

中坊徹次

	1935年	西湖と本栖湖がそれぞれ10万粒のクニマス卵を購入(第11章)
	1936年	東北振興電力株式会社が設立。田沢湖と玉川の水を調整して電力と農地開墾に用いる計画が内務省、逓信省、農林省の三者間で協議成立(第8章)
	1937年	田沢疏水開墾国営事業が始まる(1962年度終了)(第8章)
	1938年 9月	槎湖漁業組合と東北振興電力株式会社が漁業と孵化場に生じる損害についての補償契約を結ぶ(第10章)
	1940年 1月	玉川毒水を田沢湖に導入(第8章)
昭和時代(戦後期)	1948年 8月	東北大の佐藤隆平の調査により、田沢湖でクニマスの絶滅が確認される(第10章)
	1949年 8月	田沢湖漁業会が区画漁業権を日本発送電株式会社に譲渡することで合意。田沢湖の漁業は消滅(第10章)
	1978年 3月	田沢湖の三浦久兵衛、「幻の魚国鱒」を発表(第1章)
	1988年 2月	三浦久兵衛、クニマス探しで山梨県の本栖湖と西湖を訪れる(第1章)
	1988年 3月	玉川酸性水中和処理施設の建設工事が始まる。1991年4月に本格運転が開始(第14章)
平成時代〜	1995年11月	「クニマス探しキャンペーン」開始(~1998年12月)(第1章)
	2000年 8月	『クニマス百科』刊行(第1章)
	2003年秋	中坊、クニマスの「深い湖底での産卵」を知る(第1章)
	2010年 3月	深い湖底で産卵していたという西湖の「クロマス」が京都大学に届く(第1章)
	2010年 4月	西湖の「クロマス」の研究を開始(第2章)
	2010年 6月	田沢湖で新造された丸木舟が進水(第14章)
	2010年 8月	西湖の「クロマス」がクニマスと判明(第2章)
	2010年12月	西湖でのクニマス発見が報道される(第1・12章)
	2010年12月	発見報道後、本栖湖の浜に産卵後打ち上げられた「黒いマス」が京都大学に届く。後にクニマスとヒメマスの雑種と判明(第6章)
	2011〜2012年	山梨県水産技術センターを中心とした研究チームが西湖でのクニマス研究を始める(第3・13章)
	2013年 2月	環境省レッドリストでクニマスが「野生絶滅」に指定される(第12章)
	2013年 3月	クニマスの里帰りプロジェクトで、生きたクニマス稚魚が田沢湖畔の施設に帰る(第14章)
	2014年	飼育下で成熟した2歳のクニマス親魚から採卵と採精をして人工授精を行い、孵化に成功。6.9%の孵化率だが、クニマス人工増殖の第一歩(第13章)
	2016年 4月	西湖に「奇跡の魚 クニマス展示館」が開館(第12章)
	2017年 7月	田沢湖に「田沢湖クニマス未来館」が開館(第14章)

クニマス関連年表

地質時代	180万~170万年前	クニマスの原産地、田沢湖成立(第5章)
	15万~1万2千年前	ヒメマスの原産地、阿寒湖成立(第4章)
江戸時代	1674年	クニマスが「久尓末春ノ魚(くにますのよ)」として『北家御記』に初出(第9章)
	1814年	田口三之助による「白浜疎水」(田沢湖白浜～石神) が完成(第8章)
	1825年	秋田藩が仙北地方の新田開発のため、玉川からの水路工事に着手。完成後に「御堰」とよばれる(第8章)
	1841年	田口幸右衛門父子が玉川除毒工事を開始。11年後に完成(第8章)
明治時代	1894年	藤村信吉が阿寒湖でヒメマスから採卵し、翌年春に支笏湖に稚魚を放流(第4章)
	1901年	漁業法制定。このころから各地でマス類の移植放流が行われ始める(第10章)
	1902年秋	和井内貞行が支笏湖からヒメマス卵を購入。翌年の春に十和田湖に稚魚を放流(第4・10章)
	1902年	田沢湖の潟尻地区に鱒孵化場を建設(第10章)
	1903年秋	田沢湖、支笏湖からヒメマス発眼卵を購入。翌年春に稚魚を放流(第10章)
	1906年10月	田沢湖の漁家が区画漁業権を得る(第10章)
	1907年	千歳川で支笏湖から降下移動する(海に降りる能力がある)ヒメマスが見つかった。現在、安平川水系に産卵回帰するベニザケは、この発見が発端(第4章)
	1908年 2月	田沢湖でクニマスの人工孵化試験が行われるも、この年でいったん中止(第10章)
	1912年 3月	田沢湖の65戸の漁家により「槎湖漁業組合」が成立(第10章)
大正~昭和時代(戦前期)	1915年 3月	秋田県水産試験場が『秋田縣仙北郡田澤湖調査報告』を刊行(第10章)
	1915年頃	岸田久吉より田沢湖産クニマス標本が京都大学へ寄贈される(プロローグ)
	1923年	田沢湖の鱒孵化場が春山地区に移転(第10章)
	1925年	クニマスが新種オンコリンカス・カワムラエとして記載される(プロローグ)
	1927年	クニマス人工孵化が再開。1938年まで続く(第10章)
	1929年	この頃からクニマス発眼卵の各地への分譲(販売)が開始。少なくとも1935年まで続く(第11章)
	1930年	山梨県西湖が17万粒のクニマス卵を購入(第11章)
	1931年秋	放流後、回帰のなかった田沢湖のヒメマスが27年ぶりに産卵回帰(第10章)
	1932年	田沢湖、ヒメマスの移植放流事業を中止(第10章)

新潮選書

絶滅魚クニマスの発見　私たちは「この種」から何を学ぶか

On "Kunimasu" *Oncorhynchus kawamurae*, a deepwater trout,
from Lakes Tazawa and Saiko, Japan
by Tetsuji Nakabo

著　者………………中坊徹次

発　行………………2021年4月20日

発行者………………佐藤隆信
発行所………………株式会社新潮社
〒162-8711 東京都新宿区矢来町71
電話　編集部 03-3266-5411
　　　読者係 03-3266-5111
https://www.shinchosha.co.jp
組　版………………新潮社デジタル編集支援室
印刷所………………株式会社三秀舎
製本所………………株式会社大進堂

乱丁・落丁本は、ご面倒ですが小社読者係宛お送り下さい。
送料小社負担にてお取替えいたします。
価格はカバーに表示してあります。

ISBN 978-4-10-603864-8 C0345

図版作成　アトリエ・プラン

参考文献

口絵

・松田幸子. 2000. 希望. 松田幸子, 仙北郡田沢湖町, 35pp.

・Muto, N., K. Nakayama, and T. Nakabo. 2013. Distinct genetic isolation between "Kunimasu" (*Oncorhynchus kawamurae*) and "Himemasu" (*O. nerka*) in Lake Saiko, Yamanashi Prefecture, Japan, inferred from microsatellite analysis. Ichthyol. Res., 60: 188-194.

・Nakabo, T., A. Tohkairin, N. Muto, Y. Watanabe, Y. Miura, H. Miura, T. Aoyagi, N. Kaji, K. Nakayama, and Y. Kai. 2014. Growth-related morphology of "Kunimasu" (*Oncorhynchus kawamurae*: family Salmonidae) from Lake Saiko, Yamanashi Prefecture, Japan. Ichthyol. Res., 61: 115-130.

プロローグ ほか

・Jordan, D. S. and E. A. McGregor. 1925. Family Salmonidae. Pages 122-149, pls. V-VIII *in* D. S. Jordan and C. L. Hubbs. Record of fishes obtained by David Starr Jordan in Japan, 1922. Mem. Carnegie Mus., 10.

・福島彬人. 1999. クモが好き. 無明舎出版, 秋田, 243pp.

・川村多實二. 1918. 日本淡水生物学（上・下）. 裳華房, 東京, 7+1-362, 2+4+363-579+16+21pp.

・中坊徹次・平嶋義宏. 2015. 日本産魚類全種の学名 語源と解説. 東海大学出版部, 秦野, xv+372pp.

・上野益三編. 1964. 大津臨湖実験所五十年 その歴史と現状. 京都大学理学部附属大津臨湖実験所, 大津, 49pp.

・寺田寅彦. 1963. 科学者とあたま. Pages 202-207 *in* 寺田寅彦随筆集 第四巻. 岩波文庫, 岩波書店, 東京.

第1章

・千葉治平. 1988. ふるさと博物誌 田沢湖・駒・八幡平. 三戸印刷所, 秋田, 295pp.

・Hikita, T. 1962. Ecological and morphological studies of the genus *Oncorhynchus* (Salmonidae) with particular consideration on phylogeny. Sci. Rep. Hokkaido Salmon Hatchery, 17: 1-97.

・久保達郎・木村清朗・木村英造. 1984. 鼎談"サケ科魚類とっておきの話". 淡水魚, 10: 115-127.

・松原弘至. 1984. クニマスの標本について. 淡水魚, 10: 137.

・三浦久兵衛. 1978. 幻の魚国鱒. 真東風, 4: 7-10.

・中坊徹次. 2004. 絶滅した魚クニマスの標本. 紅萠, 5: 21-22.

・中村守純・竹内直政・河合春子. 1971. 富士五湖の淡水魚類. Pages 952-958 *in* 富士山 富士山総合学術調査報告書. 富士急行株式会社.

・新田沢湖町史編纂委員会編. 1997. 新田沢湖町史. 田沢湖町, 1057pp., 16図版.

・杉山秀樹編著. 2000. 田沢湖 まぼろしの魚 クニマス百科. 秋田魁新報社, 秋田, 240pp.

・鈴木正男編. 1981. 富士山と五湖 北麓の自然科学（改）. 山梨県立富士ビジターセンター, 河口湖町, 28pp.

・徳井利信・疋田豊彦. 1964. 本栖湖のハナマガリセツパリマスについて. 北海道さけ・ますふ化場研究報告, 18: 117-119.

第2章

・阿部周一編著. 2009. サケ学入門 自然史・水産・文化. 北海道大学出版会, 札幌, 251pp.
・秋田縣水産試驗場. 1909. 鯇魚移殖試驗、國鱒人工孵化試驗. 明治四十年度秋田縣水產試驗場試驗事業報告（養殖之部）: 1-34, 35-55.
・秋田縣水産試驗場. 1915. 秋田縣仙北郡田澤湖調査報告 ひめます移殖試驗: 1-136.
・秋田縣水産試驗場. 1927(?). 田澤湖孵化場新設. 大正十四年度試驗事業報告: 60-67.
・秋田縣水産試驗場. 1930. 鮭鱒增殖事業 田澤湖ニ關スル調査. 試驗事業報告, 昭和三年度: 89-115.
・秋田縣水産試驗場. 1931. 國鱒稚魚耐光飼育試驗. 試驗事業報告, 昭和四年度: 110-116.
・Hikita, T. 1962. Ecological and morphological studies of the genus *Oncorhynchus* (Salmonidae) with particular consideration on phylogeny. Sci. Rep. Hokkaido Salmon Hatchery, 17: 1-97.
・岩井 保. 1985. 水産脊椎動物 II 魚類. 恒星社厚生閣, 東京, 11+336pp.
・Jordan, D. S. and E. A. McGregor. 1925. Family Salmonidae. Pages 122-149, pls. V-VIII *in* D. S. Jordan and C. L. Hubbs. Record of fishes obtained by David Starr Jordan in Japan, 1922. Mem. Carnegie Mus., 10.
・宮地伝三郎・川那部浩哉・水野信彦. 1963. 原色日本淡水魚類図鑑. 保育社, 大阪, 259pp., 44pls.
・Nakabo, T., K. Nakayama, N. Muto, and M. Miyazawa. 2011. *Oncorhynchus kawamurae* "Kunimasu," a deepwater trout, discovered in Lake Saiko, 70 years after extinction in the original habitat, Lake Tazawa, Japan. Ichthyol. Res., 58: 180-183.
・中坊徹次. 2011. クニマスについて 秋田県田沢湖での絶滅から70年. タクサ 日本動物分類学会誌, 30: 31-54.
・奥山 潤. 1939. 田澤湖の生成、變遷及び陸封された生物に就いて. 北光, 47: 35-49.
・大島正満. 1941. 鮭鱒族の稀種田澤湖の國鱒に就て. 日本學術協會報告, 16(2): 254-259.
・杉山秀樹編著. 2000. 田沢湖 まぼろしの魚 クニマス百科. 秋田魁新報社, 秋田, 240pp.
・田中阿歌麿. 1911. 湖沼の研究. 新潮社, 東京, 226pp.
・徳井利信. 1964. ヒメマスの研究（V）日本におけるヒメマスの移殖. 北海道さけ・ますふ化場研究報告, 18: 73-90.

第3章

・秋田縣水産試驗場. 1909. 鯇魚移殖試驗、國鱒人工孵化試驗. 明治四十年度秋田縣水產試驗場試驗事業報告（養殖之部）: 1-34, 35-55.
・秋田縣水産試驗場. 1915. 秋田縣仙北郡田澤湖調査報告 ひめます移殖試驗: 1-136.
・秋田縣水産試驗場. 1931. 國鱒稚魚耐光飼育試驗. 試驗事業報告, 昭和四年度: 110-116.
・藤岡康弘. 2009. 川と湖の回遊魚ビワマスの謎を探る. サンライズ出版, 彦根, 216pp.
・久保伊津男・吉原友吉. 1969. 水産資源学 改訂版. 共立出版, 東京, xi+483pp.
・Muto, N., K. Nakayama and T. Nakabo. 2013. Distinct genetic isolation between "Kunimasu" (*Oncorhynchus kawamurae*) and "Himemasu" (*O. nerka*) in Lake Saiko, Yamanashi Prefecture, Japan,

inferred from microsatellite analysis. Ichthyol. Res., 60: 188-194.
・中坊徹次編・監修. 2018. 日本魚類館 精緻な写真と詳しい解説. 小学館, 東京, xvi+524pp.
・Nakabo, T., A. Tohkairin, N. Muto, Y. Watanabe, Y. Miura, H. Miura, T. Aoyagi, N. Kaji, K. Nakayama, and Y. Kai. 2014. Growth-related morphology of "Kunimasu"（*Oncorhynchus kawamurae*: family Salmonidae）from Lake Saiko, Yamanashi Prefecture, Japan. Ichthyol. Res., 61: 115-130.
・Nakayama, K., N. Muto, and T. Nakabo. 2013. Mitochondrial DNA sequence divergence between "Kunimasu" *Oncorhynchus kawamurae* and "Himemasu" *O. nerka* in Lake Saiko, Yamanashi Prefecture, Japan, and their identification using multiplex haplotype-specific PCR. Ichthyol. Res., 60: 277-281.
・奥山 潤. 1939. 田澤湖の生成、變遷及び陸封された生物に就いて. 北光, 47: 35-49.
・大浜秀規・谷沢弘将・青柳敏裕. 2020. 西湖におけるクニマス *Oncorhynchus kawamurae* の再生産 I. 産卵環境. 水生動物, 2020-2: 1-9.
・大浜秀規・加地弘一・青柳敏裕・塚本勝巳. 2020. 西湖におけるクニマス *Oncorhynchus kawamurae* の再生産 II. 産卵と阻害要因. 水生動物, 2020-3: 1-11.
・大島正満. 1941. 少年科學物語. 大日本雄辯会講談社, 東京, 282pp.
・田中阿歌麿. 1911. 湖沼の研究. 新潮社, 東京, 226pp.
・渡辺大介. 2011. 西湖のクロマスについて 西湖の豊かな自然. 広報 富士河口湖, 2011(9): 7-9.
・山梨県総合理工学研究機構. 2013. 山梨県総合理工学研究機構研究報告書, 8: 1-107.
・山梨県総合理工学研究機構. 2014. 山梨県総合理工学研究機構研究報告書, 9: 1-105.
・山梨県総合理工学研究機構. 2015. 山梨県総合理工学研究機構研究報告書, 10: 1-130.
・山梨県水産技術センター. 2013. 平成23年度山梨県水産技術センター事業報告書, 40: 1-71.
・山梨県水産技術センター. 2017. 平成27年度山梨県水産技術センター事業報告書, 44: 1-85.
・山梨県水産技術センター. 2018. 平成28年度山梨県水産技術センター事業報告書, 45: 1-83.
・山梨県水産技術センター. 2019. 平成29年度山梨県水産技術センター事業報告書, 46: 1-125.
・山梨県水産技術センター. 2020. 平成30年度山梨県水産技術センター事業報告書, 47: 1-85.

第4章

・秋田県仙北市編, 中坊徹次・三浦 久監修. 2017. クニマス 過去は未来への扉. 秋田魁新報社, 秋田, 63pp.
・Augerot, X. 2005. Atlas of Pacific salmon, the first map-based status assessment of salmon in the North Pacific. University of California Press, Berkeley, xi+150pp.
・Beacham, T. D., B. McIntosh, C. MacConnachie, K. M. Miller, R. E. Withler, and N. Varnavskaya. 2006. Pacific Rim population structure of sockeye salmon as determined from microsatellite analysis. Trans. Amer. Fisher. Soc., 135: 174-187.
・Burgner, R. L. 1991. Life history of sockeye salmon (*Oncorhynchus nerka*). Pages 3-117 *in* Groot, C. and L. Margolis, eds. Pacific salmon life histories. UBC Press, Vancouver.

・半田芳男. 1932. 鮭鱒人工蕃殖論. 北海道鮭鱒孵化事業協會, 札幌, 2+278pp.
・疋田豊彦. 1967. 西別川に溯上した降海型ベニサケ及び湖沼産大形ヒメマスの数例. 北海道さけ・ますふ化場研究報告, 21: 71-76.
・稲垣和典. 1994. 北海道東部の河川におけるベニザケに関する一知見. 魚と卵, 163: 5-7.
・岩田宗彦・武藤光司・阿久津梅二・L. B. Klyashtorin・B. P. Smirnov・V. S. Varnavsky・S. I. Kurenkov・丸山為蔵. 1991. 日光に移入されたカムチャッカ・コカニー（*Oncorhynchus nerka*）の成長と2年魚の成熟および海水耐性. 養殖研究所研究報告, 20: 41-51.
・帰山雅秀. 1991. 支笏湖に生息する湖沼型ベニザケの個体群動態. 北海道さけ・ますふ化場研究報告, 45: 1-24.
・帰山雅秀. 1994. ベニザケの生活史戦略 生活史パタンの多様性と固有性. Pages 101-113, 255-257 *in* 後藤 晃・塚本勝巳・前川光司編. 川と海を回遊する淡水魚 生活史と進化. 東海大学出版会, 東京.
・帰山雅秀. 2018. サケ学への誘い. 北海道大学出版会, 札幌, ix+194pp.
・帰山雅秀・清水幾太郎・蠣崎 宏. 1987. 飼育ベニザケにおける海水適応能力の季節変化. 北海道さけ・ますふ化場研究報告, 41: 129-135.
・環境省編. 2015. レッドデータブック2014 日本の絶滅のおそれのある野生生物 4 汽水・淡水魚類. ぎょうせい, 東京, 414pp.
・加藤禎一. 1978. ヒメマスの生長と成熟年齢および卵形質の関係. 淡水区水産研究所研究報告, 28: 61-75.
・小林哲夫. 2005. ヒメマスの名称. Pages 130-131 *in* 支笏湖 湖沼環境の基盤情報整備事業報告書 豊かな自然環境を次世代に引き継ぐために. 社団法人日本水産資源保護協会, 東京.
・小林哲夫. 2005. 支笏湖における降下移動のヒメマスについて. Pages 148-153 *in* 支笏湖 湖沼環境の基盤情報整備事業報告書 豊かな自然環境を次世代に引き継ぐために. 社団法人日本水産資源保護協会, 東京.
・小林哲夫. 2009. 日本サケ・マス増殖史. 北海道大学出版会, 札幌, ix+310pp.
・Kogura, Y., J. E. Seeb, N. Azuma, H. Kudo, S. Abe and M. Kaeriyama. 2011. The genetic population structure of lacustrine sockeye salmon, *Oncorhynchus nerka,* in Japan as the endangered species. Environ. Biol. Fish., 92: 539-550.
・黒萩 尚. 1958. 北海道、支笏湖に於けるプランクトン出現状況の経年変動に関する研究（I）. 北海道さけ・ますふ化場研究報告, 12: 97-110.
・黒萩 尚. 1965. 支笏湖ヒメマスの生態調査 III 1949-'51年の成魚の鱗相と年齢. 北海道さけ・ますふ化場研究報告, 19: 61-74.
・黒萩 尚. 1968. 支笏湖のヒメマスに関する未発表の記録. 北海道さけ・ますふ化場研究報告, 22: 73-92.
・黒萩 尚・佐々木正三. 1961. 支笏湖ヒメマスの生態調査 I 昭和31年の異常卵巣成熟魚の多数出現について. 北海道さけ・ますふ化場研究報告, 16: 137-143.
・黒萩 尚・佐々木正三. 1966. 支笏湖ヒメマスの生態調査 IV 1952～'56年の成魚の鱗相と年齢. 北海道さけ・ますふ化場研究報告, 20: 119-142.
・マリモ特別天然記念物指定60周年記念事業実行委員会・釧路市・釧路市教育委員会. 2012. マリモ特別天然記念物指定60周年記念事業報告書 国際シンポジウム「マリモの価値を問い直す」. 釧路市, 43pp.

・松井 魁・和井内貞一郎. 1937. 姫鱒の生態學的研究（第1報）夏季停滞期の十和田湖に於ける姫鱒の遊泳層、食性及び移動に就いて. 水産研究誌, 32: 418-434.
・真山 紘. 1978. 支笏湖におけるヒメマスの食性について. 北海道さけ・ますふ化場研究報告, 32: 49-56.
・三原健夫・江口 弘. 1955. 明治32年（1899）より昭和30年（1955）に至る支笏湖姫鱒親魚（*Oncorhynchus nerka*）の体長、体重、肥満度の出現並にその變動に對する一考察. 北海道さけ・ますふ化場研究報告, 10: 83-104.
・水島敏博・鳥澤 雅監修, 上田吉幸・前田圭司・嶋田 宏・鷹見達也編. 2003. 新北のさかなたち. 北海道新聞社, 札幌, xxviii+645pp., 43pls.
・中坊徹次編・監修. 2018. 日本魚類館 精緻な写真と詳しい解説. 小学館, 東京, xvi+524pp.
・長内 稔・田中寿雄. 1972. 摩周湖に棲みついた移殖ヒメマスについて. 魚と水, 7: 1-10.
・岡本峰雄・奥本直人・岩田宗彦・生田和正・福所邦彦. 1993. 中禅寺湖におけるサケ科魚類とくにヒメマスの鉛直分布について. 日本水産学会誌, 59: 1813-1821.
・坂野博之・帰山雅秀・上田 宏・桜井泰憲・島崎健二. 1996. 洞爺湖におけるヒメマス *Oncorhynchus nerka* の年齢と成長. 北海道さけ・ますふ化場研究報告, 50: 125-138.
・Scott, W. B. and E. J. Crossman. 1979. Freshwater fishes of Canada. Fisheries Research Board of Canada Bulletin 184, Ottawa, xviii+966pp.
・白旗総一郎. 2005. 菅沼のヒメマス. Pages 165-181 *in* 支笏湖 湖沼環境の基盤情報整備事業報告書 豊かな自然環境を次世代に引き継ぐために. 社団法人日本水産資源保護協会, 東京.
・白石芳一. 1972. 湖の魚. 岩波科学の本6. 岩波書店, 東京, 205pp.
・杉山秀樹編著. 2000. 田沢湖 まぼろしの魚 クニマス百科. 秋田魁新報社, 秋田, 240pp.
・社団法人日本水産資源保護協会. 2005. 支笏湖 湖沼環境の基盤情報整備事業報告書 豊かな自然環境を次世代に引き継ぐために. 社団法人日本水産資源保護協会, 東京, 181pp.
・高安三次・近藤賢蔵・大東信一・亘理信一. 1954. 擇捉島湖沼調査報告. 孵化場試験報告, 9(1, 2): 1-85.
・田中正明. 1992. 日本湖沼誌 プランクトンから見た富栄養化の現状. 名古屋大学出版会, 名古屋, v+530pp.
・田中 実・白石芳一・島田 武. 1975. マス類の放流効果に関する研究V ヒメマスの成長と分布層の季節変化. 淡水区水産研究所研究報告, 25: 63-72.
・Taylor, E. B., A. Kuiper, P. M. Troffe, D. J. Hoysak and S. Pollard. 2000. Variation in developmental biology and microsatellite DNA in reproductive ecotypes of kokanee, *Oncorhynchus nerka*: Implications for declining populations in a large British Columbia lake. Conservation Genetics, 1: 231-249.
・徳井利信. 1959. ヒメマスの研究（I）十和田湖のヒメマスについて. 北海道さけ・ますふ化場研究報告, 13: 35-44.
・徳井利信. 1959. 十和田湖のヒメマスの研究（II）気候並びに水文学的要因. 北海道さけ・ますふ化場研究報告, 14: 169-192.
・徳井利信. 1960. ヒメマスの研究（III）支笏湖におけるヒメマス産卵群の変動について. 北海道さけ・ますふ化場研究報告, 15: 7-16.
・徳井利信. 1961. ヒメマスの研究（IV）支笏湖におけるヒメマスの産卵回游について. 北

海道さけ・ますふ化場研究報告, 16: 127-136.
・徳井利信. 1964. ヒメマスの研究（V）日本におけるヒメマスの移殖. 北海道さけ・ますふ化場研究報告, 18: 73-90.
・徳井利信. 1966. 北海道チミケップ湖の湖沼学的予察研究. 北海道さけ・ますふ化場研究報告, 20: 107-118.
・徳井利信. 1970. ヒメマスの研究（VI）1962年に支笏湖から降下移動したヒメマスについて. 北海道さけ・ますふ化場研究報告, 24: 1-8.
・徳井利信. 1975. 福島県沼沢沼におけるヒメマスについて 付録：沼沢沼文献目録. 北海道さけ・ますふ化場研究報告, 29: 1-10.
・徳井利信. 1980. ヒメマス 適湖適魚. Pages 71-78 *in* 川合禎次・川那部浩哉・水野信彦編. 日本の淡水生物 侵略と撹乱の生態学. 東海大学出版会, 東京.
・徳井利信. 1988. かぱっちぇぽ. 秋田豆ほんこ第8冊. 秋田豆ほんこの会, 秋田, 62pp.
・徳井利信. 1988. 支笏湖におけるヒメマスの年齢と成長. 水産増殖, 36: 137-143.
・土屋 実・中村一雄・船坂義郎・寺尾俊郎・粟倉輝彦著, 大島泰雄・稲葉伝三郎監修. 1967. 養魚講座第2巻 草魚・鰱魚・うぐい・おいかわ・姫鱒. 緑書房, 東京, 179pp.
・渡辺宗重. 1959. 洞爺湖産姫鱒の幼魚に関する二、三の観察. 北海道さけ・ますふ化場研究報告, 14: 5-14.
・渡辺宗重. 1965. 択捉島ウルモベツ産紅鱒の降海期の幼魚に就いて. 北海道さけ・ますふ化場研究報告, 19: 11-23.
・Winans, G. A. and S. Urawa. 2000. Allozyme variability of *Oncorhynchus nerka* in Japan. Ichthyol. Res., 47: 343-352.
・Wood, C. C. and C. J. Foote. 1996. Evidence for sympatric genetic divergence of anadromous and nonanadromous morphs of sockeye salmon（*Oncorhynchus nerka*）. Evolution, 50: 1265-1279.
・Yamamoto, S., S. Kitamura, H. Sakano and K. Morita. 2011. Genetic structure and diversity of Japanese kokanee *Oncorhynchus nerka* stocks as revealed by microsatellite and mitochondrial DNA markers. J. Fish Biol., 79: 1340-1349.
・山梨県総合理工学研究機構. 2015. 山梨県総合理工学研究機構研究報告書, 10: 1-130.
・山梨県水産技術センター. 2013. 平成23年度山梨県水産技術センター事業報告書, 40: 1-71.
・山梨県水産技術センター. 2018. 平成28年度山梨県水産技術センター事業報告書, 45: 1-83.
・Young, S. F., M. R. Downen and J. B. Shaklee. 2004. Microsatellite DNA data indicate distinct native populations of kokanee, *Oncorhynchus nerka*, persist in the Lake Sammamish Basin, Washington. Environ. Biol. Fish., 69: 63-79.

第5章

・阿部周一編著. 2009. サケ学入門 自然史・水産・文化. 北海道大学出版会, 札幌, 251pp.
・会田勝美・金子豊二編. 2013. 増補改訂版 魚類生理学の基礎. 恒星社厚生閣, 東京, xii+264pp.
・秋田県仙北市編, 中坊徹次・三浦 久監修. 2017. クニマス 過去は未来への扉. 秋田魁新報社, 秋田, 63pp.

・秋田縣水産試驗場. 1915. 秋田縣仙北郡田澤湖調査報告 ひめます移殖試驗: 1-136.
・秋田縣水産試驗場. 1927(?). 田澤湖孵化場新設. 大正十四年度試驗事業報告: 60-67.
・秋田縣水産試驗場. 1930. 田澤湖ニ關スル調査. 試驗事業報告, 昭和三年度: 109-115.
・Augerot, X. 2005. Atlas of Pacific salmon, the first map-based status assessment of salmon in the North Pacific. University of California Press, Berkeley, xi+150pp.
・Burgner, R. L. 1991. Life history of sockeye salmon (*Oncorhynchus nerka*). Pages 3-117 *in* Groot, C. and L. Margolis, eds. Pacific salmon life histories. UBC Press, Vancouver.
・チャールズ・S・エルトン著, 川那部浩哉・大沢秀行・安部琢哉訳. 1971. 侵略の生態学. 思索社, 東京, 223+xvpp.
・千葉県立中央博物館編. 2008. リンネと博物学 自然誌科学の源流 増補改訂. 文一総合出版, 東京, xxviii+297pp.
・ダーウィン著, 八杉龍一訳. 1990. 種の起原（上・下）. 岩波文庫, 岩波書店, 東京, 446pp., 402+6pp.
・井田 齊・奥山文弥. 2017. サケマス・イワナのわかる本 改訂新版. 山と溪谷社, 東京, 263pp.
・岩井 保. 1985. 水産脊椎動物 II 魚類. 恒星社厚生閣, 東京, 11+336pp.
・Linnaeus, C., translated by Benj. Stillingfleet. 1775. Miscellaneous tracts relating to natural history, husbandry, and physick. To which is added the calendar of flora, 3rd ed., J. Dodsley. Reprint ed. 1977. Arno Press Inc., New York, 391pp.
・McKay, S. J., R. H. Devlin, and M. J. Smith, 1996. Phylogeny of Pacific salmon and trout based on growth hormone type-2 and mitochondrial NADH dehydrogenase subunit 3 DNA sequences. Canadian Journal of Fisheries and Aquatic Sciences, 53: 1165-1176.
・Miyadi, D. 1932. Studies on the bottom fauna of Japanese lakes VIII. Lakes of north Japan. Japanese Journal of Zoology, 4: 253-287.
・Moreira, A. L. and E. B. Taylor. 2015. The origin and genetic divergence of "black" kokanee, a novel reproductive ecotype of *Oncorhynchus nerka*. Can. J. Fish. Aquat. Sci., 72: 1584-1595.
・Morris, A. R. and A. Caverly. 2004. 2003-2004 Seton and Anderson Lakes kokanee assessment. Prepared for British Columbia Conservation Foundation and Ministry of Water, Land and Air Protection, 37pp.
・武藤鐵城. 1940. 秋田郡邑魚譚. アチックミューゼアム, 東京, 355pp.
・中坊徹次編・監修. 2018. 日本魚類館 精緻な写真と詳しい解説. 小学館, 東京, xvi+524pp.
・Nakabo, T., A. Tohkairin, N. Muto, Y. Watanabe, Y. Miura, H. Miura, T. Aoyagi, N. Kaji, K. Nakayama, and Y. Kai. 2014. Growth-related morphology of "Kunimasu" (*Oncorhynchus kawamurae*: family Salmonidae) from Lake Saiko, Yamanashi Prefecture, Japan. Ichthyol. Res., 61: 115-130.
・白石芳一. 1972. 湖の魚. 岩波科学の本6. 岩波書店, 東京, 205pp.
・上野益三. 1940. 田澤湖生物群聚の昭和14年夏季の狀態. 陸水學雜誌, 10(1/2): 106-113.
・上野益三. 1959. 田沢湖とその生物. Pages 69-79 *in* 富木友治編. 田沢湖. 瑞木の会, 角館.
・安田喜憲. 1980. 環境考古学事始 日本列島2万年. 日本放送出版協会, 東京, 270pp.
・吉村信吉. 1959. 田沢湖の湖沼学的概観. Pages 1-35 *in* 富木友治編. 田沢湖. 瑞木の会, 角館.

第6章

- Augerot, X. 2005. Atlas of Pacific salmon, the first map-based status assessment of salmon in the North Pacific. Univ. Calif. Press, Berkeley, xi+150pp.
- クック著, 増田義郎訳. 2004～2005. 太平洋探検 1～6. 岩波文庫, 岩波書店, 東京.
- Darwin, C. 1851. A monograph on the sub-class Cirripedia, with figures of all the species. The Lepadidae; or, pedunculated cirripedes. The Ray Society, London, xi+400pp., 10pls. (Johnson Rep. Com., London, 1968)
- Darwin, C. 1854. A monograph on the sub-class Cirripedia, with figures of all the species. The Balanidae, (or sessile cirripedes); The Verrucidae, etc., etc., etc. The Ray Society, London, viii+684pp., 30pls. (Johnson Rep. Com., London, 1968)
- Darwin, C. 1859. On the origin of species by means of natural selection, or the preservation of favoured races in the struggle for life. John Murray, London, ix+495pp. (On the origin of species by Charles Darwin. A facsimile of the first edition with an introduction by Ernst Mayr. 1964. Harvard Univ. Press, Cambridge)
- ダーウィン著, 八杉龍一訳. 1990. 種の起原（上・下）. 岩波文庫, 岩波書店, 東京, 446pp., 402+6pp.
- ジャック・ロジェ著, ベカエール直美訳. 1992. 大博物学者ビュフォン 18世紀フランスの変貌する自然観と科学・文化誌. 工作舎, 東京, 569pp.
- Kai, Y., K. Nakayama and T. Nakabo. 2002. Genetic differences among three colour morphotypes of the black rockfish, *Sebastes inermis*, inferred from mtDNA and AFLP analyses. Molecular Ecology, 11: 2591-2598.
- Kai, Y. and T. Nakabo. 2008. Taxonomic review of the *Sebastes inermis* species complex (Scorpaeniformes: Scorpaenidae). Ichthyol. Res., 55: 238-259.
- 環境省編. 2015. レッドデータブック2014 日本の絶滅のおそれのある野生生物 4 汽水・淡水魚類. ぎょうせい, 東京, 414pp.
- 河村功一・片山雅人・三宅琢也・大前吉広・原田泰志・加納義彦・井口恵一朗. 2009. 近縁外来種との交雑による在来種絶滅のメカニズム. 日本生態学会誌, 59: 131-143.
- 小西英人編. 1995. 新さかな大図鑑. 週刊釣りサンデー, 大阪, 559pp.
- Kuwahara, M., H. Takahashi, T. Kikko, S. Kurumi and K. Iguchi. 2019. Trace of outbreeding between Biwa salmon (*Oncorhynchus masou* subsp.) and amago (*O. m. ishikawae*) detected from the upper reaches of inlet streams within Lake Biwa water system, Japan. Ichthyol. Res., 66: 67-78.
- ラマルク著, 高橋達明訳. 1988. 動物哲学. 朝日出版社, 東京, 489pp.
- Matsubara, K. 1943. Studies on the scorpaenoid fishes of Japan (II). Trans. Shigenkagaku Kenkyusyo, 2: 171-486, pls.I-IV.
- Mayr, E. 1942. Systematics and the origin of species. Columbia University Press, New York, 334pp. (E. Mayr. 1982. Systematics and the origin of species with an introduction by N. Eldredge. Columbia University Press, New York)
- 宮地伝三郎・川那部浩哉・水野信彦. 1963. 原色日本淡水魚類図鑑. 保育社, 大阪, 259pp., 44pls.
- 宮地伝三郎・川那部浩哉・水野信彦. 1976. 原色日本淡水魚類図鑑　全改訂新版. 保育社, 大阪, 462pp., 56pls.

・Muto, N., Y. Kai, and T. Nakabo. 2011. Genetic and morphological differences between *Sebastes vulpes* and *S. zonatus* (Teleostei: Scorpaeniformes: Scorpaenidae). Fish. Bull., 109: 429-439.
・Muto, N., Y. Kai, T. Noda, and T. Nakabo. 2013. Extensive hybridization and associated geographic trends between two rockfishes *Sebastes vulpes* and *S. zonatus* (Teleostei: Scorpaeniformes: Sebastidae). J. Evol. Biol., 26: 1750-1762.
・中坊徹次編. 1993. 日本産魚類検索 全種の同定. 東海大学出版会, 東京, xxxiv+1474pp.
・中坊徹次編. 2000. 日本産魚類検索 全種の同定 第二版. 東海大学出版会, 東京, lvi+ 1748pp.
・中坊徹次. 2003. 系群あれこれ 水産資源学における種内個体群. 水産資源管理談話会報, 31: 3-22.
・Nakabo, T. 2009. Zoogeography of Taiwanese fishes. Kor. J. Ichthyol., 21(4): 311-321.
・中坊徹次編. 2013. 日本産魚類検索 全種の同定 第三版. 東海大学出版会, 秦野, l+2428pp.
・中坊徹次編・監修. 2018. 日本魚類館 精緻な写真と詳しい解説. 小学館, 東京, xvi+524pp.
・中村守純. 1963. 原色淡水魚類検索図鑑. 北隆館, 東京, 258pp.
・Nakayama, K., A. Tohkairin, A. Yoshikawa and T. Nakabo. 2018. Detection and morphological characteristics of "Kunimasu" (*Oncorhynchus kawamurae*)/"Himemasu" (*O. nerka*) hybrids in Lake Motosu, Yamanashi Prefecture, Japan. Ichthyol. Res., 65: 270-275.
・Neave, F. 1958. The origin and speciation of *Oncorhynchus*. Trans. Roy. Soc. Canada, 52 (ser. 3, sec. 5): 25-39.
・西村三郎. 1980. 日本海の成立 生物地理学からのアプローチ 改訂版. 築地書館, 東京, iii+228pp.
・大島正満. 1957. 櫻鱒と琵琶鱒. 楡書房, 札幌, 79pp.
・Shirai, S. M., R. Kuranaga, H. Sugiyama and M. Higuchi. 2006. Population structure of the sailfin sandfish, *Arctoscopus japonicus* (Trichodontidae), in the Sea of Japan. Ichthyol. Res., 53: 357-368.
・杉山秀樹編著. 2000. 田沢湖 まぼろしの魚 クニマス百科. 秋田魁新報社, 秋田, 240pp.
・Tabata, R., R. Kakioka, K. Tominaga, T. Komiya and K. Watanabe. 2016. Phylogeny and historical demography of endemic fishes in Lake Biwa: the ancient lake as a promoter of evolution and diversification of freshwater fishes in western Japan. Ecology and Evolution, 6: 2601-2623.
・友田淑郎. 1989. 琵琶湖のいまとむかし. 青木書店, 東京, 173pp.
・渡辺 一. 1977. ハタハタ 生態からこぼれ話まで. んだんだ文庫2. 無明舎, 秋田, 156pp.
・Yamamoto, S., S. Kitamura, H. Sakano and K. Morita. 2011. Genetic structure and diversity of Japanese kokanee *Oncorhynchus nerka* stocks as revealed by microsatellite and mitochondrial DNA markers. J. Fish Biol., 79: 1340-1349.
・山梨県総合理工学研究機構. 2014. 山梨県総合理工学研究機構研究報告書, 9: 1-105.
・山梨県総合理工学研究機構. 2015. 山梨県総合理工学研究機構研究報告書, 10: 1-130.
・山梨県水産技術センター. 2017. 平成27年度山梨県水産技術センター事業報告書, 44: 1-85.
・山梨県水産技術センター. 2019. 平成29年度山梨県水産技術センター事業報告書, 46: 1-125.

第7章

・秋田縣水産試驗場. 1915. 秋田縣仙北郡田澤湖調査報告 ひめます移殖試驗: 1-136.

・秋田縣水産試驗場. 1924. 姫鱒人工孵化移殖. 大正十一年度試驗事業報告, 大正十一年度: 88-90.
・秋田縣水産試驗場. 1927(?). 田澤湖孵化場新設. 大正十四年度試驗事業報告: 60-67.
・秋田縣水産試驗場. 1929. 鮭鱒增殖事業 田澤湖漁獲高調査. 試驗事業報告, 昭和二年度: 72-96.
・秋田縣水産試驗場. 1930. 鮭鱒增殖事業 田澤湖ニ關スル調査. 試驗事業報告, 昭和三年度: 89-115.
・秋田縣水産試驗場. 1933. 鮭鱒增殖事業. 試驗事業報告, 昭和六年度: 111-124.
・三浦久兵衛. 1978. 幻の魚国鱒. 真東風, 4: 7-10.
・武藤鐵城. 1940. 秋田郡邑魚譚. アチックミューゼアム, 東京, 355pp.
・中坊徹次. 2013. 日本魚学の曙 田中茂穂博士の画帖をめぐって. 杏雨, 16: 95-114.
・杉山秀樹編著. 2000. 田沢湖 まぼろしの魚 クニマス百科. 秋田魁新報社, 秋田, 240pp.

第8章

・秋田県農政部監修,「秋田県土地改良史」編纂企画委員会編. 1985. 秋田県土地改良史. 秋田県土地改良事業団体連合会, 秋田, 1097pp.
・秋田県仙北市編, 中坊徹次・三浦 久監修. 2017. クニマス 過去は未来への扉. 秋田魁新報社, 秋田, 63pp.
・秋田縣水産試驗場. 1927(?). 田澤湖孵化場新設. 大正十四年度試驗事業報告: 60-67.
・後藤達夫. 1990. 玉川温泉の化学組成と玉川の水質改善. 温泉科学, 41: 1-35.
・堀口宣治. 1937. 玉川除毒を繞る先賢. 堀口宣治, 仙北印刷局, 大曲, 81pp., 3figs.
・井原昭彦・長根秀一. 2013. 田沢疏水の歴史. 水と土, 170: 65-69.
・可児藤吉. 1970. 可児藤吉全集 全一巻. 思索社, 東京, 422pp.
・木原 均・篠遠喜人・磯野直秀監修. 1988. 近代日本生物学者小伝. 平河出版社, 東京, 567pp.
・小林哲夫. 2009. 日本サケ・マス増殖史. 北海道大学出版会, 札幌, ix+310pp.
・蒔苗博道. 2015. 可児藤吉小伝. Pages 49-70 *in* 富士山麓の自然3, NPO法人 土に還る木森づくりの会.
・松田幸子. 2000. 希望. 松田幸子, 仙北郡田沢湖町, 35pp.
・三浦彦次郎. 1956. 玉川毒水地下溶透化学除毒法の研究 (I). 農業土木研究, 23(6): 341-350.
・三浦彦次郎. 1956. 玉川毒水地下溶透化学除毒法の研究 (II). 農業土木研究, 24(1): 45-51.
・三浦彦次郎. 1959. 玉川毒水導入後の田沢湖. Pages 249-299 *in* 富木友治編. 田沢湖. 瑞木の会, 角館.
・Miyadi, D. 1932. Studies on the bottom fauna of Japanese lakes VIII. Lakes of north Japan. Japanese Journal of Zoology, 4: 253-287.
・森 主一. 1973. 宮地先生の思い出. 宮地伝三郎動物記第5巻月報: 3-5.
・無明舎出版編. 1997. 秘湯・玉川温泉. 無明舎出版, 秋田, 143pp.
・中村秀臣. 2017. 戦前における日本の電源選択の変遷 経済性評価手法と評価結果を踏まえて. 経済科学論究, 14: 27-39.
・農林省農務局. 1938. 田澤疏水開墾國營事業要覧. 農林省農務局, 19pp., 1fig., 4photos.

・岡田彌一郎・内田恵太郎・松原喜代松. 1935. 日本魚類圖説. 三省堂, 東京, 425+46pp.
・奥山 潤. 1939. 田澤湖の生成、變遷及び陸封された生物に就いて. 北光, 47: 35-49.
・大島正満. 1941. 鮭鱒族の稀種田澤湖の國鱒に就て. 日本學術協會報告, 16(2): 254-259.
・大島正満. 1941. 少年科學物語. 大日本雄辯会講談社, 東京, 282pp.
・大島正満. 1956. 内村鑑三「日本魚類目録」. Pages 150-155 *in* 鈴木俊郎編. 回想の内村鑑三. 岩波書店, 東京.
・大島正満. 1959. 田沢湖の魚族 亡びゆくうろくずのために. Pages 81-88 *in* 富木友治編. 田沢湖. 瑞木の会, 角館.
・大島正満. 1964. 水産界の先駆 伊藤一隆と内村鑑三. 財団法人北水協会, 札幌, 322pp.
・大島正健. 1948. クラーク先生とその弟子達, 大島正満補訂. 新教出版社, 東京, 288pp.
・仙北市役所総務課文書広報係編. 2017. 未来の田沢湖がみえた. 広報せんぼく, 240: 1-23.
・新田沢湖町史編纂委員会編. 1997. 新田沢湖町史. 田沢湖町, 1057pp., 16図版.
・杉江忠之助著, 足沢三之介監修. 1986. 秋田八幡平玉川温泉湯治の手びき. 社団法人玉川温泉研究会, 鹿角, 59pp.
・高橋永一郎. 1959. 田沢疏水開拓建設事業の経由と現状. Pages 301-316 *in* 富木友治編. 田沢湖. 瑞木の会, 角館.
・玉川温泉科學研究會編. 1948. 秋田縣澁黒玉川温泉の醫學的綜合研究. 財團法人日本化學研究會, 仙台, 55+14pp.
・玉川温泉研究会編. 1954. 玉川温泉研究會十周年誌. 社団法人玉川温泉研究会, 湯瀬, 228pp., 11photos., 2付図.
・田沢湖町史編纂委員会編. 1966. 田沢湖町史. 秋田県田沢湖町教育委員会, 秋田, 1016pp.
・富木友治編. 1959. 田沢湖. 瑞木の会, 角館, 339pp.
・東北電力株式会社企画課. 1959. 田沢湖周辺の電源. Pages 317-333 *in* 富木友治編. 田沢湖. 瑞木の会, 角館.
・内村鑑三. 1904. 日本魚類圖説を評す. *in* 大瀧圭之介・藤田經信・日暮 忠著. 日本魚類圖説. 裳華房, 東京.
・内村鑑三. 1981. 内村鑑三全集1 1877〜1892. 岩波書店, 東京, xii+539pp.
・上野益三. 1940. 秋田縣玉川の動物相の昭和14年夏季の狀態. 陸水學雑誌, 10(1/2): 94-105.
・上野益三. 1940. 田澤湖生物群聚の昭和14年夏季の狀態. 陸水學雑誌, 10(1/2): 106-113.
・上野益三. 1959. 田沢湖とその生物. Pages 69-79 *in* 富木友治編. 田沢湖. 瑞木の会, 角館.
・上野益三編. 1964. 大津臨湖実験所五十年 その歴史と現状. 京都大学理学部附属大津臨湖実験所, 大津, 49pp.
・上野益三. 1968. 吉村信吉博士の追憶. 陸水學雑誌, 29(3): 105-110.
・吉村信吉. 1941. 湖沼の科学. 地人書館, 東京, 8+300+22pp.
・吉村信吉. 1942. 玉川毒水の田澤湖に於ける流入狀態. 陸水學雑誌, 11(4): 151-156.
・吉村信吉. 1942. 湖沼学 第三版. 三省堂, 東京, 426+69+25pp.
・吉村信吉. 1959. 田沢湖の湖沼学的概観. Pages 1-35 *in* 富木友治編. 田沢湖. 瑞木の会, 角館.

第9章

・秋田県公文書館編. 2012. 佐竹北家文書・佐竹西家文書目録（秋田藩関係文書Ⅲ). 秋田県公文書館所蔵古文書目録第8集, 資料群目録3: i-ix, 1-208.

・秋田県仙北市編, 中坊徹次・三浦 久監修. 2017. クニマス 過去は未来への扉. 秋田魁新報社, 秋田, 63pp.
・秋田縣水産試験場. 1915. 秋田縣仙北郡田澤湖調査報告 ひめます移殖試驗: 1-136.
・千葉源之助・堀川清一. 1911. 田澤湖案内. 宮本長重郎・秋津活版印刷所, 秋田, 131pp.（田沢湖町史料復刻会による復刻版）
・千葉治平. 1978. 山の湖の物語 田沢湖・八幡平風土記. 秋田文化出版社, 秋田, 241pp.
・堀口宣治. 1937. 秋田三湖物語. 秋田縣先農傳記刊行會, 秋田, 6+95pp.
・松田幸子. 2000. 希望. 松田幸子, 仙北郡田沢湖町, 35pp.
・三浦久兵衛. 1978. 幻の魚国鱒. 真東風, 4: 7-10.
・武藤鐵城. 1940. 秋田郡邑魚譚. アチックミューゼアム, 東京, 355pp.
・武藤鉄城. 1959. 田沢湖と民俗. Pages 125-167 *in* 富木友治編. 田沢湖. 瑞木の会, 角館.
・中坊徹次. 2013. 東アジアにおける魚類の生物地理学. Pages 2289-2338 *in* 中坊徹次編. 日本産魚類検索 全種の同定 第三版. 東海大学出版会, 秦野.
・中坊徹次編・監修. 2018. 日本魚類館 精緻な写真と詳しい解説. 小学館, 東京, xvi+524pp.
・佐竹北家御日記. 寛政3年. 第527巻. 秋田県公文書館蔵.
・新田沢湖町史編纂委員会編. 1997. 新田沢湖町史. 田沢湖町, 1057pp., 16図版.
・杉山秀樹. 1985. 秋田の淡水魚. 秋田魁新報社, 秋田, 168pp.
・杉山秀樹編著. 2000. 田沢湖 まぼろしの魚 クニマス百科. 秋田魁新報社, 秋田, 240pp.
・田中阿歌麿. 1918. 湖沼めぐり. 博文館, 東京, 10+476pp.
・田沢湖町史編纂委員会編. 1966. 田沢湖町史. 秋田県田沢湖町教育委員会, 秋田, 1016pp.
・鐵道省. 1924. 十和田 田澤 男鹿半島案内. 博文館, 東京, 120pp.
・徳井利信編. 1984. 十和田湖漁業史. 徳井淡水漁業生物研究所, 伊勢, 233pp.
・富木友治編. 1959. 田沢湖. 瑞木の会, 角館, 339pp.
・植月 学・三浦 久・高橋 修. 2013. 田沢湖のクニマス漁業と孵化・移植事業 三浦家資料の分析. 山梨県立博物館研究紀要, 7: 35-53.
・吉村信吉. 1959. 田沢湖の湖沼学的概観. Pages 1-35 *in* 富木友治編. 田沢湖. 瑞木の会, 角館.
・吉成直太郎. 1959. 田沢湖の歴史. Pages 107-124 *in* 富木友治編. 田沢湖. 瑞木の会, 角館.

第10章

・秋田県仙北市編, 中坊徹次・三浦 久監修. 2017. クニマス 過去は未来への扉. 秋田魁新報社, 秋田, 63pp.
・秋田縣水産試験場. 1907. 十和田鱒孵化ニ關スル調査. 明治三十九年度秋田縣水産試驗場試驗事業報告: 43-57.
・秋田縣水産試驗場. 1909. 鯇魚移殖試驗、國鱒人工孵化試驗. 明治四十年度秋田縣水産試驗場試驗事業報告（養殖之部）: 1-34, 35-55.
・秋田縣水産試驗場. 1915. 秋田縣仙北郡田澤湖調査報告 ひめます移殖試驗: 1-136.
・秋田縣水産試驗場. 1922. 姫鱒移殖. 大正九年度試驗事業報告: 111-112.
・秋田縣水産試驗場. 1924. 姫鱒人工孵化移殖. 大正十一年度試驗事業報告, 大正十一年度: 88-90.
・秋田縣水産試驗場. 1927(?). 田澤湖孵化場新設. 大正十四年度試驗事業報告: 60-67.
・秋田縣水産試驗場. 1929. 鮭鱒增殖事業 田澤湖漁獲高調査. 試驗事業報告, 昭和二年度: 72-

96.
・秋田縣水産試験場. 1930. 鮭鱒增殖事業 田澤湖ニ關スル調査. 試験事業報告, 昭和三年度: 89-115.
・秋田縣水産試験場. 1933. 鮭鱒增殖事業. 試験事業報告, 昭和六年度: 111-124.
・秋田縣水産試験場. 1936. 鮭鱒增殖事業. 試験事業報告, 昭和九年度: 83-88.
・金田禎之. 2003. 新編漁業法詳解 改訂版. 成山堂書店, 東京, 3+613+5pp.
・木原 均・篠遠喜人・磯野直秀監修. 1988. 近代日本生物学者小伝. 平河出版社, 東京, 568pp.
・松田幸子. 2000. 希望. 松田幸子, 仙北郡田沢湖町, 35pp.
・三浦久兵衛. 1978. 幻の魚国鱒. 真東風, 4: 7-10.
・武藤鐵城. 1940. 秋田郡邑魚譚. アチックミューゼアム, 東京, 355pp.
・武藤鉄城. 1959. 田沢湖と民俗. Pages 125-167 *in* 富木友治編. 田沢湖. 瑞木の会, 角館.
・農商務省水産局. 1902. 漁業法令. 農商務省水産局, 東京, 80pp.
・佐藤隆平. 1952. 酸性化された田澤湖の夏季の生物相. 陸水学雑誌, 15: 96-104.
・杉山秀樹編著. 2000. 田沢湖 まぼろしの魚 クニマス百科. 秋田魁新報社, 秋田, 240pp.
・高橋永一郎. 1959. 田沢疏水開拓建設事業の経由と現状. Pages 301-316 *in* 富木友治編. 田沢湖. 瑞木の会, 角館.
・田中阿歌麿. 1911. 湖沼の研究. 新潮社, 東京, 226pp.
・田中阿歌麿. 1918. 湖沼めぐり. 博文館, 東京, 10+476pp.
・田沢湖町史編纂委員会編. 1966. 田沢湖町史. 秋田県田沢湖町教育委員会, 秋田, 1016pp.
・徳井利信編. 1984. 十和田湖漁業史. 徳井淡水漁業生物研究所, 伊勢, 233pp.
・東北電力株式会社企画課. 1959. 田沢湖周辺の電源. Pages 317-333 *in* 富木友治編. 田沢湖. 瑞木の会, 角館.
・和田顯太. 1994. 鮭と鯨と日本人 関沢明清の生涯. 成山堂書店, 東京, 265pp.
・吉村信吉. 1959. 田沢湖の湖沼学的概観. Pages 1-35 *in* 富木友治編. 田沢湖. 瑞木の会, 角館.

第11章

・秋田県仙北市編, 中坊徹次・三浦 久監修. 2017. クニマス 過去は未来への扉. 秋田魁新報社, 秋田, 63pp.
・秋田縣水産試験場. 1930. 鮭鱒增殖事業 田澤湖ニ關スル調査. 試験事業報告, 昭和三年度: 89-115.
・秋田縣水産試験場. 1931. 鮭鱒增殖事業. 試験事業報告, 昭和四年度: 87-103.
・秋田縣水産試験場. 1932. 鮭鱒增殖事業. 試験事業報告, 昭和五年度: 61-75.
・秋田縣水産試験場. 1933. 鮭鱒增殖事業. 試験事業報告, 昭和六年度: 111-124.
・秋田縣水産試験場. 1936. 鮭鱒增殖事業. 試験事業報告, 昭和九年度: 83-88.
・遠藤朝三. 1941. 五湖の魚類增殖事業 山梨縣河川湖沼增殖事業抜粋. 五湖文化, 第二年第一號: 12-14.
・川尻 稔・畑 久三・島立孫亥. 1940. 鱒の湖中養殖試験（木崎湖に於ける鱒の養成）. 水産試験場調査資料, 7: 17-80.
・小松芳郎. 1986. 野尻湖の養殖業 大正期の池田養魚場. 信濃, 38(8): 555-574.
・丸山為蔵・藤井一則・木島利通・前田弘也. 1987. 外国産新魚種の導入経過. 水産庁研究

部資源課・水産庁養殖研究所, 東京, 157pp.
・農林省水産局編. 1931. 水産増殖調査書 第五冊 鮭鱒増殖奨勵事業ノ現況. 聯合出版部, 東京, 382pp., 134figs., 116photos.
・奥山 潤. 1939. 田澤湖の生成、變遷及び陸封された生物に就いて. 北光, 47: 35-49.
・大島正満. 1941. 鮭鱒族の稀種田澤湖の國鱒に就て. 日本學術協會報告, 16(2): 254-259.
・杉山秀樹編著. 2000. 田沢湖 まぼろしの魚 クニマス百科. 秋田魁新報社, 秋田, 240pp.
・田口喜三郎. 1966. 太平洋産サケ・マス資源とその漁業. 恒星社厚生閣, 東京, 390pp.
・徳井利信. 1964. ヒメマスの研究（V）日本におけるヒメマスの移殖. 北海道さけ・ますふ化場研究報告, 18: 73-90.
・山梨日日新聞社編. 2000. 山梨20世紀の群像. 山梨日日新聞社, 甲府, 368pp.

第12章

・秋田県水産振興センター. 2012. 平成23年度秋田県農林水産技術センター 水産振興センター事業報告書. 365pp.
・秋田県水産振興センター. 2013. 平成24年度秋田県水産振興センター業務報告書. 369pp.
・秋田県水産振興センター. 2014. 平成25年度秋田県水産振興センター業務報告書. 401pp.
・秋田県水産振興センター. 2015. 平成26年度秋田県水産振興センター業務報告書. 401pp.
・秋田県水産振興センター. 2016. 平成27年度秋田県水産振興センター業務報告書. 326pp.
・秋田県水産振興センター. 2017. 平成28年度秋田県水産振興センター業務報告書. 300pp.
・秋田県水産振興センター. 2018. 平成29年度秋田県水産振興センター業務報告書. 267pp.
・環境省編. 2003. 改訂 日本の絶滅のおそれのある野生生物 汽水・淡水魚類 レッドデータブック4. 自然環境研究センター, 東京, 230pp., 16pls.
・環境省編. 2015. レッドデータブック2014 日本の絶滅のおそれのある野生生物 4 汽水・淡水魚類. ぎょうせい, 東京, 414pp.
・川崎 健. 2009. イワシと気候変動 漁業の未来を考える. 岩波新書, 岩波書店, 東京, v+198+13pp.
・川崎 健・花輪公雄・谷口 旭・二平 章編著. 2007. レジーム・シフト 気候変動と生物資源管理. 成山堂書店, 東京, vi+216pp.
・輿水達司・戸村健児・小林 浩・尾形正岐・内山 高・石原 諭. 2009. 富士山北麓の地下水循環と富士五湖の水の起源. Proc. 19th Symp. Geo-Environments and Geo-Technics, 2010: 153-158.
・中坊徹次. 2017. 奇跡の魚 クニマスについて. 富士河口湖町, 8pp.
・西湖フジマリモ調査会. 1995. 西湖のフジマリモ 生育状況と環境. 山梨県指定天然記念物「フジマリモ及び生息地」調査事業報告書. 山梨県足和田村, 103pp.
・田中昌一. 1998. 増補改訂版 水産資源学総論 新水産学全集8. 恒星社厚生閣, 東京, 13+406pp.

第13章

・秋田県水産振興センター. 2012. 平成23年度秋田県農林水産技術センター 水産振興センター事業報告書. 365pp.
・秋田県水産振興センター. 2013. 平成24年度秋田県水産振興センター業務報告書. 369pp.
・秋田県水産振興センター. 2014. 平成25年度秋田県水産振興センター業務報告書. 401pp.

・秋田県水産振興センター. 2015. 平成26年度秋田県水産振興センター業務報告書. 401pp.
・秋田県水産振興センター. 2016. 平成27年度秋田県水産振興センター業務報告書. 326pp.
・秋田県水産振興センター. 2017. 平成28年度秋田県水産振興センター業務報告書. 300pp.
・秋田県水産振興センター. 2018. 平成29年度秋田県水産振興センター業務報告書. 267pp.
・松石 隆. 2006. VPAの概要と国内資源評価での適用例. 水産資源管理談話会報, 37: 1-13.
・能勢幸雄・石井丈夫・清水 誠. 1988. 水産資源学. 東京大学出版会, 東京, ix+217pp.
・西湖フジマリモ調査会. 1995. 西湖のフジマリモ 生育状況と環境. 山梨県指定天然記念物「フジマリモ及び生息地」調査事業報告書. 山梨県足和田村, 103pp.
・坪井潤一・松石 隆・渋谷和治・高田芳博・青柳敏裕・谷沢弘将・小澤 諒・岡崎 巧. 2016. 西湖におけるクニマス資源量の概算. 日本水産学会誌, 82: 884-890.
・山梨県総合理工学研究機構. 2013. 山梨県総合理工学研究機構研究報告書, 8: 1-107.
・山梨県総合理工学研究機構. 2014. 山梨県総合理工学研究機構研究報告書, 9: 1-105.
・山梨県総合理工学研究機構. 2015. 山梨県総合理工学研究機構研究報告書, 10: 1-130.
・山梨県水産技術センター. 2013. 平成23年度山梨県水産技術センター事業報告書, 40: 1-71.
・山梨県水産技術センター. 2017. 平成27年度山梨県水産技術センター事業報告書, 44: 1-85.
・山梨県水産技術センター. 2018. 平成28年度山梨県水産技術センター事業報告書, 45: 1-83.
・山梨県水産技術センター. 2019. 平成29年度山梨県水産技術センター事業報告書, 46: 1-125.
・山梨県水産技術センター. 2020. 平成30年度山梨県水産技術センター事業報告書, 47: 1-85.
・吉崎悟朗. 2015. 代理親魚技法の構築とその応用に関する研究. 日本水産学会誌, 81: 383-388.

第14章

・秋田県仙北市編, 中坊徹次・三浦 久監修. 2017. クニマス 過去は未来への扉. 秋田魁新報社, 秋田, 63pp.
・千葉源之助・堀川清一. 1911. 田澤湖案内. 宮本長重郎・秋津活版印刷所, 秋田, 131pp.(田沢湖町史料復刻会による復刻版)
・後藤達夫. 1990. 玉川温泉の化学組成と玉川の水質改善. 温泉科学, 41: 1-35.
・加藤治男. 1967. 田沢湖水質調査. 昭和40年度秋田県水産試験場事業報告書: 230-270.
・国土交通省東北地方整備局玉川ダム管理所. 2018. 玉川酸性水対策 玉川中和処理の概要. 国土交通省東北地方整備局玉川ダム管理所, 仙北, 4pp.
・仙北市総務課編. 2009. 広報せんぼく, 41: 1-25.
・丹野太郎. 1978. 見直される田沢湖. 秋田県仙北郡田沢湖町, 76pp.
・田沢湖水質改善検討会. 2015. 田沢湖の水質改善について. 21pp.
・東北電力株式会社 秋田支店. 2017. 水の恵み. 東北電力株式会社 秋田支店, 秋田, 7pp.